U0318138

彩图1　1951年10月严泰来7岁，与父母在自家房前合影。1950年8月严泰来父亲携全家自上海迁至北京，家住北京地安门大街东不压桥东胡同21号。

彩图2　1963年7月严泰来与北京四中同班同学合影。1962年7月严泰来毕业于北京四中，一年后严泰来与同班同学田扬顺、廉志坚合影。田、廉两位同学都考入军事院校，严考入中国科学技术大学。

彩图3　1965年5月严泰来全家合影。1965年5月1日严泰来父母带全家4个子女（3个姐姐和严泰来）一起游览北京颐和园，在颐和园排云殿前合影。

彩图4　1966年10月27日624北京—井冈山“长征”队准备出发，在中国科学技术大学教学楼前合影。左起依次是何丰来、陈锡浩、陈华中、严泰来、张祁刚、李勇盛、李家铮。

彩图5　624北京—井冈山“长征”队半个世纪后的重逢，其中李家铮（右一）已经去世。

彩图4、彩图5说明：“文化大革命”初期，严泰来就读于中国科学技术大学。在当时国家的支持、号召下，曾由同学组织，自带行李，7位同学组成步行串联“长征”队，由北京一路南下，步行2 200多公里，历时2个半月，途径河北、河南、湖北、湖南、江西，最后到达井冈山。

彩图6　1976年1月19日严泰来与周慰全结婚留影。当时严泰来和妻子还是“牛郎织女”。周慰全，时年28岁，知识青年，在内蒙古赤峰插队；严泰来，时年32岁，在吉林省桦甸水电工地工作（体力劳动）。两人约好，在北京相聚。严泰来父亲在工作单位借招待所一个房间作为结婚新房，一个月后将新家具用草绳捆好，各自回原工作地点。一年一度，“鹊桥相会”，将家具从库房取出、草绳打开、一月后再度捆好入库保存。幸好，1978年12月28日，两人分别调入北京农业大学（即现中国农业大学，当时在河北涿县），结束了“牛郎织女”的生活。有意思的是，当时照相技术还是相当落后，还没有彩色照片，这幅原相片是黑白影像，再用颜料上色制成。

彩图7　1984年10月严泰来在加拿大留学影像。1983年10月至1985年12月，严泰来在加拿大Saskatchewan大学公派留学，这是留学期间在该校教学楼前留影。

彩图8　1987年7月严泰来从加拿大留学回国后在中国电子学会作报告。1987年3月严泰来结束加拿大、美国的留学，回到祖国，同年7月应邀在中国电子学会作学术报告。

彩图9　1994年8月严泰来在德国霍恩海姆大学讲课。1994年4～10月严泰来应德国霍恩海姆大学邀请为德国研究生讲授遥感技术课程，这是课堂授课情况。当时还没有PPT软件，使用自制透明胶片借助投影机向屏幕显示讲课内容，辅助讲课，这在当时已属先进教学设备。

彩图10　1998年1月1日师生聚会。1998年1月1日中国农业大学资源与环境学院信息管理系部分老师及本科生聚会，留影纪念。

彩图11　1998年6月中国农业大学资源与环境学院信息管理系部分老师及研究生游览颐和园，留影纪念。

彩图12　1998年6月师生聚会。

彩图13　1999年10月严泰来赴越南参加国际学术会议。1999年10月严泰来应联合国粮农组织（FAO）邀请赴越南参加国际学术会议并讲课，这是严泰来与会议主席以及部分参会者合影。

彩图14　2001年姚艳敏、程昌秀两位博士毕业典礼。姚艳敏、程昌秀是严泰来的第一、第二位博士生，2001年毕业，留影纪念。

彩图15　2002年6月严泰来在硕士研究生答辩会上。严泰来在中国农业大学共招收并指导12位硕士研究生、15位博士研究生（博士生中包括协助指导），这是2002年6月硕士研究生答辩会上的影像。

彩图16　2004年9月严泰来在海峡两岸联欢会上手书“情同手足”。2004年9月逢甲大学GIS研究中心80余人在逢甲大学副校长杨龙士教授和GIS研究中心主任周天颖教授率领下访问中国农业大学信息与电气工程学院和中国科学院遥感应用研究所，访问期间中国农业大学信息与电气工程学院举办两岸三方有200多人参加的大型联欢聚会。会上，两岸三方代表签署了学术合作协议书。会间，严泰来当场书写了“情同手足”四个大字。这幅书法作品被逢甲大学GIS研究中心裱装后悬挂在中心的大研讨室上方，以致纪念。

彩图17　2005年8月严泰来回母校中国科学技术大学（合肥）校门前留影。2004年4月严泰来退休，第二年回母校中国科学技术大学学术访问。中国科学技术大学于1969年从北京迁至合肥。

彩图18　2010年4月海峡两岸三兄弟游览河南云台山红石峡合影。2004年10月，严泰来和赵忠明（时任中国科学院遥感应用研究所党委书记、副所长）一同应邀参加逢甲大学GIS研究中心成立十周年庆祝及学术研讨会，在返回北京的台湾桃源机场，逢甲大学GIS研究中心主任周天颖教授及夫人一同到机场并设宴送行。在宴席上，严泰来提议，借桃源（园）地名，严泰来、周天颖、赵忠明三人结为兄弟，周天颖夫人郑勉作证。自此，三人学术上相互切磋，工作上相互支持，以兄弟相待。此影像为三兄弟游览河南云台山红石峡的合影，左为周天颖，右为赵忠明。

彩图19　2010年9月严泰来在香港中文大学参加全球农业监测数字地球技术会议。

彩图20　2010年10月1日师生聚会。中国农业大学地理信息专业在职与退休老师、在校与毕业研究生有年年聚会、共叙友谊的传统。聚会通常在12月或1月。2010年10月1日，正值严泰来该年10月下旬赴台湾3个月学术交流的前夕，特提前在中国农业大学（西区）师生聚会，兼为严泰来送行，这是聚会后的留影。

彩图21　2011年6月台湾逢甲大学周天颖教授一行访问，严泰来设宴欢迎。2004年10月，台湾逢甲大学周天颖教授率80多人的访问团访问中国农业大学与中国科学院遥感应用研究所，并签订了海峡两岸三方学术合作协议。自此，两岸三方的教授、研究生学术互访年年不断，这是2011年6月台湾逢甲大学周天颖教授一行访问、严泰来设宴欢迎的留影。

彩图22　2011年12月严泰来访问台湾逢甲大学，与意大利学者布鲁诺、逢甲大学周天颖教授研讨问题。

彩图23　2012年1月严泰来与台湾逢甲大学副校长李秉乾教授干杯。2009年10月，为执行海峡两岸三方学术合作协议，严泰来应台湾逢甲大学邀请，赴台作为期3个月的学术交流，自此到本书出版为止，严泰来赴台已经6次。这幅影像是2012年1月严泰来返回大陆前夕，时任台湾逢甲大学副校长、现任校长的李秉乾教授为严泰来设宴送行的场景。

彩图24　2012年1月严泰来为台湾逢甲大学GIS研究中心同仁书写春联。台湾保留了较多的中华民族传统，年年在家门口张贴春联就是其中的一个。严泰来自小爱好书法，正值每次赴台学术交流都是年终岁尾，逢甲大学GIS研究中心同仁纷纷请严泰来书写春联，每年都有五六十副之多，这是书写春联后的留影。

彩图25　2012年9月中国科学技术大学同学入学50周年纪念合影。2012年9月是严泰来及其同学考入中国科学技术大学并入学50周年，在北京怀柔组织纪念聚会。除去世以及尚在国外不能回国者以外，基本上全部到会，有同学自美国、澳大利亚等国专程赶回到会，有同学因患脑血栓，行动不便由夫人及儿子陪同从江苏专程到会。同学们会上提出“约会2022”，并逐一签名，届时大多数同学将要步入80岁，大家约定到会，纪念入学60周年，由此表现了同学的深情厚谊。

彩图26　2012年9月严泰来与30年前水电工地老战友聚会。1968年12月，时值“文化大革命”，因家庭出身原因，严泰来被分配至辽宁省桓仁县后转战吉林省桦甸县水电工地工作，同时被分配到那里的北京大学生就有800多人，历时十年，从事体力劳动，历经极其艰苦的生活，同时也与一起工作的来自各地的大学生结下深厚的友谊。34年后，由一起分配的中国科学技术大学同学何丰来（左一）在互联网上联系，终于在北京相聚，其中一位挚友冀晓华已经去世。这是部分工地老战友聚会留影。

彩图27　2012年9月严骅结婚全家合影。2010年10月10日，严泰来儿子严骅与鲁娜结婚。2011年9月12日，举办严骅与鲁娜婚庆典礼，这是在典礼上全家的合影。影像中，左二是严泰来的妻子周慰全，右一、右二是鲁娜的父母。

彩图28　2013年1月严泰来在上海与中国科学技术大学老同学及夫人们聚会。2013年1月，严泰来在上海过春节，春节期间，与妻子一起拜访中国科学技术大学老同学，这是同学聚会后的留影纪念。

彩图29　2013年3月2日与儿子合影。这是严泰来69岁生日庆生聚会上与儿子严骅的合影，据说有“庆九不庆十”之说，因此这次庆生，家人颇为重视，聚会也格外隆重。不曾想，近七十年弹指一挥间，已经忽忽老矣，儿子也早已过了而立之年。

彩图30　2013年12月严泰来在自种葫芦上的画作。从2013年起，严泰来捡起少年时的画国画的爱好，在妻子种植的葫芦上作画，两年间竟画了60多个大小不等的葫芦，用于馈赠亲友。这是赠台湾逢甲大学同仁的葫芦。

彩图31　2014年3月2日严泰来70岁生日庆生聚会。2014年3月2日是严泰来70岁生日，严泰来的同事及研究生发起组织庆生活动，有40多位同事及研究生到会。这是庆生宴会后的合影。在此次聚会后，同事及研究生决定为严泰来出版严泰来70岁庆生的书籍，取名为《人生感怀——七十年历程回顾》。

彩图32　2014年7月在中国农业大学海峡两岸学术会议的合影。2014年7月3日中国农业大学举办海峡两岸地理信息科学学术交流会议，台湾逢甲大学周天颖教授（前排左三）等5位同仁、中国科学院遥感及数字地球研究所党委书记赵忠明（前排左二）研究员到会。

彩图33　2014年7月严泰来陪同台湾逢甲大学周天颖教授一行游览天坛。2014年7月3日中国农业大学举办的海峡两岸地理信息科学学术交流会后，严泰来陪同台湾逢甲大学周天颖教授一行游览了北京天坛公园，这是在天坛的合影。

彩图34　2014年12月严泰来的扇面画作。2014年12月严泰来在台湾逢甲大学学术交流期间，利用原有的素面折扇面为逢甲大学同仁作画，共计7幅，这是其中一幅。另有一幅（这里未选），正面国画为喜鹊梅花，画名取为“红花含笑，喜上梅（眉）梢”，背面书法题诗一首：“海天相隔惜和平，振兴中华共心声。日月潭水深千尺，不及台湾手足情。”

人生感怀

——七十年历程回顾

严泰来 著

中国农业出版社

严泰来简介

严泰来（1944—），江苏盐城人。教授、博士生和硕士生导师，主要研究方向为土地/地理信息系统、遥感应用基础。1968年毕业于中国科技大学原子核物理系，1983年10月至1987年3月、1994年4月至10月曾先后赴加拿大、美国、德国进修，合作研究与讲学。

曾任中国农业大学信息学院院长、信息与电气学院副院长、国务院农业综合开发办公室顾问、国家土地管理局（国土资源部前身）科技委员会委员、土地信息系统专家组组长、科技部国家遥感信息中心学术委员会委员等职。现担任中国农学会计算机应用分会副理事长（终身名誉理事），国土资源部土地信息标准化委员会委员，《中国遥感学报》、《中国农业工程学报》、《测绘通报》、《中国土地科学》编委等职。

严泰来教授在“八五”、“九五”、“十五”期间先后参与或主持农情遥感监测、地理信息系统开发、土地信息系统建设、农业决策支持系统等领域多项国家科研攻关课题、省市国土资源管理部门科研课题；承担过国家“863”遥感对地观测技术、农业部农业遥感、国土资源部土地信息系统、国土大调查、国家“973”（北京市环境污染机理与治理）等多项国家攻关课题与技术咨询工作。

自序

《人生感怀——七十年历程回顾》一书即将出版了。这本书是我的同事以及以前研究生们为我70岁生日编撰的一部庆生之作。首先，我要对为本书出版做出贡献的朱德海老师、张晓东老师、姚艳敏老师以及管雪萍等同学表示诚挚的感谢。正是他们的盛情美意、一再督促，并亲自从各方面收集资料协助编辑，才使这本书得以问世。

这里必须要提到的是我在东北十年体力劳动期间的挚友——冀晓华先生，他是与我同届但不同学校毕业、一同被分配到水利工地的大学生，正是他将我以及其他许多大学生的诗作收集起来，记在笔记本中。这些诗作在他去世后由其夫人，也是一起在工地劳动的挚友王晓媛女士，在整理其遗物时发现，汇编成两本诗集，并给我寄来。这些尘封已久、带着滚烫时代印记的诗作连我本人都早已丢失。诗作的加入极大地丰富了本书的内容，并且填补了“文革”后期我们这一代热血青年当时的心态。

“人生七十古来稀”，这句话对于古人适用，而对于现今的人们并不适用。如今70岁以上、活跃在政坛、讲台、文坛上的人比比皆是，并不稀奇。有一位名人对于65岁以上的人群做了以下的划分：65～75岁为老年人中的青年人；75～85岁为老年人中的中年人；只有85岁以上的人才可以算作真正的老年人。按照这一划分标准，我才只能够算作“青年人”。

我是1944年3月出生，我们这一代人经历了太多的社会变革与动荡。1949年的新中国成立我经历了，但印象不深；“大跃进”以及1960年前后的三年困难时期印象深刻；1966年开始的“文化大革命”时我们正在读大学，裹挟其中，影响了我们的前半生；1978年以后的改革开放，我们得到了发展的机遇，既感到年富力强、有了大显身手的机会，又痛感青春已逝、力不从心，奋斗二三十年一转眼已经步入老年了。

我在社会变革与动荡的经历之中既有蹉跎的岁月，又有峥嵘的年华。“文革”中，我因家庭出身原因没有资格参加那些“打、砸、抢”

的所谓“红卫兵革命”，却随同学进行了“长征——步行串联”，从北京徒步走到江西井冈山，历时两个半月、行程 2 千多公里；因为同样的原因，不能从事我所学专业——原子物理的工作，大学毕业后被分配至东北深山老林的水利工地“接受再教育”，爬冰卧雪与底层工人（农民工）一起当小工，历经体力劳动的艰辛，一晃就是十年；1978 年年底得到偶然的机遇，从东北调到北京农业大学（今中国农业大学前身），结束了蹉跎岁月；1983—1987 年公派到加拿大后转到美国学习进修，回国后才将研究专业方向——遥感与地理信息系统技术确定下来，在这个领域从自学开始，讲课、科研、著书，直到应邀外出到校外，乃至美国、德国等国内外兄弟高校讲学、交流，至今没有止步。

经历是一种资源。丰富的经历使我认识了自己。人在天赋上是有差别的，有些事别人可以做，而自己却不能做或者根本就做不好；有些事别人不做或者不愿意去做，而自己却可以做或者能够做好，这里的“事”是指大事，不是琐碎的生活小事。这在没有人生经历以前是认识不到的，我年轻时总以为自己什么事都可以做，实际却不然。由于懂得这一点，才学会了选择。在大事面前选择自己可以做或可以通过努力去做的事情，放弃看来十分诱人却并不适合于自己的事情，这是人生多有成功、少有失败的重要因素。人生充满了无数个未知、有无数个选择，大的选择可能会影响自己未来后半程的发展。成功或基本成功的人，其实就是做出了正确的选择而已。

经历又是一种激励。经过了种种磨难、挫折、努力与奋斗，知道了今天成果、成绩或成就的来之不易，就更应珍惜，更激励自己过好未来已经不多的时光。我们这一代人虽经过种种的挫折、失败，回忆起来却并不惭愧。我们绝大多数人并没有颓废、自暴自弃，在十分困难的条件下仍然一心向上，想着国家、想着人民，努力去做那些力所能及、条件允许的事情，争取去做一个有益于社会、有益于人民的人。这种愈挫愈奋、奋斗不止的精神是一种财富。70 年人生风雨兼程，冷暖与艰辛只有自己知道。回忆自己的心路历程可以激励自己，或许可以告慰先人、亲友、同事、朋友，或许还可以对走上人生征途不久的年轻人有一点启迪。这本书正是我，一个 20 世纪 60 年代的大学生心路历程的简要写照。如果说这本小书有一点意义的话，或许仅此而已。

本书记录和表达我心路历程的包括照片、诗歌、对联、画作、散文、学术论文和书籍的典型章节等。

——照片包括我童年、少年与家人的黑白影像以及各个时期的照片；

——诗作多是“文化大革命”后期我在东北工地上的作品；

——对联是我在台湾逢甲大学讲课期间应同仁所请创作的作品，多为励志或应酬的内容，所有文稿都用毛笔书写在红纸春联上送出；

——画作是我在退休以后捡起童年的爱好、画在自种葫芦或折扇扇面上的初学习作，自娱自乐，多已馈赠朋友；

——散文是我以书信形式写就；

——学术论文是我近期选出的发表在学术刊物的文章，大多是我与同事或研究生合作的论文，其学术思想有一定的原创性。

内容与形式林林总总，既是以往心路的展现、学术成果的汇报，又是对未来励志的表述。

“路漫漫其修远兮，吾将上下而求索”、“洛阳弟子若相问，一片冰心在玉壶”。

严泰来

2014年10月于北京

目录

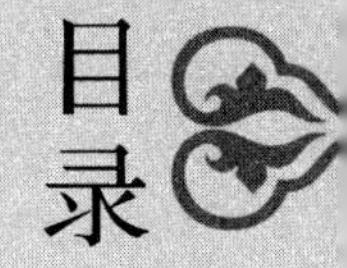

第一部分 严泰来学术论文摘编

基于分形理论与数字滤波的曲面拟合

严泰来　韩铁涛　朱德海　涂真

（中国农业大学　北京　100094）

摘要： 土壤调查中常常需要解决曲面拟合问题，即根据有一定分布的有限个样本网络点数值（比如高程、地下水深度、土壤 pH 等），计算研究区域中所有网格点的数值。这是一个经典的数学理论问题。本文将分形理论与数字滤波（数字信号处理）方法有机地结合起来，给出一种新型的曲面拟合计算方法，该算法可以适应研究区域中存在有隔离断裂曲面的复杂情况。

关键词： 分形；面插值；卷积；样本点；隔离界面

通常自然状态下的地物各种属性都是呈连续、平滑分布的，比如地表高程、地表湿度、温度、地下水深度、土壤污染状况、土壤 pH 等。这些值尽管在局部范围内会有较大变化，但是从宏观角度看，变化还是连续的、渐变的。我们用一定方法在地面勘察、测量、调查地表这些属性，只能是在有限的网格中获取样本数据，然后需要从这些样本数值去推算研究区所有网格点的属性数据，从而生成 DTM（Digital Terrain Model）数据，供研究者使用。这个问题是 GIS 基本问题之一，也是实际工作中经常遇到的问题。

从有限样本网格点数据推算研究区域所有的网格点数据在数学中属于面插值或曲面拟合问题，这是一个经典数学问题，没有唯一精确解。前人为此做过不少成功的工作，如拉格朗日插值法[1]，样本函数法，最小二乘趋势面法，傅立叶级数法等[2]。Greent 和 Sibson（1978）、Ripley（1981）也提出了一种多边形网格内插的方法[3]，这些工作都在一定范围内解决了问题，但都有一定局限性，较难适应于计算机这样特定的计算操作环境，特别是在研究区域中存在有随机的复杂隔离界面情况下，计算十分复杂。本文提供一个新型的计算方法，可以克服以上的不足。

1　基本原理

1.1　数字滤波分析

数字信号处理的理论告诉我们，对于一个数字图像，经用适当的卷积核进行数字卷积滤波处理，可以达到特殊的效果。图 1 显示数字卷积滤波的过程。图 1（a）为一幅数字图像的部分数据，每个数字表示像元的灰度值，注意其中带阴影的像元数据，其数值与周围像元数值差异很大。图 1（b）为卷积滤波核，或称作卷积（滤波）模板，它是一个数

本文发表于《土壤学报》1999 年第 36 卷第 1 期。

字阵列，并且是奇数行与列的矩阵，阵列中心称作卷积核心。卷积模板外系数的分母是阵列各元素数值的和。卷积滤波过程是用卷积模板“贴”到数字图像数据阵列中，如图 1（c）所示。此时卷积模板中每一元素与数字图像数据阵列中的局部相重合，将两阵列相重合的元素数值相乘，并将这 9 个积相加起来，得到连加和 S：

$$S=10\times1+10\times2+11\times1+10\times2+10\times4+11\times2+10\times1+11\times2+11\times1=166 \tag{1}$$

用此连加和 S 值乘以卷积模板系数得到卷积结果值 R_{ij} ：

$$R_{ij}=166\times\frac{1}{16}=10 \tag{2}$$

将此 R_{ij} 直替换卷积模板中心对应的图像数据阵列网点数值，然后将卷积模板向右移动一个像元，重复上面计算，直到移动至图像的一端边线为止，再处理下一行，如此下去，直到覆盖图像数据的每一个像元，这样处理后的数据如图 1（d）所示。观察处理后的结果可以发现原来数值为 10、11 或 12 的像元处理后基本没有改变，但是原来数值为 200 的像元周围数据却发生改变，异常数据对周围的影响由此体现出来，当然它的影响还只是它周边的一圈，因为卷积模板是 3×3 个元素。若卷积模板为 5×5 个元素，则会影响周边 2 圈像元网格点。原来数值为 200 的像元自身数值也在卷积滤波处理后大为降低下来，这种改变也可看作周围对该元素自身的影响。对此我们也可以在完成以上这种计算后，将类似“200”这样的数据再重新赋值回去（样本点曲面拟合就采用此方法），这样做既体现了异常点或样本点对周围的影响，也不改变它自身的既定数值。

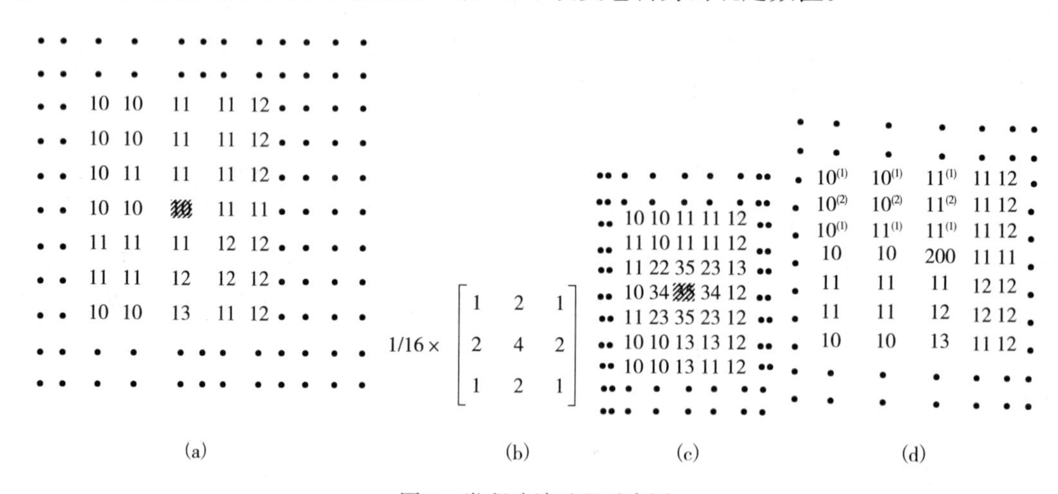

图 1　卷积滤波过程示意图

将以上计算过程表达成一般的计算公式，可写作：

$$D(i,j)=P\times C=\frac{1}{E}\sum\nolimits_{k=-m}^{m}\sum\nolimits_{l=-n}^{n}P(i+k,j+l)\times C(k+m+1,l+n+1) \tag{3}$$

式中 $D(i,j)$ 表示卷积滤波后图像第 i 行，第 j 列像元的数值；

P，C 分别表示原始图像像元矩阵和卷积（滤波）模板矩阵；

C 矩阵尺寸为 $2m+1$ 行，$2n+1$ 列。

数字卷积滤波的效果可以是消减噪声信号（低通滤波）、增强边界清晰度（高通滤波）、提取某方向的信息（方向滤波）等，滤波效果取决于卷积（滤波）模板的设置。图1所示的是低通滤波。我们后面用到的也正是低通滤波。

1.2 分形方法

1.2.1 分形方法的引进

根据样本点数据进行曲面拟合面临的情况与数字卷积滤波有一原则的不同。数字卷积所需具备的条件是每个网格点（在数字图像中是每个像元）都有数据，卷积核对这样每个元素已有数据的矩阵进行数据处理以体现数据间的相互影响。而根据样本点作曲面拟合却没有这样的条件，它只在个别的网格中有数据，即样本数据，大多数或绝大多数网格中没有数据。为解决上述问题，我们引进分形的方法。分形理论是新型的理论体系，它的核心思想是将一个存在某种精细结构自相似的随机复杂几何体描述成有限阶分形的组合。我们求解的拟合曲面是符合自相似要求的，因为求解曲面应当是光滑的、连续的，即曲面任一点上的方向导数应当是相似的（当然不是相等的），否则曲面不能光滑。

1.2.2 分形拟合曲面的方法

本着对于复杂曲面分形描述、逐阶追近的原则，我们可以将研究区域中所有样本点的属性数据算术平均，该算术平均作为零阶分形的属性值，记作 $MDG\left[F_0\ (0,\ 0)\right]$，当然这仅是研究区域最为粗略的描述。将研究区域分为 3×3 不相等的子区域，通常每个子区域都包含着若干个样本点，逐个地对每个子区域内的样本点属性值取其算术平均，子区域中样本点属性平均值记作 $MDS\left[F_1\ (i,\ j)\right]$，表示第 i 行（$i=0$，1，2）、第 j 列（$j=0$，1，2）、第1阶分形子区。考虑到本阶分形子区域是上阶分形子区域的局部，因而本阶分形子区域属性赋值要受到上阶分形子区域的影响。我们用加权平均解决，即：

$$MDG[F_1(i,j)]=\{MDG[F_0(0,0)]+9MDS[F_1(i,j)]\}/10 \qquad (4)$$

注意本阶分形子区域样本点属性平均值的权重我们取9，而上阶分形子区域的权重取1，突出当前阶分形子区域样本点属性平均值的作用。当然，这两个权重值是可调的。这样每个分形子区域（1阶分形就有 $9^1=9$ 个子区域）都赋有属性值。这种属性值组成我们称为本底属性值。然后用卷积（滤波）模板对每个分形子区域进行数据处理，以体现不同分形子区域相互作用。这样就完成了本阶分形每个子区域属性的最后赋值工作。接着转入下阶分形，即重复上面的做法，直到分形子区域达到要求的网格大小时为止。

1.2.3 分形卷积数据处理的两个细节问题

对于需要卷积的当前分形子区域处在研究区域边缘位置，如图2所示的情况，此时进行卷积处理只需将卷积（滤波）模板元素中处在研究区域外的元素值赋于“0”并相应改变卷积系数即可。在图2所示的情况，卷积核系数应当为1/9，这样处理的原因是不考虑研究区域外对被处理的分形子区域的影响。

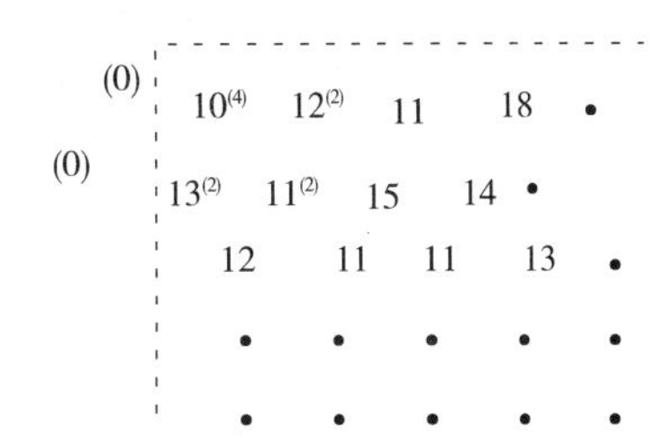

图2 当前分形子区域处在研究区域边缘位置的卷积处理

另一个细节问题是当分形阶数增加时就会出现一部分分形子区域内没有样本点网格数据，此时该分形子区域的属性赋值就取该子区域所处的上一阶分形子区域的属性值。

1.2.4 分形方法引进的意义

分形方法引进在求解拟合曲面问题中解决了两个问题：①将没有数据的网格分层次地填充了样本加权平均数据，使卷积滤波处理成为可能；②克服了卷积滤波法将异常网格点只影响单层周围网格点（注：这是指 3×3 卷积模板的情况）的缺点。这是因为我们的分形是由粗到细的，对于形式一样的卷积滤波，低阶分形滤波涉及的范围远远大于最后一阶 3×3 个网格的范围。这体现了异常网格点对越远的网格影响越小且多个网格点综合影响的原则。

1.3 在有隔离带情况下的曲面拟合

有隔离带作用下的曲面拟合在经典的曲面拟合方法中是一个比较棘手的问题。所谓隔离带，是指在研究区域中，存在着一个图斑或一段曲线，在该图斑或曲线的两侧，网格属性值互不发生影响，可以在此属性值不连续，拟合出的曲面在此发生断裂。通常在此隔离带边界上，不存在二阶导数。由于隔离带常常是不规则的，经典的曲面拟合方法将隔离带当边界条件处理，隔离带不规则使边界条件变得复杂化，而运用分形与卷积处理的共同作用，这个问题却不难解决。原则上只是将被隔离带隔离的子分形割裂成两部分或三部分，分别对这些割裂的子分形进行处理即可。具体运算可按以下方法进行：

1.3.1 区分隔离带分割的分形子区域

半分割［图 3（a）］，即隔离带没有将子区域完全分割成相互分离的两部分或几部分，子区域还是一个连通域；还有一种称作全分割［图 3（b）］，即隔离带将子区域完全分割成相互分离的两部分或几部分。有时分割的部分面积很小，若分割部分的面积与子区域面积的比值小于某一值，比如 10%，还可以将此部分忽略不计，留待下一阶区域去处理。对于半分割，我们可以认为不分割，忽略隔离带在此分形子区域中的存在，因为该子区域还是连通的。该阶分形下，属性值还是连续分布的。下一阶分形，会有一些子区域被全分割，到时再行处理。

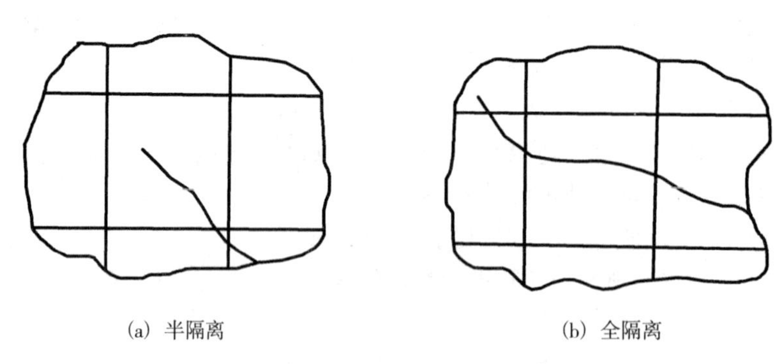

(a) 半隔离　　(b) 全隔离

图 3　隔离带分割分形子区域两种情况

1.3.2 全分割分形子区域的数据处理

凡分割部分面积与所在分形子区域面积大于某比值的分割部分，都将分割部分当作一个独立分形子区域来处理，即需要检核出这一部分中覆盖的所有样本数值，计算其平均值和这部分的本底属性值，并将与这部分邻近的分形分子区域分割部分判断检核出来，用卷积模板式（1）进行数据处理，计算分形子区域该分割部分的属性最后值。然后再计算另一分割部分的属性最后值，以此方法逐阶计算下去。

当然这里的检核、判断工作需要有地理信息系统（GIS）的支持，需要使用地理信息系统的点位判别、求交运算、邻域判断等空间分析的功能[3]。随着分析逐阶细化，更多的子分形受到隔离带的影响，隔离带的作用也就显现出来，隔离带两边的属性值就会相差越来越远，最后计算结果拟合曲面在此就成为断裂带。

2 试验结果

本试验是在有 243×243 个网格条件下进行的，在59 049个网格中，具有 202 个样本点数据，样本点最大属性值为 1 048，最小属性值为 95，分布不均匀，主要集中在研究区的中部，经过用本算法计算，得到试验结果。图 4 显示从样本数据所得到的拟合曲面网格点数值分布的情况。图中画线的数字是样本点数据，其他是计算得到的数据。

图 4 仅显示了全部数据的一小部分。从这一试验结果看，本方法达到了预期的效果，拟合曲面网格点数值分布在水平方向与垂直方向上都达到了平滑过渡，体现了样本点对周围的影响。

219 223 246 370 393 395 410 413 414 420 421 424 430 446 454 484 490 487 470 468 473 504 509 510 509 521 495 518 522 511 449 438 437

223 227 250 374 397 399 413 416 412 423 420 427 451 456 463 492 497 494 474 471 476 508 514 516 528 515 510 525 529 517 453 441 440

247 251 273 395 417 419 433 436 433 429 424 423 470 482 488 517 521 515 492 486 493 527 534 540 560 565 559 548 544 532 467 455 453

375 378 399 507 527 530 541 543 534 476 464 454 596 618 622 642 646 631 578 566 573 630 642 655 744 765 742 637 622 610 541 528 526

398 402 422 528 548 550 561 563 551 487 471 491 616 643 647 666 669 658 595 539 552 647 662 675 777 951 779 656 637 624 554 542 540

402 406 425 532 552 554 566 569 560 502 489 465 609 633 648 680 691 681 617 600 626 716 723 694 724 782 762 655 639 627 558 545 543

423 425 445 554 574 577 595 598 596 591 586 581 536 594 625 782 806 809 780 690 791 1045 1048 740 700 706 699 662 653 641 576 564

427 428 449 557 578 581 600 604 604 606 606 601 589 590 624 798 840 857 933 806 812 825 804 728 701 697 692 661 655 643 579 568 565

428 430 450 560 580 579 596 606 615 621 624 628 624 620 640 799 895 962 829 813 846 766 588 720 661 665 682 661 661 649 587 575 570

436 439 459 572 592 589 559 647 668 725 734 738 798 727 755 793 885 767 809 816 803 677 693 609 773 585 628 692 694 683 629 617 606

437 440 461 574 595 598 643 663 708 792 803 783 747 739 738 738 760 735 799 815 820 693 652 643 571 585 720 731 702 718 642 627 611

447 451 470 580 599 609 665 675 776 745 741 737 726 707 721 730 729 740 798 819 804 701 674 655 587 543 632 703 706 686 654 598 582

504 509 525 608 625 638 715 811 731 680 671 671 675 675 651 588 603 649 776 873 783 770 658 630 532 512 547 766 708 668 464 429 418

514 519 531 614 635 650 746 734 720 668 660 661 667 668 624 623 574 772 821 854 764 667 643 621 525 502 496 678 704 658 436 395 389

510 518 528 570 698 644 701 710 706 671 669 670 677 679 650 579 590 641 815 761 726 635 570 604 514 495 514 647 671 635 425 389 384

472 525 537 580 596 600 617 624 633 710 719 724 738 737 723 661 650 658 662 662 641 548 528 519 461 448 460 507 519 495 383 358 354

510 514 528 576 583 581 599 605 624 714 732 738 787 750 734 671 659 651 644 642 625 535 518 508 449 437 442 482 491 473 371 353 349

512 514 526 570 578 577 556 605 622 706 746 723 733 733 721 663 654 651 637 634 615 521 502 493 438 425 405 473 485 467 367 349 346

498 500 507 543 549 548 612 626 631 636 641 641 647 648 644 629 624 620 596 592 569 431 413 407 381 373 381 437 448 431 343 327 327

496 497 503 538 544 555 620 649 631 624 623 625 632 633 631 621 619 614 588 584 559 423 396 381 368 357 376 431 441 424 329 323 324

496 497 503 537 542 552 611 622 620 615 615 611 610 606 603 591 588 583 557 553 531 400 377 372 351 347 355 406 414 404 330 322 323

500 500 505 526 531 537 562 568 567 569 569 557 474 462 457 427 422 416 383 389 372 287 270 266 250 247 250 262 266 269 311 316 310

500 501 505 525 529 534 565 557 556 559 561 545 453 435 479 397 389 381 360 359 345 264 250 247 231 228 230 237 238 248 303 314 310

505 506 509 526 529 534 556 557 539 554 556 550 452 435 428 394 383 335 357 359 343 262 246 243 228 225 226 234 235 244 298 307 304

533 536 535 529 529 534 563 567 560 526 522 511 456 436 427 378 365 360 354 355 338 243 226 223 209 206 207 216 217 226 267 276 275

547 541 539 531 529 535 565 585 563 523 515 505 447 436 426 375 365 355 355 355 337 240 222 219 205 202 204 212 214 222 262 270 271

537 541 541 536 534 535 560 563 556 518 512 500 439 427 420 372 364 361 354 354 335 238 220 218 203 201 202 211 212 219 259 267 267

535 543 545 522 539 546 523 523 518 496 491 477 399 386 381 362 357 354 337 354 317 226 209 207 196 193 194 200 201 208 243 250 250

535 563 544 542 538 506 516 516 512 491 487 473 393 378 375 359 356 352 332 330 312 223 207 205 194 192 193 198 199 205 240 246 247

517 526 531 537 554 524 507 505 500 478 473 456 373 356 353 337 334 330 311 307 294 212 199 197 186 184 185 190 190 195 227 231 232

426 431 445 548 492 479 452 447 440 399 392 372 260 240 236 217 214 212 202 200 193 161 154 152 145 143 144 145 145 147 148 150 150

409 414 416 468 475 468 441 436 428 385 377 356 240 218 215 195 192 190 182 181 176 150 145 144 137 136 136 137 137 137 135 135 135

405 408 409 416 459 459 433 430 423 382 375 353 236 215 211 192 188 187 179 178 173 148 143 142 135 134 134 135 135 135 133 132 132

图 4　根据样本点忏悔数据推算全部网点属性数据试验部分结果展示

3 结论

通过实验与理论分析，我们可以得到以下结论：

（1）这种基于分形理论与数字滤波的曲面拟合方法可解决在已知少数样本点数据情况

下的曲面拟合问题。计算方法简单，算法步骤数学意义明确，可在计算机上编程实现。

（2）鉴于曲面拟合结果的不唯一性，本算法对于卷积模板元素的数值和本阶子分形与上阶分形属性值加权平均的权重［式（4）］可以灵活调整，以便计算结果更合乎实际情况的要求。

（3）在地理信息系统的支持下，本算法可以解决在有隔离带情况下的曲面拟合问题。

参考文献

[1] 张圣华. C语言数值计算［M］. 北京：海洋出版社，1993.

[2] 曾文曲，王向阳，等. 分形理论与分形的计算机模拟［M］. 沈阳：东北大学出版社，1993.

[3] 严泰来，等. 土地信息系统［M］. 北京：科技文献出版社，1993.

应用于土壤变化的坡面侵蚀过程模拟

段建南[1] 李保国[2] 石元春[2] 严泰来[2] 朱德海[2]

（1. 山西大学黄土高原研究所 山西太原 030006；
2. 中国农业大学资源与环境学院 北京 100094）

摘要：借鉴国内外土壤侵蚀建模的经验与技术，针对我国干旱地区的实际情况，应用微机技术，建立了坡耕地土壤侵蚀过程数学模型 SLEMSEP，并在晋西北砖窑沟试验区得到了验证。模拟过程以天为步长，可预报不同耕作措施条件下，基于日降雨量的坡面土壤侵蚀量，定量评价人类活动对土壤侵蚀过程的影响，为水土保持的决策和具体措施的制定提供依据。SLEM—SEP 模型可进行长期模拟，应用于土壤变化和可持续利用的研究。

关键词：土壤侵蚀过程；土壤变化；建模与模拟

土壤侵蚀是土壤变化的主要过程之一。它是引起土壤退化、造成土地生产力下降的一个主要原因，也是河流污染和水库淤积的主要泥沙来源。假如水土一直在流失，所有好的土壤管理措施的努力都将事倍功半。建立土壤侵蚀数学模型，模拟侵蚀过程，定量估计土壤侵蚀量，可以分析土壤发育过程中地形因子的变化过程，推断土层发育厚度的变化以及对土壤发育其他过程的影响。在生产上，将有助于采取合理的措施，最大限度地减少土壤侵蚀量，维持和提高土地生产力。土壤侵蚀模型已有许多，如 20 世纪 60～70 年代的美国通用土壤流失方程（USLE）[1] 以及后来修正的通用土壤流失方程（RUSLE）[2]，80 年代的 ANSWERS 模型、CREAMS 模型、EPIC 模型[5] 和 90 年代的 WEPP 模型[6]。这些模型根据不同的目的而设计，应用于土壤变化有一定的局限性。

本研究根据 Moigan 等[7] 提出的土壤侵蚀模拟的思路，并借鉴 EPIC、CREAMS、WEPP SLEMSA[19] 等模型的建模方法，构建了坡面土壤侵蚀模型 SLEMSEP（Soil loss estimation model—for slope erosion process），用以描述干旱地区坡面侵蚀过程，定量评价人类活动对坡面土壤侵蚀的影响以及所引起的土壤变化。

1 土壤侵蚀过程模型的建立

在本模型中，将土壤侵蚀过程划分为水相（water phase）和泥沙相（sediment phase）（图 1），泥沙相的结构为 Meyer 和 Wischmeier[8] 所描述的土壤流失模型的简化模型。该模型认为土壤侵蚀起因于雨滴打击土块造成土粒的分散以及地表水流造成这些颗粒的迁移。在水相中估计降雨击溅分散的动能和地表径流量[7]：

本文发表于《土壤侵蚀与水土保持学报》1998 年第 4 卷第 1 期。

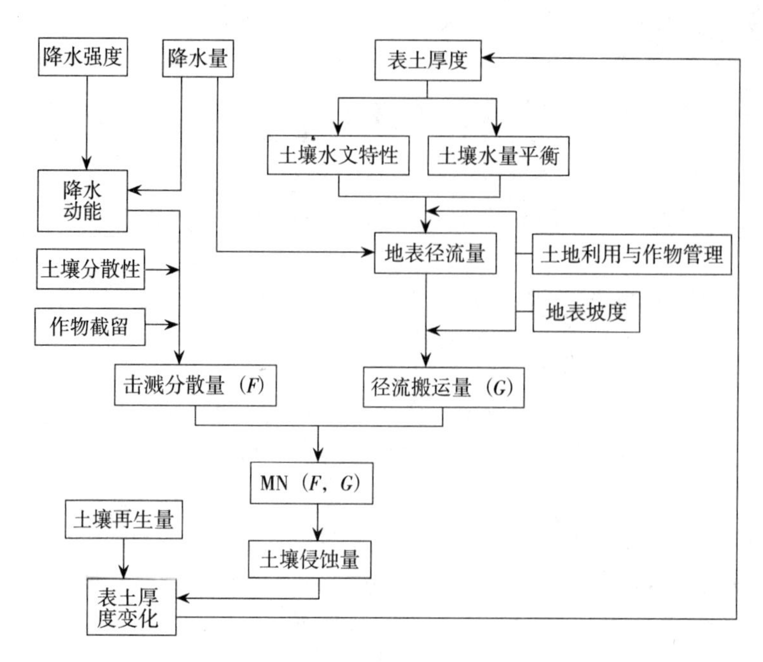

图 1　土壤侵蚀模型结构与原理

$$E = P(11.9 + 8.7\log i) \tag{1}$$

$$Q = \frac{(P - 0.2s)^2}{P + 0.8s} \tag{2}$$

式中：E——降雨的动能（J/m²）；

P——降雨量（mm）；

i——侵蚀雨强标准值（mm/h）；

Q——地表径流量（mm）；

s——保持参数。

地表径流的估计应用修正的美国农业部土壤保持局的曲线数字法[9]。

泥沙相的计算公式[7]为：

$$F = K[E\exp(-ap)]^b \times 10^{-3} \tag{3}$$

$$G = cQ^d(\sin S) \times 10^{-3} \tag{4}$$

式中：

F——击溅分散量（kg/m²）；

K——土壤可蚀性指数（g/J）；

p——降雨成为永久截流和径流的百分率；

G——径流搬运量（kg/m²）；

c——作物覆盖管理因子；

S——坡度因子（角度）；

a，b，d——经验值，它们一般为 $a=0.05$[10]，$b=1.0$[11]，$d=2.0$[12]。

在水相中用日降雨量估计降雨的击溅分散动能和地表径流量。式(1) 是根据 Wischmeier

和 Smith[1] 的侵蚀动能与降雨量之间的关系扩展为降雨击溅动能为日降雨量和侵蚀雨强标准值的函数。侵蚀雨强标准值的含义为产生侵蚀暴雨的平均强度，以 mm/h 为单位。

泥沙相被划分为两部分：击溅分散和径流搬运。击溅分散的模拟采用普遍公认的包括降雨动量的幂关系式[10]，并加以改进，以便考虑作物对降雨的截留作用，其中假定降雨落地的动能是随着作物截留的增加呈指数递减[13]。地表径流的搬运量取决于地表径流量、坡度和作物覆盖效应，这是参照 Carson 和 Kirkby[12] 由侵蚀径流小区实验数据求得的关系式。Carson 和 Kirkby[12] 的关系式中用的是坡度的正切值，本模型采用了正弦值，这在较小坡度情况下相差并不大，仅在大坡度时有明显的差异。

模型运行中先将预报的击溅分散量和地表径流搬运量进行比较后，取土壤流失量等于两者中较低的值，与此同时指出是击溅分散还是径流搬运为限制因子。将预报的土壤流失率与估计的土壤基岩界面上的风化率（W）作比较，以确定总的土壤深度（D_s）每年的减少或增加。用年土壤流失率与估计的表土再生速率（V）作比较，这种与前面类似的计算来确定表土层的深度（D_r）变化。新的土壤深度和表土层深度被作为下一年模拟的输入值。通过这种方法模拟可求得由于侵蚀造成表土根系层的减少所导致土壤贮水能力降低、土壤有机质含量减少等，进而导致更大的流失量和侵蚀率，这种侵蚀系统形成正反馈过程。这一过程继续下去直到表土层消失，最终亚表土消失。

2 影响土壤侵蚀因子参数的确定

Morgan 等[14] 对径流搬运量公式的应用与验证结果表明，作物因子 C 的取值与作物覆盖度有关，与美国通用土壤流失方程（USLE）中作物因子的含义相似，取值相近，因此可以借鉴其计算方法，类似地求得 C 值[15]：

$$C=\exp[(\ln 0.8-\ln C_{mnj})\exp(-0.00115PCV)+\ln C_{mnj}] \quad (5)$$

式中：

CV——地面覆盖生物量（kg/hm²）；

C_{mnj}——某作物因子 C 的最小值。

某作物因子的最小值是因作物生育期而变化的[9]。表 1 列出了一些作物生育阶段的作物因子最小值。其中，生育阶段的划分为：从播种到 10%左右的覆盖度为苗期，到 50%左右的覆盖度为生长前期，到 75%左右的覆盖度为生长中期，到收割为成熟期，之后的根茬残留阶段为残茬期。

表 1 几种重要作物生育阶段的 C_{mnj} 值[9]

作物	休闲期	苗期	生长前期	生长中期	成熟期	残茬期
玉米	0.01	0.02	0.1	0.07	0.03	0.06
条播作物	0.01	0.02	0.08	0.05	0.02	0.02
豆类或马铃薯	0.008	0.008	0.04	0.03	0.01	0.04
小粒谷物	0.01	0.01	0.05	0.04	0.01	0.04
草地	0.000 9	0.000 6	0.04	0.003	0.001	0.000 9

作物生长期内不同时期的地表覆盖生物量 CV（包括茎叶、籽粒与根茬的总生物量）由下式求得：

$$CV = CV_p Y + CVR \tag{6}$$

$$CV_p = \frac{1.16}{1 + \exp(5.36 - 7.05RDS)} \tag{7}$$

式中：

Y——估计收获期生物总量（kg/hm^2）；

CV_p——作物生长期间某时期生物量对收获期总生物量的比率；

CVR——地表覆盖有机物料量（kg/hm^2）；

RDS——用积温法计算的作物相对发育阶段[16]。

式（7）是根据有关资料[16]归纳整理而得到的具有一般性的作物生长曲线。

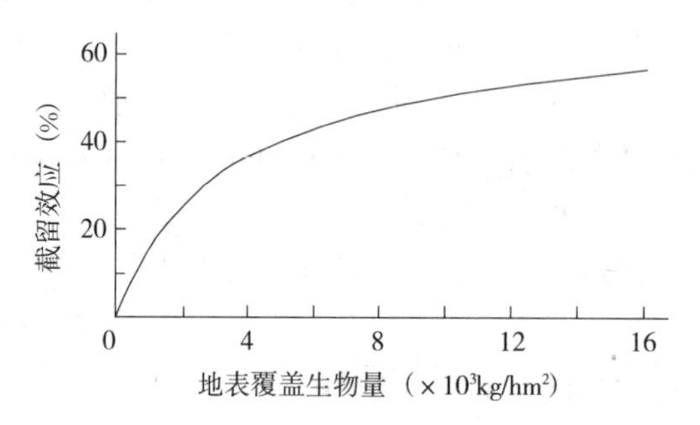

图 2　地表覆盖生物量的截留效应

综合 Biot[17]、Nearing[18]、Elwell[19]、Williams[15]、Hudson[18]等人对植被在土壤侵蚀过程中的作用之研究成果，根据 Elwell 的资料拟合得到降雨截留系数与地表覆盖生物量的关系（图 2）为：

$$p = 13.76\ln(CV) - 78.83, CV \geqslant 308 \tag{8}$$

$$p = 0, CV < 308 \tag{9}$$

土壤可蚀性指数 K 由下式[15]计算：

$$K = \left\{0.2 + 0.3\exp\left[-0.0256SAN\left(1 - \frac{SIL}{100}\right)\right]\right\} \left(\frac{SIL}{CLA + SIL}\right)^{0.3} \left[1 - \frac{0.25C}{C + \exp(3.72 - 2.95C)}\right] \tag{10}$$

式中：SAN，SIL，CLA 和 C 分别为土壤中沙粒、粉沙粒、黏粒和有机碳含量的百分数。

式（10）使 K 值变化在 0.1～0.5。对沙粒含量高的沙性土壤，第一项使得到的 K 值较低，而对于沙粒含量少的细质土壤产生较高的 K 值。在第二项中，对于黏粒与粉沙粒比值高的土壤，可减少 K 值。在第三项中，对于有机碳含量高的土壤，可减少 K 值。

3　模型的验证

应用河曲县砖窑沟黄土高原综合治理试验区土壤侵蚀径流小区观测的数据，对土壤侵蚀模型进行验证。模拟过程的算法流程见图3。根据试验区的气候、土壤、地质、地貌条件与成土母质特性，参照国内外有关研究成果，将其他有关参数设定为：侵蚀雨强标准值i=25.0mm/h[7]，土层厚度Ds=2m，基岩面风化率W=0.02mm/a[7]；表土耕层Dr=0.2m；表土再生速率V=0.19mm/a[19]。

验证结果见表2。将模拟值与实测值进行比较，其相对偏差在±20%的占92%，在±10%的占58%，表明模拟结果比较理想，所建模型可以用于模拟土壤坡面侵蚀过程。

表2 土壤侵蚀模型验证结果

日期	降雨量（mm）	土地利用或作物	坡度（°）	径流量（mm）	土壤侵蚀量（kg/m²）	
					实测	模拟
1988-07-08	70.1	马铃薯	5	0.78	0.098	0.092
		休闲	15	7.33	0.990	0.906
		休闲	25	11.08	1.846	1.779
		马铃薯	5	1.10	0.055	0.049
1988-08-04	52.1	糜子	5	0.15	0.005	0.004
		休闲	15	12.57	0.507	0.579
		糜子	15	2.37	0.050	0.046
		休闲	25	36.77	1.361	1.473
1989-06-06	50.0	马铃薯	25	6.45	0.154	0.175
		马铃薯	5	0.34	0.043	0.033
		马铃薯	15	2.54	0.343	0.332
		休闲	25	5.29	0.615	0.594

4 结论

根据坡面土壤侵蚀过程原理，借鉴国内外土壤侵蚀建模的经验与技术，应用微机建模技术手段，建立了坡耕地土壤侵蚀过程模型SLEMSEP，并在晋西北砖窑沟试验区得到了验证。SLEMSEP模型采用比较容易获取的数据驱动，以天为步长，模拟耕地基于日降雨量的坡面侵蚀过程，估计不同耕作管理措施条件下的土壤侵蚀量，定量评价人类活动对土壤变化的影响，预测未来发展趋势，为保持水土、实现土地资源持续利用提供决策依据和具体措施。

模型是在486微机DOS环境下，用BORLAND C++3.1语言开发的。具有性能稳定可靠、方便实用等特性，可进行长期模拟，并可应用于土壤变化的研究。

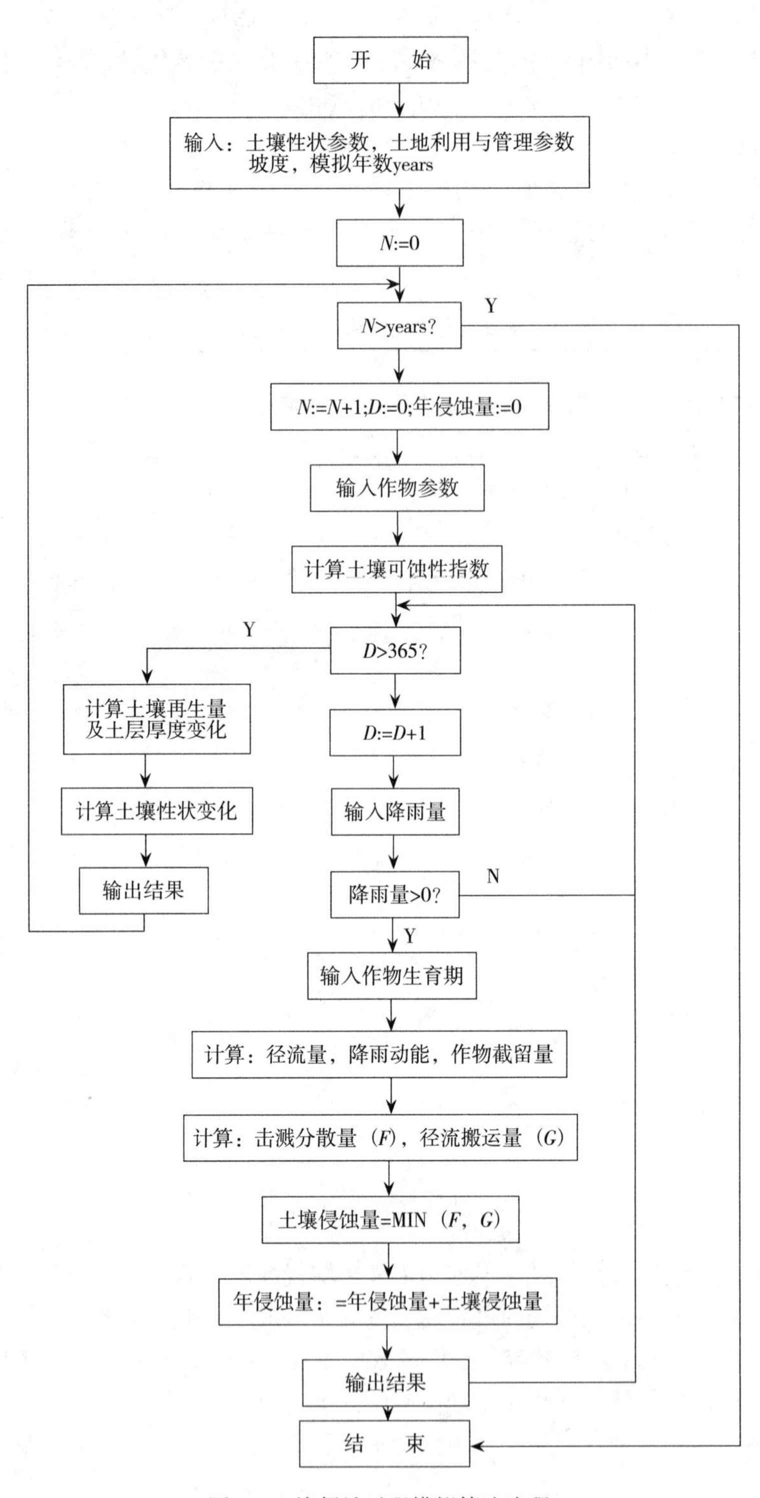

图 3　土壤侵蚀过程模拟算法流程

参考文献

[1] Wischmeier W H, Smith D D. Predicting rainfall erosion losses— A guide to conservation planning [J] . USDA, A— gric. Handbook 537, U. S. Government Printing Office. Washington. DC. 1978.

[2] Renard K G, Foster G R, Weesioes G A and Porter J P. RUSLE: Revised universal soil loss equation [J] . J. Soil and Water Cons. , 1991, 46 (1) : 30-33.

[3] Beasley D B, Huggins L F and Monke E J. ANSWERS: A model for watershed planning. Trans [J]. ASAE, 1980, 23 (4): 938-944.

[4] Dnisel W G. CREAMS: A field scale model for chemicals, run off and erosion from agricultural management systems [J] . U. S. Dept. Agric. Conserv. Res. Rep. No. 26, 1980.

[5] Williams J R, Jones C A, Dyke P T. A modeling approach to determining the relationship between erosion and soil productivity [J] . Trans. ASAE, 1984, 27 (1) : 129-144.

[6] Laflen J M, Elliot W J, Simaton J R, Holzhey C S, Kohl K D. WEPP-Soilerodibility experiments for rangeland and cropland soils [J] . J. Soil and Water Cons. , 1991, 46 (1): 39-44.

[7] Morgan R P C, Morgan D D V, Finney H J. A predictive model for the assessment of soil erosiorisk [J]. J. Agric. Eng. Research, 1984, 30: 245-253.

[8] Meyer L D, Wischmeier W H. Mathematical simulation of the process of soil erosion by water [J] . Trans. ASAE, 1969, 12: 754-758.

[9] Schwab G O, Fangmeier D D, Elliot W J, Frevert R K. Soil and Water Conservation Engineering (4th ed.) [J] . John Wiley &Sons,, Inc. New York, 1993, 79-82.

[10] Meyer L D. How rain intensity affects interrill erosion. Trans [J] . ASAE, 1981, 24: 1472-1475.

[11] Kirk by M J. Hydrological slope model: the influence of climate. In Derbyshire E (ed.) Geomorphology and Climate [J] . Wiley, London, 1976, 247-267.

[12] Carson M A, Kirkby M J. Hill slope form and process [M] . Cambridge University Press, 1972.

[13] Laflen J M Colvin T S. Effect of crop residue on soil loss from continuous row cropping [M] . Trans. ASAE, 1981, 24: 605-609.

[14] Morgan R P C, Morgan D D V, Finney H J. Stability of agricultural ecosystems: documentation of a simple model for soil erosion assessment [N] . In. Inst. Applied Systems Analysis, Collab. Paper No. CP-82-59, 1982.

[15] Williams J R. Runoff and water erosion. In Hanks R J and Rithie J T (eds.) Modeling Plant and Soil Systems. ASA-CSSA-SSSA, Madison, Wisconsin, 1991, 439-455.

[16] Driessen P M, Konijn N T. Land-use Systems Analysis [D] . Wagen in gen Agricultural University Wageningen, 1992, 89-92.

[17] Biot Y. THEPROM— An erosion productivity model. In Boardman J, Foster I D L and Dearing J A (eds.) Soil Erosion on Agricultural Land [J] . John Wiley & Sons Ltd. Cliichester, 1990, 465-479.

[18] Hudson N. Soil Conservation (3rd Edition) [M] . Batsford Limited, London, 1995.

[19] Elwell H A, Stocking M A. Developing a simple yet practical method of soil loss estimation [J] . Agriculture, 1982, 59 (1) : 43-45.

干旱地区土壤碳酸钙淀积过程模拟

段建南[1]　李保国[2]　石元春[2]　严泰来[2]　朱德海[2]

（1. 山西大学黄土高原研究所　山西太原　030006；
2. 中国农业大学资源与环境学院　北京　100094）

摘要：根据化学热力学过程以及土壤剖面碳酸钙淀积过程的机理，借鉴前人的建模经验，构建了干旱地区土壤碳酸钙淋溶淀积过程模型 CAEDP，并以晋西北黄土丘陵土壤为例进行了验证。结果表明，本模型仅需输入较少的数据和参数（如月平均气温、作物生育期、土壤水通量等），即可模拟干旱地区土壤剖面碳酸钙的淋溶淀积过程以及土壤溶液的 pH，可应用于定量估计气候、生物、地形、母质和时间等状态因子以及人类活动对土壤碳酸钙淀积这一缓慢过程的影响，并可应用于全球变化和土壤变化的定量化研究。

关键词：碳酸钙淋溶淀积；土壤发育过程；模拟与建模

土壤碳酸钙的淀积过程是干旱地区土壤形成发育的主要过程之一，也是地球化学过程的主要内容。土壤中的碳酸钙对土壤的物理、化学、生物性状起着重要的作用。含有碳酸钙的土壤，其交换性复合体几乎全为 Ca^{2+} 所饱和，这对土壤的物理性质，如结构稳定性、导水性等有良好作用。土壤中的钙可以与许多有机物形成络合物（螯合物），对土壤腐殖质的稳定性起重要作用。干旱地区土壤中碳酸钙溶液对土壤的缓冲性能、土壤化学反应起着决定性作用。含碳酸钙的石灰性土壤，其 pH 是由碳酸钙的水解所决定的[1]。土壤中植物和微生物的许多营养元素（如 P、Mo 等）的有效性在很大程度上受土壤碳酸钙溶液的控制。钙积层是干旱地区土壤发生的普遍特征，是土壤发育的重要标志。钙积层的深度和厚度不仅反映了土壤发生的环境条件和发育程度，而且它的隔水、保水性能和物理强度对根系生长的影响等性状，还制约着农业生产中的土壤利用。

土壤碳酸钙淋溶淀积是一个比较复杂的过程，影响土壤钙积层形成的状态因子包括气候、母质、时间、地貌和生物群。钙积层的深度强烈地取决于土壤水的流动，随着年均降水量的增加而加深。温度通过对蒸散的影响，在控制土壤水运动中充当了一个重要的角色。母质在很大程度上控制着土壤的持水量，进而控制降水的湿润深度和碳酸钙淀积深度。生物因子通过以下两方面的作用来影响碳酸钙的淀积：土壤 CO_2 的浓度（其主要控制土壤 pH 和碳酸钙的溶解性）和蒸散。

建立模型是一个理想的方法，用以综合这些多变化的状态因子，对土壤钙积层的发育进行定量描述。第一个专门为预报土壤中酸钙淀积而设计的模型是由 Arkley 提出的[2]。他用降水量、潜在蒸散和土壤持水量来估计在整个年周期通过所指定土壤层的水流平均

本文发表于《土壤学报》1999 年第 36 卷第 3 期。

量，这些水的通量伴随着土壤内部钙的有效性和溶液中碳酸钙的化学性质一起，被用来估测碳酸钙的淀积。Ahmad 用类似的水平衡模型提出了一个钙积层深度与土壤渗透和土壤质地相关的回归模型[3]。McFadden 提出了一个修改的 Arkley 模型[4]，包括外部的钙源和一个复杂的碳酸钙化学的过程，用来预报土壤碳酸钙淀积。这几个模型依靠几年的气候资料的估算来决定平均年淋溶指数，在碳酸钙迁移中可能起关键作用的极端事件（例如暴雨）没有明确地考虑进去。这些模型隐含的假设钙在土壤中的移动随着水一起以质流方式进行。另一个模型认为扩散是碳酸钙淀积的主要机制，但是，根据当前溶液中钙的浓度、碳酸氢盐浓度和 pH，扩散模型是无效的[5]。Marion 等提出了一个在美国西南部沙漠地区土壤碳酸钙淀积的区域模型 CALDEP[4]，它是一个基于事件的过程模型，适用于长期模拟，用以评价状态因子对控制碳酸钙淀积的作用，并验证各种假设的更新世气候。该模型对极端降水事件和土壤持水量高度敏感，生物因子通过对土壤 CO_2 浓度和蒸散速率的控制而在碳酸钙的淀积中起了重要的作用。

1 模型描述

本研究根据 CALDEP 模型[4]的建模思路，构建了干旱地区土壤碳酸钙淋溶淀积过程模型 CAEDP（A model for $CaCO_3$ eluviation and deposition process in arid area soils)。模型包括：土壤碳酸钙化学热力学平衡体系，CO_2 分布参数化，土壤剖面碳酸钙通量。

1.1 土壤碳酸钙化学热力学平衡体系

模型中，土壤碳酸钙化学热力学平衡体系所包含化学平衡方程式为

$$CO_2(g) = CO_2(aq)$$

$$\frac{CO_2}{P(CO_2)} = K_1 \quad (1)$$

$$pK_1 = 1.14 + 0.0131T \quad (2)$$

$$CO_2 + H_2O = H^+ + HCO_3^-$$

$$\frac{(H^+)(HCO_3^-)}{(H_2O)(CO_2)} = K_2 \quad (3)$$

$$pK_2 = 6.54 - 0.0071T \quad (4)$$

$$HCO_3^- = H^+ + CO_3^{2-}$$

$$\frac{(H^+)(CO_3^{2-})}{(HCO_3^-)} = K_3 \quad (5)$$

$$pK_3 = 10.59 - 0.0102T \quad (6)$$

$$CaCO_3 = Ca^{2+} + CO_3^{2-}$$

$$(Ca^{2+})(CO_3^{2-}) = K_4 \quad (7)$$

$$pK_4 = 7.96 + 0.0125T \quad (8)$$

式中，K_i 为化学平衡常数；pK_i 为平衡常数的负对数（i=1，2，3，4）；T 为温度（℃）；$P(CO_2)$ 为分压 CO_2（kPa）；平衡常数式中的圆括号（）表示离子活度（为区别，

在后面用方括号［］表示浓度)。式(1)中的(g)表示气态，(aq)表示液态。平衡常数和温度的函数关系是由温度在0～40℃的范围内的平衡数据估算出来的[6]。式(8)中的截距项的确定是为了获得25℃时的 $pK_4=8.27$，这是引自Marion等用50个石灰性土壤样品在一个固定的 CO_2 浓度(0.5mg/kg)25℃条件下平衡10天所得到的平均值[4]。式(2)、(4)、(6)、(8)中的温度 T；可简化为月平均气温。

离子活度(α)和浓度(c)的关系为

$$\alpha=\gamma\times c \tag{9}$$

式中 γ 为活度系数，用Davies方程计算[7]

$$\log\gamma=-0.505Z^2\left(\frac{\sqrt{I}}{1.0+\sqrt{I}}-0.3I\right) \tag{10}$$

式中，Z 为离子的价数；I 为离子强度，计算式为

$$I=3.0c(Ca^{2+}) \tag{11}$$

这是一个纯二价盐溶液的理论关系式[8]。式(10)中的常数(0.505)是在18℃条件下确定的，这是假设土壤温度范围(0～35℃)内的平均值。在两端温度(0～35℃)条件下，I=0.1mol/L时，求得二价离子活度系数是在18℃活度系数的±3%范围内，活度系数对温度的这样小的依赖性在模型中被忽略。

对于一个纯碳酸钙系统，在pH从7.5～8.5范围内，存在以下电离平衡

$$2[Ca^{2+}]=[HCO_3^-]+2[CO_3^{2-}] \tag{12}$$

式中方括号［］表示离子浓度，将方程(1)、(3)、(5)和(7)代入方程(12)中，得

$$\frac{2K_4(H^+)^2}{\gamma(Ca)K_3K_2K_1P(CO_2)}=\frac{K_1K_2P(CO_2)}{(H^+)\gamma(HCO_3)}+\frac{2K_1K_2K_3P(CO_2)}{(H^+)^2\gamma(CO_3)} \tag{13}$$

式中 γ 为离子的活度系数。当给出 CO_2 分压时，用方程(13)求氢离子活度，它对碳酸钙的解性具有主要作用。

当由 CO_2 分压和所求的氢离子活度，求得 HCO_3^- 和 CO_3^{2-} 浓度之后，即可由方程(7)求 Ca^{2+} 的平衡浓度。

因为模型是设计来作为长期模拟的，简化是不可避免的。在某些土壤中的重要过程，离子对、离子交换和石膏的溶解度没有被包含在模型中。钙在碳酸氢盐、碳酸盐之间的离子对在大多数钙质土壤的pH范围内一般来说是较小的[9]。假定在溶液与交换相之间已达到平衡，存在着稳态分布的离子，所以模型中没有考虑离子的交换作用[4]。热力学模型是碳酸钙的溶解度模型，模型被局限在硫酸盐浓度低的实例中。因为，①硫酸根离子与钙会形成强离子对；②模型中石膏溶解度被忽略了；③方程(12)和(13)在高硫酸盐浓度情况下是无效的。

1.2 土壤 CO_2 参数的确定

由于缺乏更详细的实测资料，所以在土壤剖面 CO_2 分压的估计中，根据土壤剖面 CO_2 分压的一般分布规律，参考有关文献[10,11]，引用Parada等的方法[4]，假定地表的 CO_2 分压为0.035kPa，向下200cm土层内随着土壤深度的增加而逐渐提高，同一土壤深度，作

物生育期CO_2分压大于上地休闲期。因此，用以下一组简化的关系式求得不同时期土壤剖面中的CO_2分压：

$$P(CO_2)=\begin{cases}0.035+0.00275S_d, RDS=0, S_d\leqslant 60\\0.11+0.0015S_d, RDS=0, 60<S_d\leqslant 200\\0.035+0.00492S_d, RDS>0, S_d\leqslant 60\\0.201+0.00215S_d, RDS>0, 60<S_d\leqslant 200\end{cases}\tag{14}$$

式中，$P(CO_2)$为CO_2分压（kPa）；S_d为土层深度（cm）；$RDS=\{0,1\}$为作物相对发育阶段[12]，其中$RDS=0$为休闲期，$0<RDS<1$为生育期，$RDS=1$为成熟期。

1.3 土壤剖面碳酸钙通量

土壤中钙的来源主要是来自钙质和非钙质母质的风化，大气中由风和降水沉降进入土壤中的钙是非钙质土壤的主要来源。在我国干旱地区的石灰性土壤上大气沉降来源的钙相对很少，可忽略不计。

剖面土壤水分过程的模拟由土壤分层水分模型提供。在土壤水分入渗过程中，通过每层土壤底部的水流被认为该层的淋失液。由于土壤水分入渗是一个相对缓慢的过程，因此，假设每次降雨后，当水分平衡一旦在每层建立，化学平衡在固相碳酸钙和溶液相钙之间也随之建立，某层土壤的淋失液即为该层土壤的碳酸钙平衡溶液。由此，在土壤某层次中的碳酸钙的淀积速率，为上层流入溶液与该层流出溶液中钙的通量所控制：

$$CAf_i=WAf_{i-1}\cdot CAc_{i-1}-WAf_i\cdot CAc_i\tag{15}$$

式中，CAf_i为i层土壤的碳酸钙通量（g/m^2）；WAf_{i-1}和WAf_i为i层土壤水的流入和流出通量（$1/m^2$）；CAc_{i-1}和CAc_i为i层流入和流出的土壤水溶液中碳酸钙的浓度（g/I）。当$i=1$时（即表土层），WAf_0为降水入渗总量，CAc_0为降水中碳酸钙的浓度。式（15）表示每次降水之后，某层土壤的碳酸钙通量为上层流入量与该层流出量之差。

在温度和CO_2分压已知的条件下，由土壤碳酸钙化学热力学平衡体系中的有关方程式求解土壤溶液的Ca^{2+}浓度，首先要求得氢离子的活度（或 pH），而求氢离子活度的方程式（13）中，几种离子的活度系数［（γ（Ca）、$\gamma(HCO_3)$和$\gamma(CO_3)$］仍是未知数，无法直接求得。因此本研究采取逐步迭代逼近算法求解。

2 模拟与结果分析

2.1 模拟

本模型的模拟过程与土壤分层水分模型联合，包括了气候、生物、地形、母质和时间等状态因子，可分为三个循环（图 1）：①以每天为时间步长的日循环，计算分层土壤水分动态；②降水事件循环，求日降水所产生的分层土壤水和碳酸钙通量；③以年为时间步长的年循环，根据所需模拟年数，包括上述两个循环，求每年的土壤水分和碳酸钙的变化，并输出结果。模拟程序是用 Borland C ++语言开发的，可在 386 以上微机的 DOS 环境下运行。

以地处黄土丘陵区的晋西北河曲县砖窑沟流域为例，选择了三种土地类型：梁地、坡

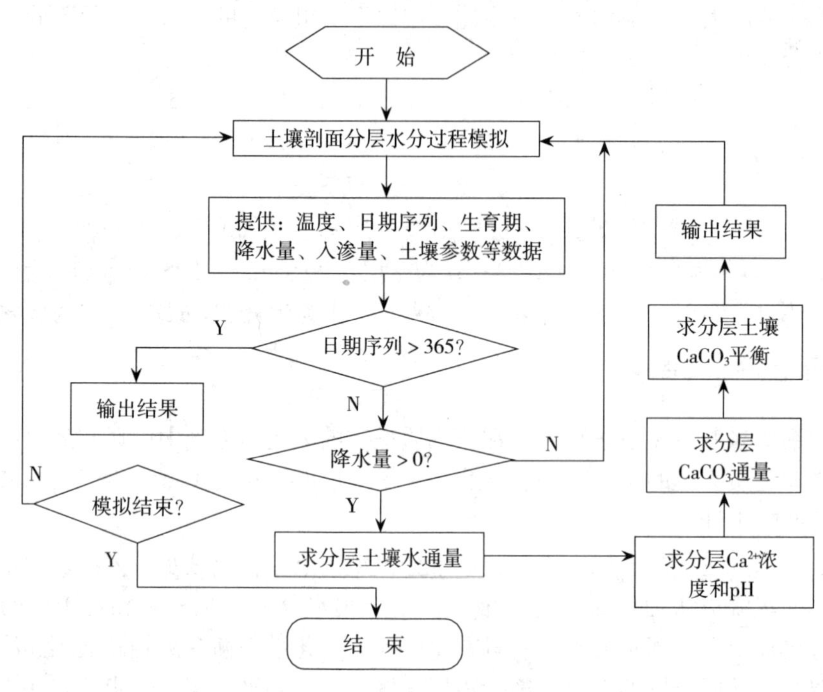

图 1　土壤碳酸钙模拟算法流程

耕地和沟坝地，进行模拟与验证。模拟过程中气候条件相同，生物、地形和母质因子有差异，运行 100 年，得到土壤剖面各层次碳酸钙的年均变化量和 pH（表 1）。

类似环境监测中设土壤本底值的方法，假定初始土壤碳酸钙的分布是均匀的，其含量与该土壤母质中的含量相同（表 1）。根据目前土壤碳酸钙含量的实测值，以本底值和模拟所得碳酸钙的年均变化量推算，所模拟的梁地土壤经历了 500 年、沟坝地土壤经历了 1 000年、坡耕地土壤经历了 4 000 年的淋溶淀积过程，接近目前剖面碳酸钙含量的分布情况（图 2）。

表 1　土壤剖面碳酸钙通量与 pH 的模拟结果

土层深度	梁地		坡耕地		沟坝地	
	$CaCO_3$（g/m^2）	pH	$CaCO_3$（g/m^2）	pH	$CaCO_3$（g/m^2）	pH
0～20	−3.15	8.2	−0.84	8.1	−3.46	8.1
20～40	11.64	8.0	3.32	8.3	5.32	8.3
40～60	8.06	7.9	4.49	8.2	9.72	8.5
60～80	3.48	7.8	2.80	8.0	7.29	8.2
80～100	1.74	7.8	1.04	8.0	4.32	8.0
100～150	1.88	7.7	0.98	7.9	4.05	7.8
150～200	0.64	7.7	0.16	7.8	2.03	7.8
母质 $CaCO_3$>3 含量（mg/kg）	100		95		65	
坡度（°）	3		8		2	

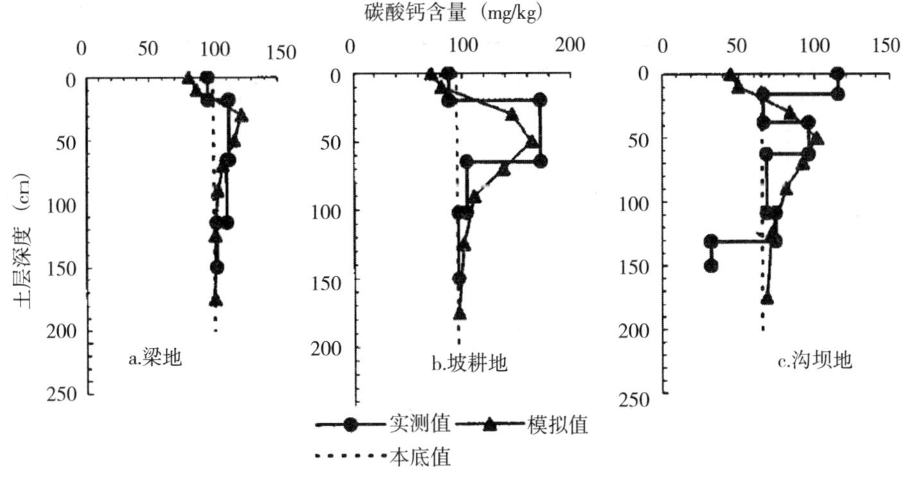

图 2　土壤剖面碳酸钙分布

2.2　模拟结果分析

由表 1 的模拟结果可以看出，在同样的气候条件下，由于土地类型的不同，所产生的地表径流量和入渗量不同，进而导致了土壤剖面中碳酸钙通量的差异。沟坝地土壤层次的水分通量大，土壤碳酸钙通量大于其他两类地。由于梁地比坡耕地水肥条件好，所以碳酸钙通量大，但由于生物因子的作用，通量最大的层次部位较高。由于人类活动干扰（如平整土地等）程度的不同，坡耕地稳定成土时间最长，沟坝地次之，而梁地相对较短，导致淀积层的明显程度依次为坡耕地＞沟坝地＞梁地（图 2）。

从图 2 还可以看出，模拟碳酸钙含量的剖面分布与实测值比较，总体上比较一致。三种土地类型表层碳酸钙含量的模拟值均明显低于实测值，这是由于模型对于从外界输入（如降水、尘土、施肥等）的碳酸钙估计不足。另外，模型没有包括矿物风化产生的碳酸钙，尤其在耕层，生物活动促进矿物风化的作用更加明显。沟坝地由于成土母质的不均一性，以及剖面层次的复杂性，导致剖面碳酸钙分布比较复杂，这在模型中难以充分表达，所以模拟结果仅仅描述了碳酸钙分布的一般性规律。

从图 3 中土壤 pH 实测值与模拟值的比较，可见模拟结果大致反映了土壤剖面pH 的变化规律，模拟值与实测值的偏差为－1.2%～－9.1%，模拟值均偏低。这是由于模型仅是实体的一种简化，反映的是土壤溶液中一种相对理想化的状态，与实际土壤溶液的复杂情况以及土壤 pH 的测定方法存在着系统误差。因此，根据相关分析结果表明，模拟值与实测值之间呈显著的线性相关（$R=0.78$），其相关函数为：

$$YpH = 6.065 + 0.305XpH \tag{16}$$

式中，XpH 为模型模拟所得 pH；YpH 为经校正的模拟 pH。

经此校正之后，模拟值与实测值之间的偏差在－3.3%～4.4%。

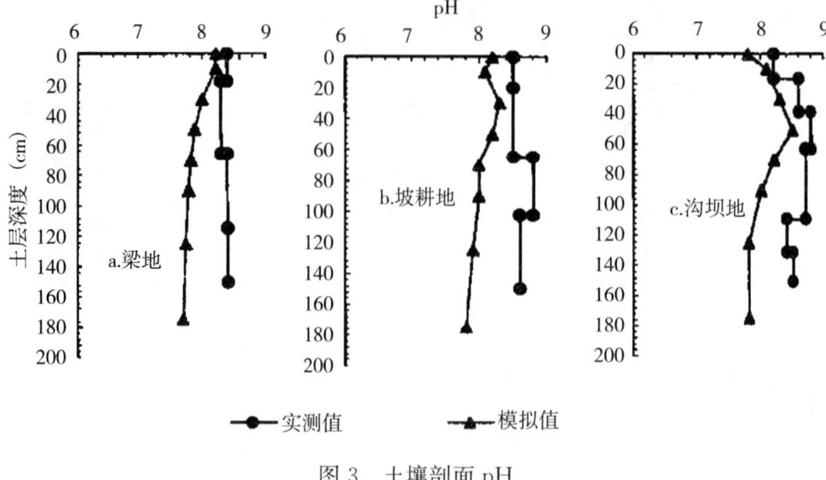

图 3　土壤剖面 pH

3　讨论

土壤碳酸钙的淀积是一个相对缓慢的土壤发育过程，采用常规的方法，难以观测其变化过程，建立数学模型是一个有效的方法。在 CAEDP 模型中，设计了一系列的迭代逼近算法，使得在仅给出分压和温度的条件下，既可快速模拟土壤中复杂的碳酸钙化学热力学过程，求解土壤溶液中的 Ca^{2+} 浓度和 pH，又不失精度。模拟过程中，仅需要输入较少的数据和参数（如月平均气温、作物生育期、土壤水通量等），即可描述干旱地区土壤剖面碳酸钙淀积过程。

本文推算三种地类土壤碳酸钙淀积所经历的年数，仅仅是在一种给定的气候条件和人类活动影响下，稳定土壤剖面发育的模拟结果。由于有史以来的气候波动，以及不同生产管理水平的变迁，土壤碳酸钙的淋溶淀积也必然随之变化。据钱林清等对黄土高原近 500 年气候变化的研究认为目前处在冷暖交替的第三个温暖期以及近 1 000 年旱涝气候变化的研究，认为目前处在湿润期，并以旱涝交替变化为其特征。所以按目前生物、气候及生产管理水平模拟的结果必然偏高，以致淀积的时间偏短。因此，作为长时期的模拟，则要求考虑气候变化以及生产管理水平的变迁。反过来，也可以用此模型，根据土壤剖面碳酸钙的分布状况，反演环境变化过程。

本研究仅是土壤 pH 的模拟得到了验证，由于缺乏碳酸钙淋溶淀积过程的实测资料，对碳酸钙淀积过程的模拟没有得到直接的验证。尽管如此，所建模型可以根据 100—200 年的模拟来分别评价气候、生物、地形、母质和时间等状态因子以及人类活动在土壤碳酸钙淀积过程中的作用，描述一定条件下土壤剖面碳酸钙的一般分布规律以及变化趋势，推断干旱地区土壤钙积层的发育过程和所处的环境条件。

模型算法结构合理，运行效率高，内聚性强，可作为一个相对独立的子模块与土壤发育过程模型连接，应用于全球变化和土壤变化的定量化研究。

参考文献

[1] 于天仁．土壤化学原理 [M]．北京：科学出版社，1987.

[2] Arkley R J. Calculation of carbonate and water movement in soil from climatic data [J]. Soil Sci.，1963，96：239-248.

[3] Ahmad I. A water budget approach to the prediction of calichedepths [J]. Publ. Climatol.，1978，31：1-53.

[4] Marion G M，Schlesinger W H，Fonteyn P J. CALDEP：A regional model for soil $CaCO_3$ (caliche) deposition in southwestern deserts [J]. Soil Sci，1985，139 (5)：468-481.

[5] Marcoux L S. A diffusion model for caliche formation. In：Reeves C C Jr. ed. Caliche：Origin，Classification，Morphology，and Uses [J]. Lubbock，Tex.：Estacado，1976，182-191.

[6] Garrels R M，Christ C L. Solutions，Minerals，and Equilibria [M]. New York：Harper and Row，1965.

[7] Sposito G. The Thermodynamics of Soil Solutions [M]. Oxford：Clarendon Press，1981.

[8] Marion G M，Babcock K L. Predicting specific conductance and salt concentration in dilute aqueous solutions [J]. Soil Sci.，1976，122：181-187.

[9] Suarez D L. Graphical calculation of ion concentrations in calcium carbonate and /or gypsum soil solutions [J]. J. Environ. Qual.，1982，11 (2)：302-308.

[10] 腊塞尔 EW（谭世文等译）．土壤条件与植物生长 [M]．北京：科学出版社，1979.

[11] 华孟，王坚．土壤物理学．北京：北京农业大学出版社 [M]．1993.

[12] 宇振荣，翟志席．土壤水分对作物生长满足程度模拟模型 [J]．土壤学报，1995，32 (4)：458-463.

[13] 黄巧云．土壤与植物营养科学 [M]．北京：中国农业出版社，1997.

[14] 钱林清．黄土高原气候 [M]．北京：气象出版社，1991.

基于人工神经网络面插值的方法研究

尤淑撑　严泰来

（中国农业大学　北京　100094）

摘要： 前人研究表明三层前向人工神经网络不仅能以任意精度逼近任意函数，还能以任何精度逼近其各阶导数。根据这一特性，本文将反向传播网络（Back—Propagatton，简称 BP 网络）应用于面插值。本文认定地理要素的空间分布可以用一复杂的非线性函数模拟，该函数是由多种因素综合作用的结果，即地理要素的值是这些因素的函数，如果以各因素为输入、对应地理要素值为期望输出，对网络进行训练可对地理要素的空间分布进行模拟。影响因素的确定是决定插值精度的关键。该方法最大特点在于能充分利用空间信息和各种社会、经济信息。最后，本文模拟了有隔离带和无隔离带的两种插值情况，实验表明神经网络应用于面插值是可行的，并且能有效地解决隔离带问题。本文介绍的方法可以用于土壤、土地评估等有关面状分布的研究场合。

关键词： 神经网络；面插值；隔离带

1　问题的提出

根据有限个空间样本点数据进行外推插值是地学界一个重要研究问题。地学问题属于宏观性状并有连续分布的研究问题。而我们通过测试得到的只能是离散的有限空间样本点数据。如何以这些表征某种地学性状的样本点数据为基础，对这个研究区域进行插值，得到该区域的符合一定要求的同类性状数据，对于辅助地学研究具有重要意义。

空间外推插值属于经典的数学分析问题。一些著名数学家如拉格朗日、高斯、欧拉都曾对这一问题进行过研究，得到不少重要的成果，给出一些数学分析的方法。但是这些方法遇到两方面的障碍：一方面是将这些方法移植到计算机，在计算机特定的条件下运用这些方法解决问题存在一定困难，如非线性函数求导和积分问题；另一方面是随着地学、社会科学等学科领域的发展，这些学科相互渗透与综合，插值问题已经超出了纯数学的范畴。因而，运用前人的思想与工作基础，寻求新的空间外推插值方法就成为一个值得研究的课题。

人工神经网络是一种用计算机模拟生物机制的方法。它不要求对事物机制有明确的了解，系统的输出取决于系统输入和输入输出之间的连接权，而这些连接权的数值则是通过训练样本的学习获得，这种方式对解决机理尚不明确的问题特别有效。此外，地学现象的

本文发表于《测绘学报》2000 年第 29 卷第 1 期。

复杂性和独特性使得建立在各种理想条件之上的理论模型很难应用于实际，确定性的模型需要随着地点和时间的改变而不断修改模型参数甚至模型结构，因而很大程度上失去了模型的普遍性。自然、社会、经济各因素的耦合使得这个复杂的系统具有很大程度的非线性和混沌特点。在这种情况下，以事例为基础的神经网络无疑是一种有效的途径。本文对BP网络在面插值中的应用方面做了一点初步的研究，并提出一种解决存在隔离带情况插值问题的神经网络方法。隔离带是指引起地理要素值不连续变化的线状、面状地物。根据隔离带两侧地理要素的相互作用强度不同，可将其分为两类：一类为全隔离，即隔离带两侧地理要素不存在直接相互影响；另一类为半隔离，即隔离带两侧地理要素存在相互影响，但它们的影响强度介于全隔离和无隔离之间，这里的无隔离指地理要素间的相互影响作用主要受空间距离衰减规律支配。隔离带的存在使一些面插值算法变得十分复杂，而神经网络方法却可以发挥其特长。最后本文用实际数据与模拟数据做了实验，认为这一方法是一个值得深入研究并可以实际应用的方法，对解决一些复杂问题有一定的实用性。

2 BP网络模型

近年来，人工神经网络（ANN）理论已引起了广泛的兴趣，在计算机科学、信息技术、人工智能、目标识别、生物医学工程等领域中都得到了十分重要的研究和应用。ANN模拟人脑智能的特点和结构，由各神经元构成的并行协同处理的网络系统所能实现的行为是极端丰富的。

本文使用ANN中的反向传播网络，如图1所示。这是一种前向人工神经网络，由一个输入层、一个隐层、一个输出层组成，层间以不同的权重连接。这样的神经网络经过训练后能够从训练样本中学习输入—输出之间的映射关系。Hornik等人的研究表明这种网络能以任意精度逼近任意函数。

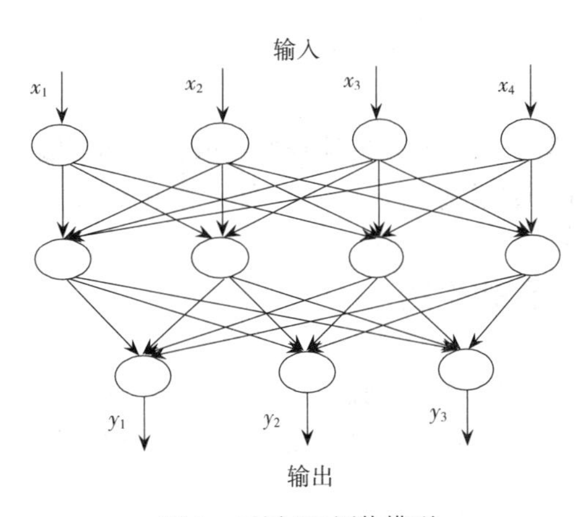

图1　三层BP网络模型

BP网络对函数的逼近原理表述如下：设函数 $y=f(x)$，其中 $X=(x_1, x_2, x_3, \cdots, x_n)$，以自变量 X 作为网络的输入，应变量 y 作为网络的输出，所以在这种情况下网络的输入结点为 n，输出结点为1。设有 M 个输入输出对 $(X^1, X^2, \cdots, X^M)$ 和 $(y^1, y^2, \cdots, y^M)$。对于第 k 个输入输出对，首先根据网络当前的内部表达，对样本输入模式作前向传播，计算网络的实际输出，和期望输出 y^k 加以对比。然后将误差反向传播，即按照使网络输出值与期望值之差 E 的平方最小原则，反向计算，对网络各相邻间结点的连接权值进行调整，经过充分时间的学习训练，网络权向量收敛于一最佳值，此时 E 变化也将达到稳态。网络训练完成后就可以根据预测点的输入得到该点输出。

3 插值原理

对于面插值问题，可以认定某一时刻的地理要素随空间分布可以用一复杂的非线性函数模拟，并认为它是一个客观存在。我们的实际采样点只是这个复杂曲面上的点，由于存在误差，采样点可能并不与曲面重合。面插值就是根据已知采样点对这个复杂曲面进行拟合，即寻找这个空间曲面的函数表达式 $Z=f(x,y)$ 。

地理要素的空间分布是多种因素综合作用的结果。所以可以用以下函数模拟地理要素空间分布

$$Z=F\ (A_1,\ A_2,\ A_3,\ \cdots,\ A_{n,\epsilon}) \qquad (1)$$

其中：Z 表示地理要素值，$A_1, A_2, A_3, \cdots, A_n$ 表示地理要素的影响因素。ϵ 表示其他因素和未知因素的影响作用。

我们假设 ϵ 为地理要素空间坐标（x，y）的函数，由于未知因素作用比较复杂，为了加快学习速度，我们根据二维泰勒级数对其输入参量进行扩展。根据二维泰勒级数 ϵ 可表示为

$$\epsilon=s_0+a_1x+a_2x^2+\Lambda+a_nx^n+b_1y+\Lambda+b_ny^n+c_1xy+\Lambda+c_nx^ny^n+\Lambda \qquad (2)$$

其中：$s_0, a_1, a_2, \cdots, a_n, b_1, b_2, \cdots, b_n, c_1, c_2, \cdots, c_m$ 为待定系数，对应函数在（x，y）处的各阶偏导数。实践表明，以（$x, y, xy, x^2, y^2, \cdots, x^n, y^n$）代替原来的输入参量（$x$，$y$）可加快学习速度和改善学习精度。但为了避免高次振荡，以免在平坦地区产生一些多余的丘、盆，n 一般取 2～3 为宜。

根据以上假设，以（$A_1, A_2, A_3, \cdots, A_n, x, x^2, x^3, y, y^2, y^3, xy, x^2y, y^2x$）作为输入参量，以已知采样点的地理要素值作为期望输出对网络进行训练，可以模拟地理要素的空间分布。并通过余项 ϵ 反映未知因素和不确定因素的影响。

4 应用实例

实验数据：实验一利用某地城镇地价，采用 200 × 200 网格范围内的 20 个采样点。实验二为作者根据隔离带特点模拟产生的数据，采用 200 × 200 网格范围内的 28 个采样点。

实验的硬件环境：奔腾 586 主机、主频时钟 160Mhz、4MB 内存、硬盘可用空间 254MB。

实验的软件环境：Windows95 操作系统，IDL503 版本，Visual C++6.0 版本。

本实验认定地价主要影响因素为邻位因素，即 $Z=F(A,\epsilon)$ ，这里 A 表示邻位因素。所谓邻位因素指插值点地价只是其最邻近的几个计算采样点综合作用的结果。本文采用与插值点最邻近的 6 个计算采样点。根据空间距离衰减规律，计算采样点对插值点的作用与插值点到计算采样点的距离 D 成负相关。即对于插值点 Ax，若其最邻近的 6 个计算采样点的地价为 A_1、A_2、A_3、A_4、A_5、A_6 ，距离为 D_1、D_2、D_3、D_4、D_5、D_6 。则有

$$A_x = [A_1 \times G(D_1) + A_2 \times G(D_2) + \cdots + A_6 \times G(D_6)]/[G(D_1) \mid G(D_2) + G(D_6)] \tag{3}$$

$G(D)$ 为一递减函数，本文令 $G(D)=(1/D)^k(k>0)$，k 的确定是解决问题的关键，由于地理要素分布的复杂性，对于整个插值空间，k 并不是常数。本文通过神经网络学习的方法确定邻位因素的影响作用，具体方法为：设 $A_x(1)$、$A_x(2)$、$A_x(3)$ 分别表示 $k=1$，2，3 时 A_x 值，以输入参量 $[A_x(1)$、$A_x(2)$、$A_x(3)]$ 模拟邻位因素 Λ。综上所述，最后的输入参量为 $A_x(1)$、$A_x(2)$、$A_x(3)$，x，y，xy，x^2，y^2，输出为对应地价。这里 x，y 为样本点所在网格的行列号（可取样本点的实际大地坐标）。工作流程：

4.1 为了提高学习速度，对插值空间和输出值作归一化处理。

（1）x，y 的归一化

设插值空间的区域范围的左下角和右上角的坐标分别为 $(x_{\min}, y_{\min})$，$(x_{\max}, y_{\max})$。则

$$x' = (x - x_{\min})/(x_{\max} - x_{\min}) \tag{4}$$

$$y' = (y - y_{\min})/(y_{\max} - y_{\min}) \tag{5}$$

（2）z 的归一化

设插值空间内 z 的期望最小值和期望最大值分别为 $z_{\min}$，$z_{\max}$ 则

$$z' = (z - z_{\min})/(z_{\max} - z_{\min}) \tag{6}$$

4.2 确定计算采样点

计算采样点可以是全部样本点的集合。但为了提高网络的鲁棒性（Ro－bust）和插值精度，可以从样本集中提取一部分样本点作为计算采样点。这样，未作为计算采样点的样本点相当于预测样本，可对网络精度进一步地调整。本文采用从样本点集合中随机提取80％样本点作为计算采样点。

4.3 确定样本点最邻近 6 个计算采样点

关键在于距离 D 的计算：（1）对于不存在隔离带情况，距离 D 等于两点间的欧氏距离（以下简称距离）。（2）对于存在全隔离带情况，如果两点间连线与隔离带无交点，则 D 等于两点间距离，如图 2 中的 1 和 2 之间的距离。否则 D 为两点绕过隔离带的最短距离，如图 1 的 1 和 3，B_1B_2 为隔离带的缺口，很显然 1 经过 B_2 到达 3 距离最小，所以 1 到 3 的距离为 1 到 B_2 的距离和 B_2 到 3 距离之和。（3）对于存在半隔离带情况，假设图 2 中的隔离带为江河，在隔离带不存在缺口情况下，1 和 5 的距离为无穷大，但如果在 4 点建立轮渡，隔离带的隔离作用减弱，此时 1 和 5 的距离可为：

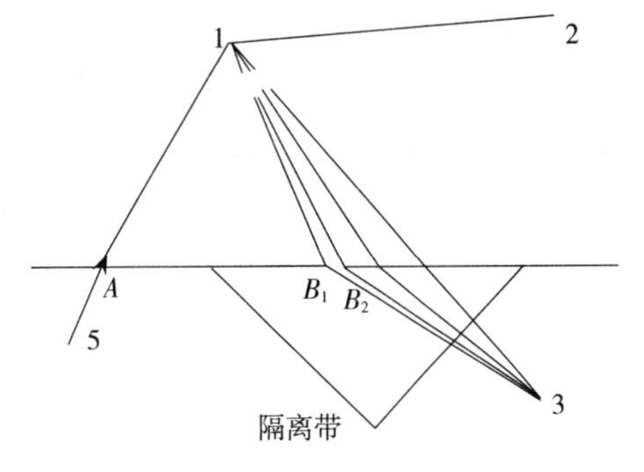

图 2 各种情况距离示意图

$$d_{15} = d_{1A} + d_{A5} + d' \tag{7}$$

其中：d_{1A}、d_{A5} 分别为1、A 和5、A 之间的欧氏距离。d' 为修正距离，主要受隔离带的隔离作用影响。具体计算可采用如下方法：首先对隔离带两边样本点进行相关分析，设 r 为相关系数，则可令 $d'=(1/r)-1$，当 r 趋于0时，d' 趋于无穷大，相当于全隔离；当r趋于1时，d' 趋于0，相当于无隔离。

确定最邻近计算采样点：首先在以当前点为圆心，以指定步长为半径的开窗圆内进行搜索，如果开窗圆内存在6个以上计算采样点，且其中6个计算采样点与当前点距离小于或等于开窗圆半径时则停止搜索，否则增大步长，继续搜索，直至满足要求。根据样本点的分布情况确定初始步长，当样本点比较稀疏时，初始步长大，否则初始步长小。确定最临近6个计算采样点后，根据公式（3）计算 $A_x(1)$、$A_x(2)$、$A_x(3)$。

以样本点输入参量 $A_x(1)$、$A_x(2)$、$A_x(3)$，x，y，xy，x^2，y^2 作为输入，以对应的地价作为输出，根据神经网络 BP 算法对网络进行训练。当网络训练完成后，计算插值空间各点的输入参量，最后以计算得到的输入参量作为网络的输入，网络的输出即为该点的预测地价。

插值精度评价。最后我们采用神经网络的预测结果与样本观察值之间的均方根误差对插值精度进行评价。设n为测试样本个数，为第i个测试样本观察值，z_i^2 为对应测试样本神经网络预测结果。则均方根误差s由下式表示：

$$s=\sum_{i=1}^{n}(z_i^2-z_i)^2/n \qquad (8)$$

基于上述方法学习结果如图3、图4所示。

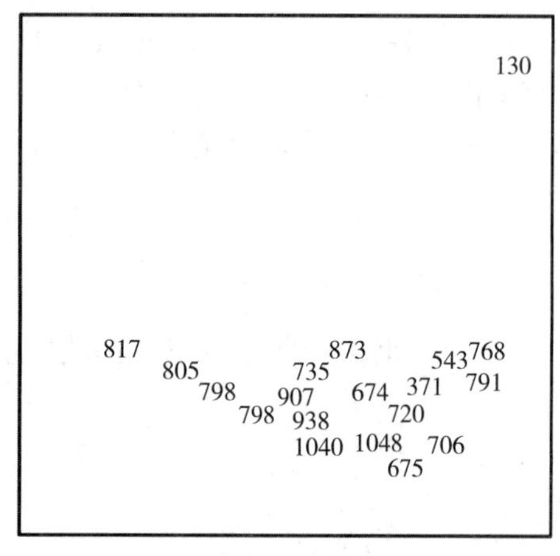

样本点分布

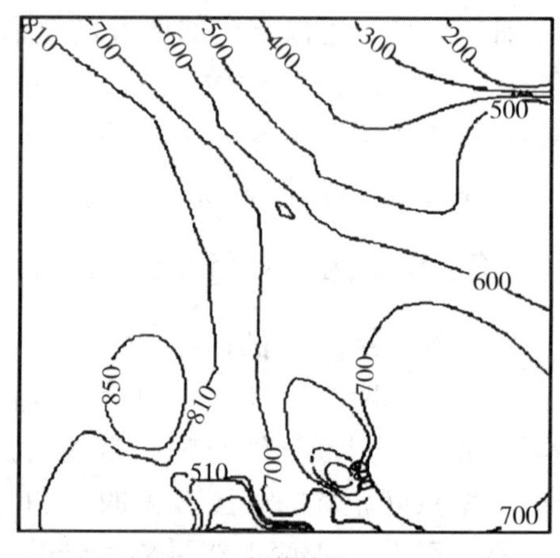

插值结果

图3 实验一：插值结果及实际样本点分布

表1 归一化样本观察值与预测值

样本	1	2	3	4	5	6	7	8
观察值	0.594 6	0.796 0	0.804 0	0.893 3	0.949 4	0.090 6	0.101 3	0.293 3
预测值	0.594 3	0.795 4	0.802 1	0.891 9	0.949 6	0.087 7	0.104 5	0.300 2

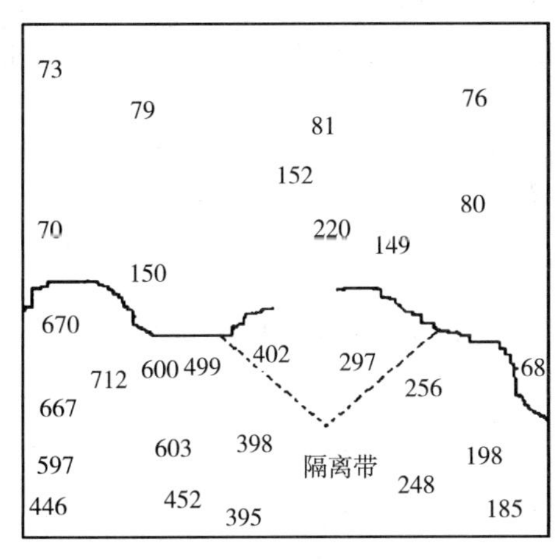

样本点分布

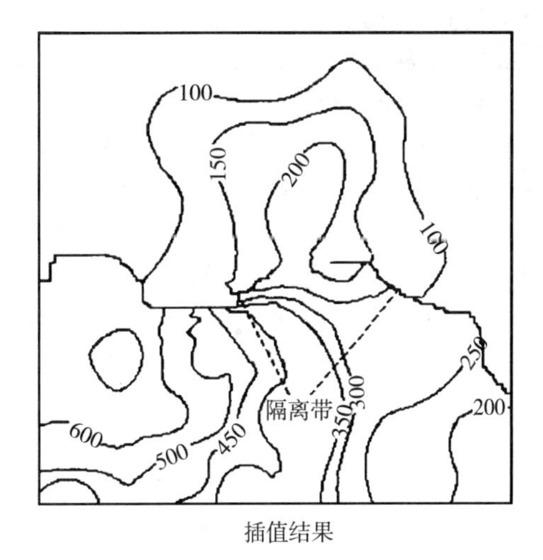

插值结果

图 4　实验二：插值结果及实际样本点分布

从图 3、图 4 可以看出，模拟结果是比较满意的，其中神经网络对归一化样本点的预测结果与样本点观察值之间的均方根误差达到 0.003。若能顾及其他因素（如社会、经济等）的影响作用，有可能得到更准确的估计结果。

5　讨论与结论

（1）神经网络模型的仿真运行有一条很重要的性质，即 expensive，也即输入层提供的信息越多，则收敛速度成数量级提高，精度也会有很大的改善。此外，模型的性能不但依赖于输入层信息的数量，还取决于信息的质量[6]。所以充分地利用已知知识或信息、有效地提取特征是提高插值精度的关键。

（2）通过本研究我们发现，人工神经网络的预测结果的变化范围并没有局限于样本最大值与样本最小值之间，而存在比最大值还大，比最小值还小的点，解决了许多插值算法不能解决的问题。另外，人工神经网络插值能同时利用空间信息和其他辅助信息，如社会、经济信息，而插值复杂度不变，这是其他插值算法难以比拟的。

（3）利用本文提出的方法，如果引入时间因素，可以解决动态预测问题。本文提出的方法可以直接应用于多维插值。

（4）本研究还表明，应用神经网络进行插值所需的时间对样本点数并不太敏感。主要由于样本中存在着重复信息，即某些样本间存在相关性。对数据规模为 50—500 的样本试验表明，在达到相同的输出精度所需要学习的时间基本相同。

参考文献

[1] XU Lu. The Analysis of Metal Content in the elderly Cataract Eyeball by NN [J] . Chemistry Journal of Chinese Universities，1994，15（982）：23-27（in Chinese）.

[2] WANG Xi-peng. The Study on Decomposing AV-HRR Mixed Pixels by Means of Neural Network

Model [J] . Journal of Remote Sensing, 1998, 2 (2): 348-352 (in Chinese) .

[3] CHENG Wen-wei. Intelligence Decision Technology [M] . Beijing: Publishing House of Electronics Industry, 1998 (in Chinese) .

[4] CHEN Bing-jun. NN-Based Fabricate Forecast and its Application [J] . Transacions of The Chinese Society of Agricultural Engineering, 1997, 32 (2): 362-371 (in Chinese) .

[5] SONG Tie-ying. The Statistics and Emulation of Forest Spatial Data [J] . Journal of Beijing Forestry University, 1997, 19 (4): 234-236 (in Chinese) .

[6] JN Fan. Neural Network and Neural Computer [M] . Xi' an: Publishing House of Xian Jiao tong University, 1991. (in Chinese) .

数字高程模型DEM的建立与应用

张荣群[1]　严泰来[1]　武晋[2]

（1. 中国农业大学信息管理系　北京　100094；
2. 中国农业大学经济管理学院　北京　100094）

摘要：文章对DEM的建立方法进行了探讨，并在开发的DEM系统上自动生成坡度图，绘制透视立体图，完成土地利用分析和土方量计算方面的应用研究。

关键词：数字高程模型；农业应用

1　引言

数字地面高程模型（Digital Elevation Model）简称DEM，它是用数字形式X、Y、Z坐标来表达区域内的地貌形态，以缩微的形式再现了地表形态起伏变化特征，具有形象、直观、精确等特点，在生产中有广泛的使用价值。DEM不仅应用于土地利用规划和水利工程规划，而且也被用于土方工程量计算；地貌特征线往往是一些重要自然现象（如土壤、植被、地表侵蚀、微生态环境等）的分界线，因而在地学分析中引入DEM，对于坡度图的自动生成和图形的叠加分析等方面，将改进研究方法与手段，改善研究成果的表达方式，较好地解决传统方法中难以实现的技术问题。

2　DEM数据的获取

建立DEM需要大批地貌形态数据，获取DEM数据的方法有航片解析法和地形图数字化法，也有人利用卫星遥感图像来生产DEM数据。

在全数字自动摄影测量系统的支持下，利用航片立体像可建立地面的立体模型，在输入地面控制点以及航片经过相对与绝对定向之后，根据选配的影像同名点即可产生DEM数据。这种方法对软硬件要求较高，且资料昂贵，非测绘部门一般不用此法，而是在数字化平台上对地形图进行采样，获得地面高程采样值，然后进行编辑，生成数字地形模型(Digital Terrain Model，简称DTM)。在生成DTM的过程中对采样点进行内插处理，处理的方法有加权平均法和不规则三角网法（TIN）；不规则三角网法（TIN）处理这些采样点时把每三个最邻近点联结成三角形，每个三角形代表一个局部平面（地表单元），对应于一个平面方程，根据这类方程可计算出各自的格网点高程，生成TIN数据；再经过采样即格网化处理，最后得到具有一定水平间距的DEM数据。

由TIN结构生成的DEM数据可以用来生产坡度图、晕渲图、三维立体图等。在地

本文发表于《计算机与农业》2000年第6期。

学分析中，利用 DEM 数据可自动提取各种地形因子和对地表形态进行自动分类等，下面以坡度分析与坡度图的自动生成为例说明 DEM 数据的应用。

3　坡度分析与坡度图的自动生成

在坡度分析与坡度图编制业务中，通常使用变化范围较大的定性或半定量分析的常规方法，这种方法劳动强度大且生产周期长。在计算机软硬件的支撑下，利用 DEM 数据进行地貌特征分析，能够快速而准确地满足国民经济建设各方面的需要。

3.1　数字坡度模型的建立

由数字高程模型转换为数字坡度模型的方法有两种：一是数字分析法，二是有限二阶差分法。前者分别求出格网中心点与其周围相邻八个格网中心点的坡度，通过判断取其中的最大值作为该格网单元的坡度值。这种方法能满足计算格网单元坡度值的要求，但有两个明显的缺点：首先它只适应于较小范围的 DEM 数据系统，如果范围相对较大，容易在地形变化复杂地段使格网“架空”，产生错误的地面坡度值。其次是这种转换方法无法算出制图区域最边一行的坡度，影响坡度图的成图效果和面积量算精度。我们采用第二种方法，其原理是地表单元坡度是其发矢量 n_{ij} 与 z 轴之夹角，而两矢量夹角的余弦等于两矢量的数量积与模的乘积之商，即：

$$slope_{ij} = arccos\left[\frac{\vec{z} \cdot \vec{n}_{ij}}{|\vec{z}| \cdot |\vec{n}_{ij}|}\right]$$

在进行坡度分析时，将该式简化为如下形式：

$$slope = arttan\sqrt{u^2 + v^2}$$

$$u = \sqrt{2} \cdot \frac{z_a - z_b}{2d_s}$$

$$v = \sqrt{2} \cdot \frac{z_c - z_d}{2d_s}$$

式中 z_a、z_b、z_c、z_d 为地表单元格网点的高程数据，d_s 为相邻格网点的增量，$slope_{ij}$ 为第 i 行第 j 列格网的坡度值，并且 $0 \leqslant slope \geqslant 90°$。

运用上述方法依次计算出每一格网的坡度值，就得到数字坡度模型（$slope_{ij}$）。

3.2　分级数字坡度图的生成

数字坡度模型是一种自然坡度模型，把坡度划分为若干级并输入坡度分级指标，就可以转换为分级数字坡度模型，利用终端设备即可输出坡度图或在屏幕上显示出结果。

4　应用实例

4.1　土地利用类型不同坡度的面积

利用上述方法，我们建立了陕西省米脂县寺沟村数字高程模型，利用该数字模型，绘制了这一地区的透视立体图（图 1）。将该地区的 DEM 模型与计算机内已有的土地利用现状数字模型进行自动叠加，分析统计得到表 1 中所有的各土地类型坡度分布数据，为土地利用分析及土地利用规划提供了必要的资料。

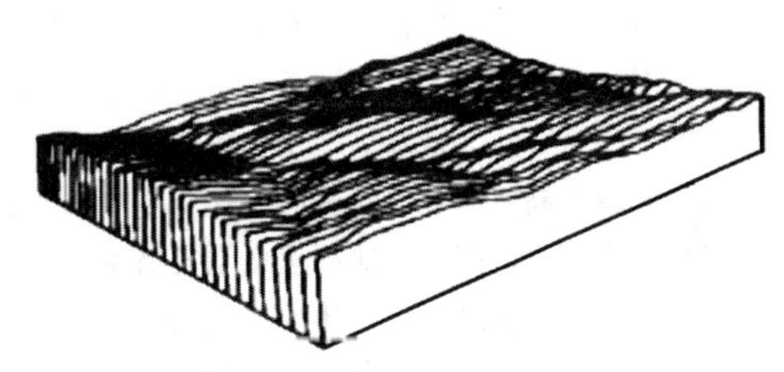

图 1　寺沟村地区透视立体图

4.2　计算工程土方量

在农业部援非项目—几内亚科巴农场排水总干渠工程中，需要计算土方量。我们分别利用 DEM 系统和常规计算两种方法，计算了开挖土方量。利用 DEM 系统计算土方量，首先以实测的 1∶500 地形图建立施工前和竣工后两个 DEM 模型，即 DEM 模型Ⅰ和 DEM 模型Ⅱ，以海拔 0.0m 作为基准面，计算该基准面以上部分的土方量，计算范围以总干渠马道外侧为准。然后根据网格面积乘以高程，计算马道（含马道）以内每个网格的体积，把施工前后所有的网格体积累加起来即得 DEM 模型Ⅰ、Ⅱ的体积，两者之差即为实挖土方量 V_1，利用常规方法计算开挖土方量为 V_2。V_1 与 V_2 之差为 $708m^3$，误差小于 5%；V_1 较 V_2 大，其原因是由于大型机械作业，马道地基下降所致。

表 1　寺沟村各土地利用类型坡度面积统计表（亩）

土地利用类型＼坡度	<2°	2°～6°	6°～15°	15°～25°	25°～35°	35°～45°	>45°	小计
水浇地	98.2	0.0	2.8	0.0	0.0	0.0	0.0	101.0
沟底旱地	133.0	87.5	3.5	4.6	0.0	0.0	0.0	228.6
坡旱地	11.9	67.6	211.3	451.5	198.3	280.0	93.0	1 313.6
梯田	0.0	82.1	408.7	598.3	156.7	73.2	18.5	1 337.5
果园	0.0	0.0	49.4	93.3	61.8	7.6	12.0	224.1
乔木林地	1.1	1.6	22.1	37.3	49.2	51.3	88.6	251.2
灌木林地	2.8	0.0	6.8	13.2	55.5	216.3	105.5	400.1
荒草地	3.1	15.1	11.3	98.4	39.9	444.5	258.8	871.1
居民地	18.2	47.3	29.2	4.9	1.3	5.3	4.5	111.4
合计	268.3	301.2	745.8	1301.5	562.7	1078.2	580.9	4 838.6

从上述例证可以看出，数字高程模型 DEM 不仅可以进行土方量的计算，进行地貌形态的缩微再现，而且可以与其他要素的数字模型的匹配叠加，用于坡度分析，土地评价等分析面广、层次深的实际工作中。

参考文献

[1] 杜道生，陈军．李征航．RS. GIS. GPS 的集成与应用［M］．测绘出版社，1995.
[2] 余鹏，刘丽芬．利用地形图生产 DEM 数据的研究［J］．测绘通报，1998（10）．

[3] Denisp. 武汉测绘科技大学译 . 由 SPOT 影像数据产生数字地面模型 [M] . 1988.
[4] 黄玉琪 . SPOT 影像的 DEM 自动生成 [J] . 测绘通报，1998 (9) .
[5] 胡友元，黄杏元 . 计算机地图制图 [M] . 北京：测绘出版社，1987.
[6] 林培 . 黄土高原遥感专题研究论文集 [M] . 北京：北京大学出版社，1990.
[7] 张超，陈丙咸，邬伦 . 地理信息系统概论 [M] . 北京：高等教育出版社，1995.
[8] 汤国安 . 数字坡度模型的建立与应用 [J] . 西北大学学报（自然科学版)，1991 (1) .
[9] 黄杏元，汤勤 . 地理信息系统概论 [M] . 北京：高等教育出版社，1989.
[10] 严泰来 . 土地信息系统 [M] . 北京：科学技术文献出版社，1993.

N 层结构在饲料配方软件中的应用

程昌秀　李绍明　严泰来

（中国农业大学信息管理系　北京　100094）

我国的软件产业方兴未艾，经济的高速持续发展为应用软件提供了广阔的国内市场，软件产品开始大量渗入人类社会生活各个层面。其中，各种软件技术在农业中的应用，如雨后春笋般地涌现出来，形成了百家争鸣、百花齐放的局面。但是，要想在如此激烈的市场竞争中长期处于不败之地，必须使应用程序有一定的可重用性、易移植性、可伸缩性。应用程序的可重用性使开发周期得以缩短、开发效率得到提高；应用程序的易移植性使应用程序适用于不同的软硬件平台；应用程序的可伸缩性可使应用程序很容易地从单机版扩展为网络版，甚至可扩展为 Web 应用程序，供多人访问。*N* 层结构理论的思想正是软件界人士针对以上目标而提出的一种新型的软件设计思想。

1　*N* 层结构理论概述

N 层结构是一组网络、数据、应用的集合，Client（客户）和 Server（服务器）可以动态地建立或断开连接，以满足用户的需求。在这种模式下，用户可以在任何时间、任何地点存取数据及应用逻辑，其优点是：对组件或子件的修改只要不变动接口就不会对其他组件造成影响。*N* 层结构的层是根据应用的实际业务规则划分的，简单的应用其层次较少，复杂的应用其层次较多。但建议至少分为三层，它们是表示层（Presentation Layer）、业务逻辑层（Business Logic Layer）、数据服务层（Data Services Layer）。在 *N* 层结构的应用程序中，表示层通常是指人机界面，也就是应用分析员/程序员设计的窗口界面，指导操作人员使用已定义好的服务或函数；业务逻辑层与企业的业务规则及运作方式密切相关，它所做的通常是接收、处理并返回结果；数据服务层负责创建、更新、返回、删除数据及维护数据库的完整性等工作。

N 层结构的层与层协同工作时，需遵守以下基本规则：

每层的功能应是明确的，并且是相互独立的。当更新某一层的具体实现方法时，只要保持层间接口不变，就不会对邻层造成影响。

层间接口清晰，跨越接口的信息量应尽可能少。

层数应适中。若太少，则层间功能划分不明确，多种功能混杂于一层会造成每一层的协议太复杂；若太多，则体系结构过于复杂，组装各层时要困难得多。

一个组件能向当前层及组件层前后的任何一层的组件发出服务请求，但不能跳层发出

本文发表于《计算机与农业》2000 年第 7 期。

服务请求。如表示层内的组件不能直接与数据服务层的组件通信，反之亦然。

只有这样，N层结构才真正将应用程序一层层高效地封装起来了。一方面，它把某一类的操作抽象出来、封装在层中，实现了代码的重用；另一方面，某层与相邻层间是通过接口松散耦合的，当要对某层组件进行修改时，不会对其他层组件造成太大影响。更重要的是，基于N层结构的应用程序是以组件的方式实现的，所以我们可灵活地对组件进行配置，从而大大地减轻集中式应用转化为分布式应用的工作。

2 饲料配方软件简介

饲料配方软件（以下简称“配方软件”）以现有原材料的价格和营养成分指标为数据基础，利用线性规划和目标规划模型，计算出为达到某一营养要求所需要的各种原料的配比及配方生成的产品价格。因此，要做饲料配方首先得收集当前市场或库存的原料营养成分及其价格的信息，再针对某一类饲喂对象提出所要求的营养指标和原料用料限量，配方软件将利用这些基础数据和目标数据通过一定的归化算法得出配方结果。其中包括：各原料的用量、原料的影子价格、配方所得产品的单位成本价等信息。配方结果不仅可以指导产品的生产，还可以指导产品的定价和采购方向。在步入信息时代的今天，饲料企业只有充分利用配方软件所收集和处理的信息来指导企业的运作和方向，才能处于不败之地。由此可见，饲料配方软件不仅是企业技术的象征，更是当今饲料企业的灵魂与核心。

既然饲料配方软件在饲料企业中有如此重要的作用，那么在设计饲料配方软件时不仅要考虑到配方的算法，更要考虑到整个系统的可重用性、可扩充性，使配方系统能以微变应万变。本文提出的基于N层结构的配方软件的体系结构，从某种程度上加强了配方软件的灵活性和可重用性。

3 基于N层结构的配方软件的设计

基于N层结构理论的配方软件是根据饲料配方的具体工作流程和业务规则来分层的。此软件主要分四大层（图1），即表示层（Presentation）、工作流层（Work Flow）、数据管理层（Data Management Layer，简称DML）、数据存取层（Data Access Layer，简称DAL）。

表示层对应N层结构理论中的表示层，主要是为界面的表达服务的，它把界面的表达服务分为两类。一类是通用的界面处理与控制函数，包括数据有效性检测、数据在界面的表示规则等。如：在输入原料用量上下限时，上限值必须大于下限值；在输出规划结果时，若失败，不达标的营养指标应用红色显示。另一类是具有上下文意义的界面类库，它将具有流程性质的界面处理封装起来，并与其他层进行交互。如配方制作的整个界面处理过程可封装为一个类，此类不仅负责配方过程中界面的处理工作，而且还能向工作流层发送原始数据，并请求相应的计算结果。

工作流层是N层结构理论中的业务逻辑层的一个子层，主要任务是将数据管理层发

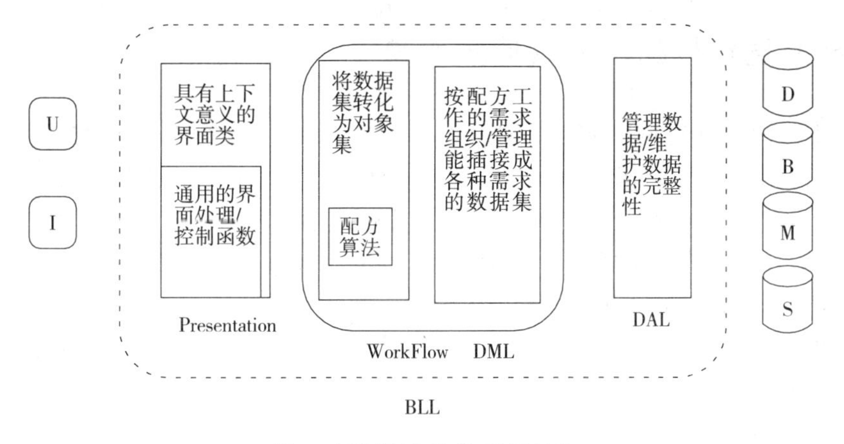

图 1　饲料配方软件 *N* 层结构

出的数据集翻译为表示层所需的对象集。本层还包括配方算法的处理模块，因配方算法的输入输出参数都是对象集的属性，因此有较强的独立性。

数据管理层也是 *N* 层结构理论中的业务逻辑层的一个子层，负责组织/管理工作流层的接口数据集。在配方优化中，原料的营养成分及限量数据的准备工作和配方优化结果的存取工作等均在此层完成。

数据存取层是应用程序操纵数据库方法的抽象，包括了应用程序访问数据库的接口函数。它对数据管理层屏蔽了 ODBC 的存取技术。数据服务层的存在是很有意义的，因为数据业务层中的大多数数据库管理模块是相同的，我们便可将其抽象出一些通用的负责数据存取操作的函数，这很大程度上有助于数据处理逻辑的重用。

在配方软件的众多层间，数据的请求起点可从任何层开始，请求要么通过本层提供的子功能实现，要么通过激活相邻层的接口来实现。每层都是按此规则运作。可见，最快的请求可能在本层就能得到直接的回复，而最慢的请求会在周游各层后沿原路返回才能得到回复（图 2）。应用程序通过分层使得程序各部分分工明确，模块之间的关系由网状变为层状，降低了模块间的耦合度。可见，它可以用最低的代价来应付业务规则的变动。更重要的是这种结构很容易实现向分布式网络的转换，只需将这些做成组件的层配置在不同的机器上即可。

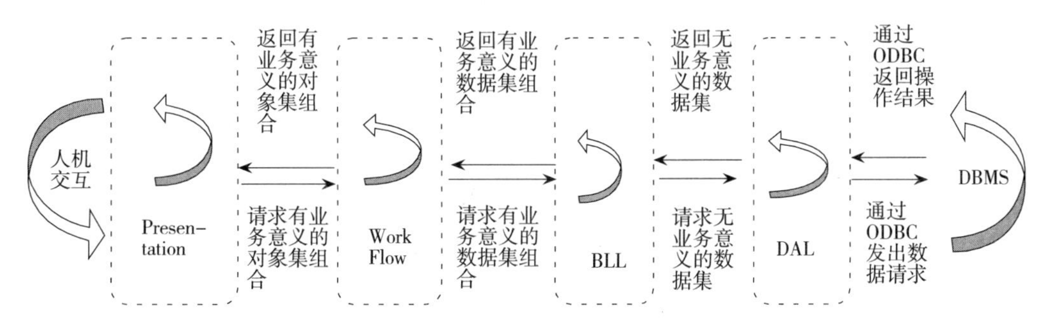

图 2　层间通信示意图

4 基于 N 层结构的配方软件的优势

为编制一个标准版的配方软件，花如此大的精力，其价值到底体现在什么地方呢？

可重复使用。投入组件设计和实施上的时间与精力不会白费，因为以后可在不同的应用程序间共享它们。配方软件作为饲料企业数据处理的核心，它与采购部门和销售部门都有着密切的关系，必将成为饲料企业网络化管理的一部分。基于 N 层结构的配方软件能为将来进销存管理软件提供部分可重用的程序，如屏蔽 ODBC 技术的通用数据存取层的所有方法和属性都可以在进销存管理系统中重用；数据管理层中涉及原料管理的部分可以被进货系统所重用，涉及产品管理的部分可以被销货系统所重用。

性能提升。由于程序组件可在除客户工作站以外的其他机器上配置，为提高系统性能，可将计算组件以一种最佳的组织形式分布于网络的各机器中。随着 Internet 的发展，有能力的饲料企业必然想提供“网上做配方”的服务，一方面它可以带来一笔收入，另一方面也是一种无形的广告。“网上做配方”系统可重用 N 层结构配方软件中除界面层外的其他层，并可针对各层的特点将其配置在不同的服务器中，如涉及复杂算法的工作流层由于对计算机中央处理器的要求较高，可单独配置在计算能力强的服务器中，这样在多人上网做配方时速度才不会过慢。另外，服务器还可配置相应的管理系统，对各层的访问量和资源利用情况进行管理，这样可以很好地解决海量访问导致系统资源崩溃的问题，这在 Internet 的应用程序设计中是很有意义的。

易于维护。如果某一层要做非接口性的改动，则只需修改此层，其他层无须变改。如当工作流层的配方计算要增加或改动时，只需对工作流层进行修改，其他层可不变。

易移植。由于各层是利用基于接口的组件技术开发的，程序的运行与平台无关，这样，程序可以很容易地移植到其他操作系统中。

基于 N 层结构开发的应用程序还有许多优势，如易于管理、减少硬件投资、便于团队化开发等，这里就不一一列举。总之，N 层结构技术是在面向对象思想之上的又一次飞跃，它继承了面向对象思想的所有优点，并将程序分层封装在各组件中，从而使整个系统有较好的可重用性、易移植性、可伸缩性。N 层结构在解决了这些关键问题的基础上，还为大规模、团队化软件开发，提供了前提和保障。因此，N 层结构的理论必将促进应用软件行业的发展，从而带动整个民族软件产业的腾飞。

（参考文献略）

关于农业信息化的几个问题

严泰来

（中国农业大学　北京　100094）

摘要： 从农业对信息的要求、农业信息的特点以及信息化农业与农业信息技术等方面较为全面地论述了中国的农业信息化问题。对我国农业信息化亟待解决的问题进行了阐述。

关键词： 农业信息；信息技术；信息化

1　农业的信息需求形势

农业对信息的需求日益增长，其形势发展的迅猛为我们始料不及。河南省郑州地区今年举办了几次“信息大集”，大集上交流信息，洽谈经济交易，3 天内到会“赶集”的人数达十万人次。四川省成都地区提出信息致富，将信息通信作为发展农村基础性建设的一级工程，提出 3 年内成都所有 20 多个县全部信息网络化，计算机支持的信息通信网络覆盖到乡镇。该地区有的农民一月内打电话咨询信息花费9 000元，依靠提供信息获取回报仍有利润。全国许多农村出现了信息经纪人、信息大户，有的地区农民自发组织了信息协会，村长或村党支书任信息协会会长。信息协会依靠计算机网络获取外地农业信息或向外发布信息，获取的信息再以有线广播、农业经济小报、政务公告栏或黑板报等形式交付农民，信息协会组织每年向会员收取一定费用以维持日常消费，地方政府也给予部分补贴。安徽省实施农业信息网络工程，要求信息入户，提出每户用“一间房、一套设备（计算机及基本外围设备）、一条电话线、一至两个专职信息员、一套管理制度”，建立农业信息的“五个一”工程。农业信息化的浪潮不仅席卷东南沿海经济相对发达地区，而且深入波及内地，如吉林、四川、陕西、山西等地。

农业信息需求的迅猛发展有着深刻的社会与经济发展的内在原因：

市场经济迫使亿万农民在经济大潮中遨游，为应对难以预测发展的经济形势，保护自身的经济利益，农民必须随时了解与掌握经济信息。农业微观经济结构相对复杂，产前、产中与产后都必须随时掌握全方位的农业信息，以作出合理的判断与决策，决定自己的经济行为。

农业技术发展迅速，品种、化肥、饲料、农药、新技术更新迅速。人类对各种农业资源的开发利用已进入较深层次，不掌握现代的农业技术及其相关信息就难以维持基本的农业生产，更难获取较高的经济效益。

本文发表于《中国农业科学》2001 年第 34 期（增刊）。

农业社会化生产、工厂化生产已初见端倪，而社会化、工厂化生产急需信息与信息技术的支撑，不掌握大量的社会生产服务信息，就不可能取得这种服务，社会化、工厂化生产便无从谈起.

全社会生产力发展迅速，区域、国家经济乃至全球经济一体化呈加速发展趋势。农产品结构调整变化迅速。有特色的农产品可以在全球找到市场，而无特色的产品淘汰迅速。农民若不掌握这种经济信息将难以维持自己的生产。随着我国加入 WTO，我国的农业将被推向世界市场。盲目的、高耗低效的农业生产将不能适应这种形式的需要。农业信息技术同生物技术将成为新形势下农业支撑技术，农业信息将是争得农业生产竞争主动权的关键之一。

2 农业信息的特点

农业信息既有一般信息的共性，也有不同于一般信息的特性，发展信息化农业，满足农民、农业科技工作者与农业管理部门对农业信息与信息技术的需求，首先必须要分析研究农业信息的特点。

2.1 普适性

一则农业信息如某种农作物栽培技术信息、农产品市场信息、土壤改良技术信息，作物或畜禽疫情信息等往往在广大地区被数以千万的农民与农收工作者所需求，其信息价值要大于其他领域的信息。如何将信息有效、迅速地传播出去，适合不同地域的农业信息传播手段亟待解决。

2.2 地域性

这种特性似乎与普适性相矛盾。实际上，由于任何农业技术、优良品种都要与当地自然、社会条件相结合，否则不能收到良好效果，当时当地的各种有关的动态信息对于农业生产、农业管理决策至关重要，因而地理信息与农业信息相结合十分必要。农业信息这一特点反过来也增加了采集农业信息的难度，如何将分散在广阔空间的复杂种类的农业信息很快采集汇总上来，采集方法与采集体系亟待研究。

2.3 时效性

大多数信息都有时效性，超过时限信息价值降低，农业信息尤为显著。问题是通过各种途径采集到的大量农业信息往往滞后，比如旱涝灾情、作物营养亏缺、作物或畜禽疫情、土壤退化、农业市场价格波动等，常常是问题严重到相当程度才被发现。相比其他领域，农业对信息现实性需求尤为突出，而解决此问题又更困难一些。

2.4 综合性

数据是信息的载体，数据本身一般还不能成为信息，农业信息很多是多门类数据综合的结果。比如某地旱情信息，这一信息是综合分析大量遥感多时相图像资料以及气象资料得出的结论；又比如某类农产品市场价格变化趋势信息是获取一个时期多个市场的大量数据并经一定的数据统计方法综合分析的结果。农业信息的综合性又从另一个侧面表明了从纷繁复杂的数据资料中提取农业信息的困难。

2.5 准确性

农业是群体生命的科学。信息数据准确性要求是生命科学的一个重要特点。作物叶面温度与周围空气温差超过正常值的 0.2℃就视为异常，土壤 pH 超过某种作物适宜值的 0.4，该作物就难以生存。农业经济在经济门类中以复杂、涉及面广泛以及多变性为其特点。农产品产量上下浮动 5%就会对整个国民经济以很大影响。农业信息横跨了自然科学与社会科学，综合了微观与宏观，在多种因素影响下，获取准确的信息数据增加了信息采集技术的难度。

从农业信息以上特点的分析中可以看到，农业对信息技术从数据采集、数据处理与信息提取直到信息传播有特定的要求。农业是同时受着自然与社会条件制约的弱质型产业，农业管理、农田农牧场管理、农业市场管理直至农业生产每一个环节的决策都需要多门类、全方位信息的支持。广大农民与农业工作者既是农业信息的使用者，又是农业信息的提供者，在开发企业信息技术，采集处理分析以及传播信息时，必须发动并依靠农民以及农业工作者的参与。必须尊重他们的合理需求，遵循农业科学的自身规律，才能更快地发展农业信息技术，有效地推动农业信息化进程。

3 信息化农业与农业信息技术

现代农业是集约化的向全社会开放的工业型农业。产前、产中、产后复杂的贮运、耕作、饲料管理与加工等作业依靠信息采集和控制，以实现机械化、自动化、智能化；农业管理包括农业资源管理、农业市场管理、国家粮食安全性调控等国家政府行为的决策，政策的制定与执行都是以准确及时信息特别是农业市场信息作为科学依据，以保障国民经济正常可持续发展。农业科学技术研究必须使用最先进的信息获取、分析与传播技术手段，以提高农业科学现代化水平。信息化的农业是现代化农业的一个标志。它将盲目的传统农业生产改变为社会需求信息指导下的针对性生产，将粗放的经验性的农田农牧场管理改变为精确定量的数字化、程式化管理。将以年为周期的实证式的农作物或畜禽生命现象研究改变为在计算机虚拟现实环境下的数字试验式模拟研究。将小规模地域性的农产品交易供销改变为计算机网络化的、以全球为一个大市场的大规模农产品供销交易，将面对面的低效高耗的农业技术培训方式改变为高效经济的全球计算机远程教育。

支持信息化农业的农业信息技术一般可包括信息采集技术、数据处理技术、数字模拟技术以及网络传输技术。

遥感技术是快速大面积地采集地面信息的现代化手段，它最大的特点是以扫描方式对地面一个个小面积单元逐个地采集数据，以光谱波段分别存贮，这样非常适应农业对信息的需求。精确农业正是将遥感获取的地物对阳光反射率光谱数据解译为当时、当地块作物营养亏缺信息作为耕作措施决策依据。目前卫星遥感图像的分辨率已经可以达 1m，将地物反射光强度可分为256～512个灰阶，光谱波段至10nm之内，从信息数据获取角度已经可以满足精确农业的需求。当然其他农业信息如农业市场信息，农业资源权属管理信息等需人工采样调查技术以及完整的信息采集网络体系。

农业信息多数与地域有关，遥感图像处理、地理信息系统的图形处理都是农业信息数据处理的主要技术手段。支持农业信息数据处理需要有一个数据库管理系统，巨额数据量的数据存贮在一台计算机中已不可能，现在通常这样海量的数据分散存贮在多个计算机中，由统一的计算机网络管理系统管理这些数据。农业信息数据门类庞杂，数据关系复杂，数据统计规律千差万别，数据分析困难是农业信息数据处理的一个特点。定性、定量、定位、定时，可视化并带有预测预警功能是农业信息技术应用对数据处理的要求。模式识别技术、多元统计分析技术、面源数据插值技术、随机过程分析技术等等都是农业信息数据处理常用的技术。这些技术辅助农业生产者、农业管理者以及科研人员进行分析、决策以及生产过程控制。

数字模拟技术常用在农业耕作、养殖技术实验、育种、农业资源演化过程以及农业政策模拟等科学研究之中。农业科学研究的对象是动植物的群体，群体发育过程复杂，随机影响限制因素多，相互关系复杂，数据难以测试等增加了数字模拟技术的难度。目前数字模拟技术已经接近实用阶段，棉花、小麦、玉米、水稻等大宗作物的模拟软件已经问世，模拟时间步长达1min，即从播种到成熟整个成长发育变化过程以一小时一小时地用计算机形象化地在屏幕上演示出来，模拟用的参数达100个以上，研究人员只需输入各种参数（如灌溉量，氮、磷、钾供应量，光、温、水气候条件等），实地试验。这种技术目前尚处在试运行阶段，其应用前景显而易见。在这种技术中，农业科学的专业知识介入较多，传统的农业科学知识与现代的计算机信息技术在这里得到很好的结合。

计算机农业信息网络技术是农业电子商务、农业经济信息传播、农业技术交流以及农业技术远程教育的必要技术手段。农业对这种技术的要求是图像、图形、文字以及多媒体信息一体化传输，传输速度快，保真度高，多用户并发控制以及互操作等功能。目前，我国计算机网络部分网站已经达到或接近达到这些功能，部分经济发达地区农民已经从中得到收益，各种形式的远程教育也已经开始。现在的问题是信息数据采集的渠道尚不完善，网络提供的信息数量与质量远不能满足实际需要。

4 我国农业信息化亟待解决的问题

自改革开放以来，我国的信息化农业取得了长足的发展。1979年，我国从国外引进遥感技术，首先应用于农业，开创了信息化农业的先河。经过10多年的发展，遥感农作物估产已经实用化，每年定期向国家提供小麦、玉米等多种农作物预测产量数据，为农业生产宏观调控、保障粮食安全做出了贡献。20世纪90年代开始的以“金农”工程为代表的农业信息化工程启动。国家农业经济网初具规模，从中央到地方农业信息网络已经连通1 200多个县，每个县连通到农户，中央可以直接从农户中征询农业市场以及农情信息，对于制定科学合理的农业政策以及监督政策正确执行起到了重要作用。为了推广农业技术、传播农业信息，各地农业部门、高等农业院校、科研院所纷纷建立农业信息网站。据不完全统计，目前全国农业网站有2 000多个，这些网站每天向外发布大量农业信息，包括农业科技信息、农情及农业市场信息。

尽管我国农业信息化有巨大发展，但是应当看到，我国农业信息化尚处在初级阶段，深层次的问题正在暴露出来。从目前情况看，计算机信息技术本身即所谓“硬件”不存在太大问题，农业信息化的方向更是无疑的。当务之急是如何将信息及时准确地送到亿万农民手中，将各地信息数据及时收集上来，形成信息，在广大农村发挥信息应有的作用。解决这个问题有着相当大的困难。农村分散，所需计算机网络终端数额巨大；农民文化水平低；目前能使用计算机的人数极少，短期改变这种局面不现实。为沟通维护这一巨大的农业信息网络，在人力、物力、财力上缺额甚大。为解决这一问题，完全依赖国家，也不现实。唯一可行的办法是制定相关的政策，鼓励个人、乡镇、集体集资，国家给予一定补贴，在有条件的地区计算机网站设在乡镇，条件较差地区网站设在县，个别地区设在地市，信息入农户的“最后一公里”依靠多种渠道如黑板报、有线广播、乡镇小报、信息协会等形式解决。为此，需因地制宜地制定相关的政策，由信息技术普及引发的信息经济问题也亟待研究。信息有其公益的性质，但也正如桥梁、公路、水道一样，其使用也必须是有偿的，而信息的提供者也应收取一定费用，这样才能使信息传播渠道畅通、可持续发展。在一定政策环境下，农业信息数据采集汇总以及传播体系模式也亟待研究，目前农村有一定自发性的组织，但这些组织能否持久，还需扶持、引导，并给予一定政策，这一问题也需研究。

随着农业信息化的深入，其他一些基础性的工作也应提到议事日程上。

4.1 建立农业信息标准化体系

只有信息与信息技术标准化，才能做到信息共进而实现信息社会化。农业信息门类繁多，数据分布在不同地区，不同计算机网络终端，系统的数据交流频繁，因而建立农业信息标准化体系的工作亟待进行。这种建设是一项基础性的建设，工程浩大，内容繁多，需要较长时间的积累，在国际上也是处于起步阶段，起步越早越主动，以此规范农业数据库以及农业信息系统的建设.

4.2 建立国家农业基础数据库

农业基础数据库包括农业资源数据库、化肥数据库、生物品种数据库、农机具数据库、农业基础设施数据库等。这些数据库的数据规模与数据质量体现着国家的经济与科技的实力，应当从国家经济发展战略来给予考虑，这些基础数据库将是贯彻国民经济可持续发展战略的必要条件。

4.3 培养农业信息技术人才，建立一支相当规模的农业信息技术队伍

目前农业信息技术人才奇缺，特别是省市级以下的基层农业管理部门，绝大部分单位几乎空白。经调查，基本上不是没有计算机，而是没有计算机信息技术人才，与此现象形成强烈反差的是，以前一度还曾出现过计算机信息技术专业大学毕业生部分过剩，在一些地区难以找到工作。这里重要的原因是计算机信息技术专业大学毕业生不是既懂农业又懂

计算机的“两栖型”人才，很难适应农业部门特定的环境。实践证明，农业院校自己培养的农业信息技术人才在农业部门工作留得住、用得上，可以解决问题。当前加强农业高等院校内信息管理系、计算机系的学科建设，培养社会急需的农业信息技术人才刻不容缓。

农业信息化是国家现代化建设中一个起着决定性因素的重要领域，我们农业工作者应当以加倍地工作推动农业信息化的进程，迎接我国农业现代化的到来。

GIS辅助下的图斑地类识别方法研究
——以土地利用动态监测为例

程昌秀　严泰来　朱德海

（中国农业大学资源与环境学院　北京　100094）

摘要：针对土地利用动态监测存在的问题，探索了充分利用了GIS中地块边界的信息，提取出标准地类地块边界内的灰度特征、纹理特征和形态特征，提出基于这些特征建立相应的决策树和判决规则。对于任一待测地块可利用提取的特征信息通过距离判别法判断其所属地类。这种GIS辅助下的图斑地类新识别方法的准确率较高，也是将遥感影像与地理信息结合起来的一种有效的手段。

关键词：土地利用动态监测；GIS与RS一体化；土地利用与覆盖变化；灰度共生矩阵

3S土地利用动态监测是利用高新技术研究土地的现状及其变化趋势的一种手段，因此高效地查出利用类型发生变更的地块是土地利用动态监测工作的关键。目前，变更地块的识别工作基本上是将现势的遥感图像与前一时相的地块矢量数据叠置显示，并通过人机交互判读的方式加以识别[1-5]。这种判读方式对判读人员的要求高，存在着判读结果因人而异、判读工作量大、速度慢等不足。因此期待实现识别变更地块的自动化。

1　研究综述

目前，在土地利用与覆盖变化（LUCC）分类研究中，绝大多数是单纯基于光谱信息统计模式的算法，如：监督分类与非监督分类；虽然它们可以有效开发光谱数据内容，但它们的信息来源较为单一（只有遥感影像的光谱信息）[6]。近10年来为了丰富特征信息的来源，国内外开始了基于知识和GIS的分类研究，这种技术一般是以传统的遥感影像分类结果作为初始值，再利用辅助的地理数据和知识库进行不精确的推理，最后确定像素所属类别[6]。基于知识和GIS的分类虽然丰富了判类特征信息的来源，但是对于分辨率高、纹理粗糙的影像，这种方法的分类结果并不比传统的遥感影像分类效果好。因为它们分类的基本单位是某像素或某像素周围（n一般为5）的窗口，以下简称“像素单元”。以像素单元为单位的分类方法存在如下缺点：它过于着眼于局部而忽略了附近整片图斑的纹理情况不能有效地排除图斑外像素对识别的干扰，限制了对于大统计量才有效的指标的应用。这些不足严重影响了图像分类的准确性。

本文发表于《中国农业大学学报》2001年第6卷第3期。

土地利用动态监测面临的实际情况与一般的遥感监测有所不同：土地利用动态监测的实施单位通常具有前一时相的土地利用状况矢量数据。在这一特定的数据背景下，使用现势的高分辨率的遥感数据图像和前一时相的矢量数据，开发图像处理与判读技术，定位定量地自动判定这种土地利用变更状况、制作土地利用变更图件，是遥感技术应用于国土资源管理的一个研究课题。其中“变更地块的自动判读”是此课题进一步展开的基础。变更地块表现形式多样、变更情况也非常复杂；对于这种无规律可循的变更地块判读的研究，要将其转化为具有内在规律的标准地类判读的研究。如：对于任一地块，利用遥感的影像特征判断其所属的标准地类，若不属于任一标准地类（为多种地类的组合），则为变更地块；否则对比影像判读结果与原属性数据库中的图斑地类属性是否相符，若不相符，则为变更地块。本文针对此课题中的标准地类判读，提出了一套在 GIS 辅助下的图斑地类识别方法，即：将现势的遥感影像与前一时相的土地利用现状矢量数据做配准与叠加；再以图斑为单位提取出整个图斑的灰度特征、纹理特征、形态特征[8]等多种指标进行判别。这种技术既丰富了判别特征信息的来源，同时也符合土地动态监测中以“图斑”为最小研究单元的需求。

2 GIS 辅助下的图斑的特征提取

所谓的 GIS 辅助下的图斑特征提取就是在遥感影像与矢量数据配准叠置的情况下充分利用矢量的地块边界，提取出地块边界内的像元灰阶信息；基于这些灰阶信息可以统计出图斑的灰度特征，对压缩灰阶信息并统计灰度关于方向、相邻间隔、变化幅度的综合信息反映图斑的纹理特征，基于图斑的矢量边界坐标，可统计出图斑的形态特征。

2.1 灰度特征提取

根据采集到的各地类（块）内像素的灰阶数据，统计各波段灰度特征值（最值、均值、方差）、直方图分布及各波段灰度特征值之比等灰度特征。灰度特征基本可以描述大部分的地类（块）信息，但是有些地类（如：水浇地和果园、农村居民点和独立工矿用地）灰度值非常相似，而纹理信息有所不同。因此，对于特殊地类我们还要提取其纹理特征。

2.2 基于共生矩阵的纹理特征的提取

对于纹理特征，我们采用灰度共生矩阵。灰度共生矩阵能反映影像灰度关于方向、相邻间隔、变化幅度的综合信息，它是分析影像的局部模式和排列规则的基础。在灰阶为 Ng、范围为 $Lx \times Ly$ 的影像区域内，2 个相距为 d 方向为 θ 的像素点在图中出现的概率为灰度共生矩阵，记为：

$$P(i,j,d,\theta) = \#\{[(k,l),(m,n)] \in (Lx \times Ly)(Lx \times Ly)/d,\theta;(k,l) = i,(m,n) = j\}; \quad (1)$$

式（1）表示矩阵 $P(i,j,d,\theta)$ 第 i 行第 j 列元素的值是图像上满足如下 3 个条件的有序点对出现的概率：①点对 $(k,l),(m,n)$ 为图像 $Lx \times Ly$ 区域内的任意 2 点；②点对的直

线距离为 d、夹角为 θ；③ (k,l) 点的灰阶为 i，(m,n) 点的灰阶为 j，其中 $P(i,j,d,\theta)$ 中的 θ 可以分别在 0°，45°，90°，135°方向取值。

对于粗纹理，其灰度共生矩阵中的数值较大者集中于主对角线附近；反之，数值较大者散布在远离主对角线处。因此，灰度共生矩阵可初步反映影像的纹理特征。从灰度共生矩阵中我们可提取如下纹理特征值：

①角二阶矩（ASM）：ASM 反映纹理的粗细情况，若纹理越粗，则 ASM 值越大。

$$ASM = \sum_{i}^{Ng} \sum_{j}^{Ng} P(i,j)^2 \tag{2}$$

②对比度（CON）：CON 反映灰度局部的变化情况，若局部变化大时，CON 越大。

$$CON = \sum_{i}^{Ng} \sum_{j}^{Ng} (i-j)^2 P(i,j) \tag{3}$$

③线性相关系数（COR）：COR 反映某种颜色沿某些方向的延伸长度，若延伸的越长，则 COR 越大。

$$COR = \left[\sum_{i}^{Ng} \sum_{j}^{Ng} ijP(i,j) - \mu_x \mu_y\right] / \sigma_x \sigma_y$$

$$\mu_x = \sum_{i}^{Ng} i \sum_{j}^{Ng} P(i,j);\mu_y = \sum_{j}^{Ng} j \sum_{i}^{Ng} P(i,j) \tag{4}$$

$$\sigma_x^2 = \frac{1}{N_g} \sum_{i}^{Ng} (i-\mu_x)^2 \sum_{j}^{Ng} P(i,j);\sigma_y^2 = \frac{1}{N_g} \sum_{j}^{Ng} (j-\mu_y)^2 \sum_{i}^{Ng} P(i,j)$$

④熵（ENT）：ENT 反映灰度共生矩阵的数值间的差别，差别越大，则 ENT 越大。在实验中当 $P(i,j)=0$ 时，由于式（6）的成立，因此我们可将 ENT 视为 0。

$$ENT = \sum_{i}^{Ng} \sum_{j}^{Ng} P(i,j) \lg P(i,j) \tag{5}$$

$$\lim_{x \to 0} (x \log a^x) = 0 \tag{6}$$

2.3 形态特征的提取

农村居民点和独立工矿用地在纹理特征上有一定的区别，形态上也有差异。如：独立工矿用地多呈矩形，而农村居民点形状不规则。对于形态特征的描述我们可以利用面积周长比、转折度等特征[9]来表达。

3 应用实例

试验区为华北平原 2 个乡镇，总面积约为 162 km^2。试验区涉及的地类较为丰富，并有较强的代表性。针对试验区的特点，结合实地考察结果，确定在影像中待识别的土地利用的类别为：水浇地、菜地、果园、独立工矿用地、农村居民点、坑塘水面 6 种。

3.1 试验的基础数据

本试验数据基础包括遥感影像和矢量数据，遥感影像是 1999 年秋季 TM3 个波段和印度卫星的全色波段经数据融合、彩色合成的几何分辨率为 5.8 m 的彩色影像，矢量及其属性数据为 1999 年底的县级土地利用现状数据。

3.2 找出各地类的若干标准训练样本

将遥感图像与矢量数据在Envi做配准，精度在1个像元以内；将配准图像与矢量数据叠置显示在屏幕上。针对要判别的6种地类，各找出10～15块标准地块作为训练样本。

3.3 提取标准地类地块边界内的灰度特征、纹理特特征和形态特征

采集标准地块矢量边界内的各像素R，G，B波段的灰度值。统计出各地类的各波段灰度特征值、直方图分布及各波段灰度特征值之比等灰度特征。提取出各地类基于共生矩阵的角二阶矩、对比度、线性相关系数、熵等纹理特征。计算出各地类地块的面积周长比形状特征；这些特征为标准地类的信息。

3.4 构造决策树与判别规则

以训练样本及其特征为基础数据做聚类分析，参考聚类结果我们构造的决策树如图1所示。在设计判别指标时，我们先对当前级节点的所选指标做主成分分析[10]，选前n个主成分（其累计贡献率＞85%）为判别指标，在地类1、地类2、地类3的判别中，其第1主成分中表征颜色特征值的系数较高；在水浇地、菜地、果园的判别中，其第1主成分中表征纹理特征值的系数较高；在农村居民点与独立工矿的判别中，第1主成分中表征纹理和形态的特征值较高。对于任一地块提取灰度特征、纹理特征和形状特征，再以主成分分析的前n个主成分为分类指标、以马氏距离判别法为判决函数从树顶开始逐级判别地块所属地类。

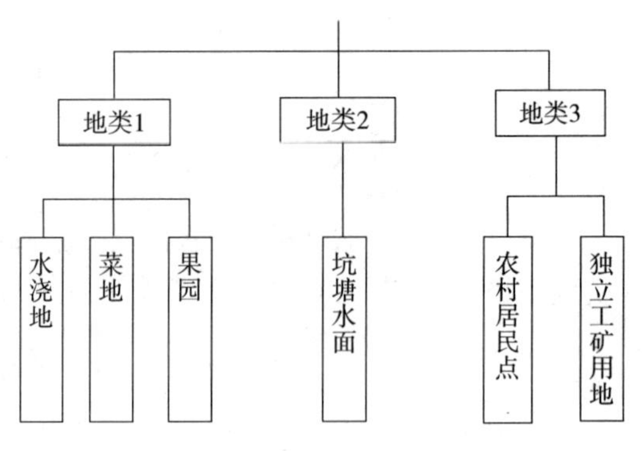

图1 试验地类判决树

表1 待测地块判读结果

标准地类	待测地块数	准确识别的地块数	准确率
水浇地	40	37	92.5
菜地	16	14	87.5
果园	2	2	100.0
农村居民点	15	13	86.7
独立工矿用地	52	45	86.5
坑塘水面	16	16	100.0
总计	141	127	90.1

3.5 判别结果

选出某乡地类属性为6种地类的非训练样本的141块图斑，并做4中的自动判读处

理。将计算机判读结果与实地检查结果相比，平均准确率为 90.1%。其中，水体的可分性较好，分类准确率高达 100%；但是由于菜地、农村居民点和独立工矿用地的可变异性较大，导致分辨率较低。为了更好地区分它们还需引入其他特征信息，尚待进一步研究。

4 结论与讨论

①在 GIS 辅助下的遥感影像识别技术只提取图斑边界内的像素能有效地提高影像的识别精度。本试验的平均准确率 90.1%，高于不使用矢量数据的同类识别技术的准确率（最大值在 80%～85%[9,11~13]）。

②GIS 辅助下的遥感影像识别技术通过位置关系将遥感图像与矢量数据有机地结合起来，丰富了判类中地理信息（如：坡度、是否靠近公路）等信息的来源，消除了判类中地理信息来源的瓶颈。

③本试验的纹理特征提取是基于统计的方法实现的，这种方法只能从整体上大概描述纹理的粗细、灰度变化的情况，并不能清楚地描述纹理的走向。为了清楚地描述地物的纹理，拟采用其他提取纹理特征的方法，如：数字滤波技术、小波理论等，尚待进一步研究。

④本试验区（华北平原）的地块面积较大，但对于地块零碎的南方部分地区，这种方法的适用性尚需考证。另外，试验区的土地利用类型较为简单，没有草地等易与农田生产混淆的因素。因此，此方法尚需进一步完善。

参考文献

[1] 李志中，杨清华，孙永军．利用动态遥感技术监测太原市土地变更情况［J］．国土资源遥感，1999，41（3）：72-76.

[2] 王晓栋，崔伟宏．县级土地利用动态监测技术系统研究［J］．自然资源学报，1999，14（3）：265-269.

[3] 张显峰，崔伟宏．运用 RS、GPS 和 GIS 技术进行大比例尺土地利用动态监测的实验研究［J］．地理科学进展，1999，18（1）：137-146.

[4] Mendis W T G，Adikari B，Wadigamanagwa A. Use of IRS imagery for updating 1∶50 000 topgraphic maps. http://pages. hotbot. com/edu/geoinfor matics/Mendis. htm.

[5] Krishna N D R，Westinga E，Hui Zing H. Monitoring Land Cover Changes Using Geoinformatics in some communal lands of Zimbabwe. http：//pages. hotbot. com/edu/geoinfor matics/Krishna. htm.

[6] 甘甫平，王润生，王永江，等．基于遥感技术的土地利用与土地覆盖的分类方法［J］．国土资源遥感，1999（4）：40-45.

[7] 术洪磊，毛赞猷．GIS 辅助下的基于知识的遥感影像分类方法研究［J］．测绘学报，1997，26（4）：329-336.

[8] 日本遥感研究会编，刘勇工，等译．遥感精解［M］．北京：测绘出版社，1993.

[9] 徐建华．图像处理与分析［M］．北京：科学出版社，1992.

[10] 裴鑫德．多元统计分析及应用［M］．北京：北京农业大学出版社，1991.

[11] 蔡艳．基于卫星遥感图像纹理特征的云类识别方法及软件设计［J］．南京气象学院学报，1999，(9)：328-336.

[12] Karathanassi V. A texture-based classification method for classifying built areas according to their density，INT［J］．J Remote Sensing，2000，21（9）：1807-1823.

[13] 王碧泉，陈祖荫．模式识别［M］．北京：地震出版社，1989.

[14] 边肇祺．模式识别［M］．北京：清华大学出版社，2000.

GIS与RS集成的高分辨率遥感影像分类技术在地类识别中的应用

程昌秀　严泰来　朱德海　张玮

（中国农业大学资源与环境学院　北京　100094）

摘要： 为提高高分辨率遥感影像的分类精度，本文提出了一种GIS与RS集成的分类技术。它从遥感影像和GIS矢量数据一体化的角度出发，充分利用了矢量数据的图斑边界信息，通过提取单一地类图斑内的灰度特征、纹理特征和形态特征识别图斑所属地类。经研究表明：无论在实验结果上还是在分类的机理上都证明了，在高分辨率遥感影像的土地利用分类中，这种GIS与RS集成的分类技术的准确率超过了传统遥感影像分类的准确率。

关键词： GIS与RS集成；遥感影像分类；特征提取

提高计算机遥感数据的专题信息提取精度，是遥感应用中研究的主要问题之一[1]。在近几十年中，前人提出了各种基于图像的分类算法与理论，但是遥感影像分类判别的准确度并不理想。为了进一步提高遥感影像分类的准确率，国内外许多研究人员将多种地理数据、专家知识加入到计算机遥感影像解译的过程中来。这种技术一般是以传统的遥感影像分类结果作为初始值，再利用地理数据和知识库进行不精确的推理，最后确定像素所属类别[1-3]。这种方法前半部分仍是用传统的方法分类，因此它与传统的分类方法一样，对中、低分辨率（>20 m）、纹理细腻（或无纹理）的影像效果较为明显，如：盐碱土的提取[2]、草场资源的遥感调查[3]等。但是对于高分辨率、纹理粗糙的影像，这种方法的分类结果并不比传统的遥感影像分类效果好。因为它们分类的基本单位是某像素或某像素周围（n一般为5）的窗口，在本文中简称为"像素单元"而这种以像素单元为单位的分类方法过于着眼于局部而忽略了附近整片图斑的纹理情况，从而严重影响了影像识别的准确性。为了解决此类应用的问题，我们沿用了传统遥感分类的部分技术，充分利用地理信息系统中的图斑边界信息，将判类单位由"像素单元"改为图斑（视为均质区域），这对提高土地利用动态监测（基于高分辨率遥感影像）的分类准确度有非常重要的意义。在土地利用动态监测中，我们可将土地利用现状的矢量数据与同年度同地区的遥感影像做配准与叠加，对于少数地类不单一的图斑做局部边界提取，使分割后图斑内的地类单一；再以图斑为单位提取出整个图斑的灰度特征、纹理特征、形态特征[4]等多种指标做判别，这样能大大提高识别精度。

本文发表于《中国农业大学学报》2001年第6卷第3期。

1 试验概况

1.1 试验区简况

试验区为华北洪积—冲积平原2个乡镇，总面积约为162 km^2。试验区涉及的地类较为丰富，并有较强的代表性。针对试验区的特点，结合实地考察结果，确定待识别的土地利用的类别为2级地类中的水浇地、菜地、果园、独立工矿用地、农村居民点、坑塘水面6种。

1.2 试验的基础数据

本试验的基础数据为：遥感影像和矢量数据；其中，遥感影像是1999—09—30 TM的3个波段和印度卫星（IRS）全色波段合成的分辨率为5.8 m的真彩色图像，矢量数据为1999—10变更的土地利用现状数据。由于遥感影像与矢量数据吻合得较好，本试验简化了对于地类不单一的图斑做局部边界提取的处理。

1.3 遥感影像目视解译

在遥感影像中，通过目视解译可看出：水浇地和果园呈绿色，但水浇地呈均质绿色、纹理较为细腻，果园呈暗绿色、有规则的行距和株距；由于菜地分片较碎且蔬菜的生长周期不一（部分蔬菜已收获、部分蔬菜还在生长期），因此，菜地常由若干绿色、棕色的小斑块组成或呈栅栏状；工矿用地、居民用地基本呈灰白色，但工矿用地多呈矩形，建筑物规模大，其内附有绿化区、空地等，居民用地一般房屋密集，纹理较细，形态也不规则；水体呈深蓝色，与其他地类相比有较好的可分性。可见对于高分辨率的真彩色图像处理利用灰度特征做分类外，纹理特征、形态特征也是分类判别的重要的信息。

2 试验设计与结果

2.1 寻找各地类的若干标准训练样本

将遥感影像与矢量数据在Envi做配准，精度在1个像元以内；将配准影像与矢量数据叠置显示在屏幕上。针对要判别的6种地类，各找出10～15块标准地块作为训练样本。

2.2 提取标准地类地块边界内的灰度特征、纹理特征和形态特征

采集标准地块矢量边界内的各像素R，G，B波段的灰度值。统计出各地类的各波段灰度最值、均值、方差、直方图分布等灰度特征。根据以上灰度特征，对要判别的6种标准地类进行聚类[5]，聚类结果如图1所示。从聚类图中可知：独立工矿用地与农村居民点、果园与水浇地的相关系数0.85。所以，为了进一步区分独立工矿用地与农村居民点、果园与水浇地，我们提取了各地类基于灰度共生矩阵的角二阶矩、对比度、线性相关系数、熵等纹理特征[5]。地类标准差标准化后的纹理特征值见图2，其中果园与水浇地纹理特征差异较大，但独立工矿用地与农村居民点的差别仍不明显。由于工矿用地多呈矩形而

居民用地形态也不规则，为进一步区分它们可利用地块的面积周长比、圆度、转折度等形状特征[6]，将这些所有特征向量作为描述各地类的一种标准。

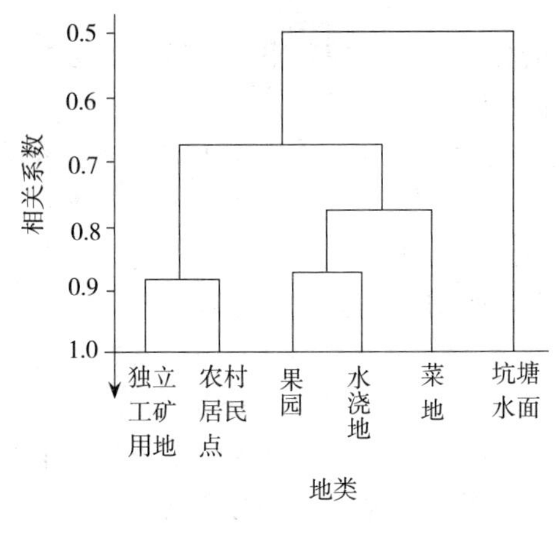

图 1　6 种地类聚类图

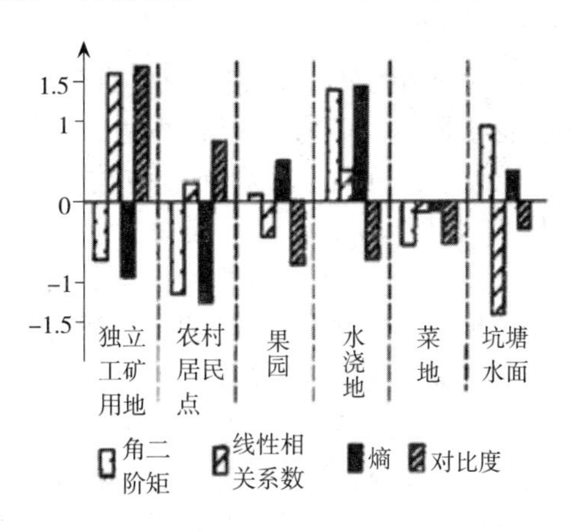

图 2　6 中地类的纹理特征值

2.3　寻找待识别样本地块并计算其与各标准地类的相关系数

在影像上随机选出非训练样本、并涉及各地类的 179 块待测样本，提取出每个地块的灰度特征、纹理特征和形状特征，再求各地块的这些特征向量与各标准地类特征向量的相关系数。在众多相关系数中，待测地块将属于与其相关系数最大的那种地类。试验中的 2，3 两步用 V C++6. 0 开发完成。

2.4　判别结果与结论

将识别结果与地面实况数据对比后，经统计得出本试验的 6 种地类识别准确率的平均值 为 88. 8%，其中，坑塘水面的准确率可高达 100%（表 1）。但是在 Envi 软件中用同样的标准地块作为训练样本，利用灰度与纹理信息做监督分类，经人机交互统计得出其识别的平均准确率不超过 70%。可见，本文所述的 GIS 与 RS 集成的分类方法的准确率比传统方法的识别准确率提高了 18. 8%。

表 1　GIS 与 RS 集成的遥感影像分类方法的试验结果

标准地类	待测地块数	准确识别的地块数	准确率（%）
水浇地	72	65	90. 3
菜地	32	28	87. 5
果园	8	7	87. 5
农村居民点	16	13	81. 3
独立工矿用地	24	19	79. 2
坑塘水面	27	27	100. 0
总计	179	159	88. 8

3 结论与讨论

通过试验可知：本文探讨的GIS与RS集成的分类方法的准确率高于传统方法的准确率。通过分析，得知造成传统方法的分类准确率低的情况主要有以下几种：

①传统的分类方法易将纹理粗糙且呈片状分布的地类（如：菜地、工矿用地）分成若干地类的组合。

如图3所示，(a)中白线圈出的菜地，已被分为若干水浇地、菜地、农村居民点的组合了。传统的分类技术由于没有GIS数据为参照辅助，因而是以像素单元为单位统计特征向量来确定此像素的地类，对于灰度及纹理变化比较大的地类，常导致像素单元内的灰度/纹理特征较为单一、各像素单元间的灰度/纹理差异较大。因此，易将各像素单元归为不同的地类，从而导致误判。但是本文所述的GIS与RS集成分类技术是以图斑为单位统计特征向量来确定整个图斑的地类，能从整体上描述并识别菜地片状分布的纹理特征，从而降低了对纹理粗糙地类的误判率。

(a) 菜地的原始影像

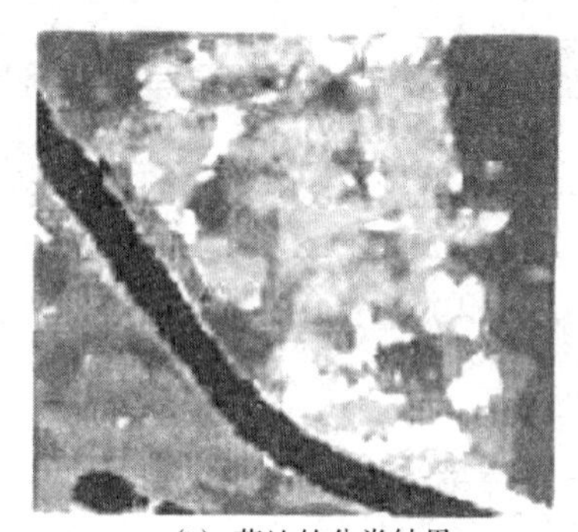

(b) 菜地的分类结果

图3 在Envi3.0中菜地的识别情况

②传统的分类方法抗干扰的能力较差。如图4所示，图4中的水浇地经传统的分类后地块的边界不清晰，田间小路宽度被夸大。这是由于在取边界像素的窗口时，不能有效地排除图斑外像素对它的干扰。如图5所示，带阴影的图素在取5×5的窗口时，受到了外界白色像素的干扰，同样靠近黑色图斑的白色像素也会受到黑色像素的干扰，通过这种以5×5像素为单位的分类法，便会在交界处形成一条灰色的色带；而本文所述的集成识别技术在做特征提取时只统计边界内的像素，故有效地排除了图斑外像素对分类的干扰，因此，降低了因干扰而产生的误判率。

③传统的分类方法可用的特征指标较少。传统的分类方法提取的是像素单元内的像素灰度值，由于统计像素的个数有限，它只能用像素的最值、均值、方差等非常粗略的信息来描述像素的特征。而不能用需要大量统计获取的有效指标（如：灰度直方图）来描述像素的地类特征。而本文探讨的GIS与RS集成分类方法是以图斑为统计单位，而图斑中有足够多的像素，基于这些像素的统计灰度直方图可作为一个有效的评价特征，因此丰富的地类描述特征也是降低误判的一个因素。此因素在北方平原地带有显著的效果，在南方部

菜地的原始影像

图 4　在 Envi3.0 中水浇地的识别情况

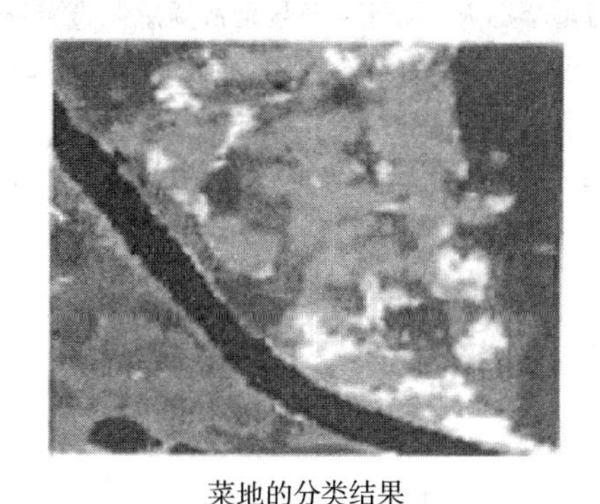

菜地的分类结果

图 5　传统分类 5×5 的窗口

分地区（图斑破碎）的适用性尚需检验。

④传统的方法只能基于影像做分析。GIS 与 RS 集成的分类方法除了有影像信息以外，还可对图斑做形态分析。如：农村居民点与独立工矿用地除了纹理不同外，它们的形态也有较大的差异，居民点形状不规则，而工矿用地则多呈矩形。通过这种形态特征也能降低某些地类的误判率。

总之，在基于高分辨率遥感影像的土地利用分类中，GIS 与 RS 集成的分类技术有较高准 确率的根本原因在于：它在将图斑内地类单一化的前提下，以图斑为统计单位，以地物反射光谱（灰度特征、纹理特征）和地理空间信息（形态特征识）为主要分类依据；而传统的分类技术是以像素单元为统计单位，以单一的地物反射光谱为分类依据。正是由于这一根本的不同，才使 GIS 与 RS 集成的分类技术的分类准确率远远超过了传统的影像分类方法。

4　结论与讨论

本文所探讨的 GIS 与 RS 集成的遥感影像分类技术以单一地类的图斑为研究对象、以地物反射光谱和地理空间信息为主要分类依据，大大提高了基于高分辨率遥感影像的土地利用分类精度。

本文所探讨的 GIS 与 RS 集成的分类技术的优点是“有较高的分类精度”，但是它需要有与遥感影像相对应的矢量数据的支持，因此在某种程度上又限制了它的应用。

由于种种原因，在使用 GIS 与 RS 集成的分类技术时，会出现一个图斑内地类不单一的情况。对于这种情况我们必须利用图斑内灰度特征、纹理特征的变化情况（梯度）对图斑内做局部边界提取，使分割后图斑内的地类单一才能做判别。对于图斑边界内的局部边界提取技术还有待于今后进一步的研究。

参考文献

[1] 术洪磊，毛赞猷．GIS 辅助下的基于知识的遥感影像分类方法研究，1997（4）．

[2] 傅肃性．地学分析在遥感专题制图种的应用［J］．国土资源遥感，1994（3）．

[3] 程涛，李德人，舒宁．草场资源遥感调查专家系统模型［J］1992（4）．
[4] 日本遥感研究会，刘勇．工遥感精解［M］．1993.
[5] 王碧泉，陈祖荫．模式识别［M］．1989.
[6] 徐建华．图像处理与分析［M］．1992.

土地利用动态监测中 GIS 与 RS 一体化的变更地块判别方法

程昌秀　严泰来　朱德海　张玮

（中国农业大学资源与环境学院信息管理系　北京　100094）

摘要：论文针对土地利用动态监测面临的实际情况，提出一种 GIS 与 RS 一体化的变更地块判别方法，这种方法以矢量图斑为研究对象、以 GIS 的地理信息与 RS 的遥感影像信息为特征来源，提取图斑的特征向量。在设计识别方法时，将土地利用变更地块的识别变通成对标准地类的识别，同时引入"落入"、"误判高发区"的概念以降低变更地块的漏判率。经试验，这种基于 GIS 与 RS 一体化变更地块判别法基本可替代土地利用动态监测中的人工判读工作。

关键词：土地利用；动态监测；变更地块识别；GIS 与 RS；一体化

1　引言

国土资源动态监测是我国国土资源管理的基本工作任务之一。我国国土幅员广阔，土地利用动态性强。遥感（RS）是一种快速获取地面宏观信息的技术手段，结合全球定位系统（GPS）以及地理信息系统（GIS）就可以准确、客观、及时、大面积地得到土地利用现状信息，为土地利用管理科学制定相应的政策服务。因此，基于 3S 技术的土地利用动态监测方法应运而生。许多单位在这方面做过大量的工作，并取得了不小的成绩。这种方法是利用不同时相的遥感影像或不同时相的遥感影像与土地详查图，通过人机交互判读的方式定性地发现变化的靶区（Target），即变更地块，再利用 GPS 实地测出变化的信息。但是这种目视判读的方式不仅对判读人员的要求较高，而且判读的工作量也非常巨大；这两点严重制约了土地利用动态监测技术的推广。

土地利用动态监测面临的实际情况与一般的遥感监测有所不同：土地利用动态监测的实施单位通常具有前一时相的土地利用状况矢量数据。一般来讲，以一年为一个土地利用变更调查时段的土地利用状况变化不会太大，据统计，在一个土地管理行政区变化地块在10%～20%。在这一特定的数据背景下，使用现势的高分辨率的遥感数据图像资料，开发图像处理与判读技术，定位定量地自动判定这种用地变更状况、制作土地利用变更图件是遥感技术应用于国土资源管理的一个研究课题。本文针对这一课题中土地利用变更地块的判读部分，提出一种 GIS 与 RS 一体化变更地块判别方法，这种方法较好地实现了变更地块的自动识别工作；它在一定程度上加大了土地利用动态监测技术的可推广性。

本文发表于《自然资源学报》2001 年第 7 卷第 16 期。

2 GIS 与 RS 一体化的变更地块判别方法

土地利用动态监测是研究土地的现状及其变化趋势的一种手段，因此，利用高新技术精确地找出变化的靶区或变更地块是进一步开展工作的基础。

根据土地利用动态监测的实际情况，继承了常规判别中的精华，同时又要根据实际要求对传统的判决函数做一定的改进，提出了一套 GIS 与 RS 一体化的变更地块判别方法。本判别方法的基本思想是：在现势的遥感影像与滞后的矢量数据配准叠置的情况下，充分利用矢量的地块边界，提取出地块的灰度特征、纹理特征、形态特征；对于某标准地类的若干训练样本在 n 维特征空间中将形成一超球，超球的球心是样本的均值，半径是样本到球心的最大距离；对于已提取特征的待测样本，计算它与各超球球心的距离，若此距离小于某一超球半径（落入超球内），则认为它属于此地类。若它不落入任何超球内（与任何标准地类都不相似），则认为其为变更地块；若它落入 2 个或 2 个以上的超球内（与多个标准地类相似），则将其视为变更地块。对于落入 1 个超球内的待测样本，则还要再判断识别地类与原数据库图斑地类属性是否一致，若不一致则发生变更，否则未发生变更。这种判别方法与常规遥感影像分类判类技术相比有如下几点改进。

（1）以矢量数据中的图斑为研究单元　以图斑为研究单元不仅是土地利用动态监测以地块为工作单元的特殊要求，而且也是一种实现 GIS 与 RS 一体化的有效手段，从而丰富了特征的来源，为提高分类精度提供了可能。

（2）研究对象（变更图斑）的无集群性、无规律性　常规的判别方法要求样品分属的 m 类要有一定集群性，但是在变更地块识别的应用中各种变更情况非常复杂，变更样本经常散步在 n 维空间中（图 1），没有一定的分布规律也不呈集群性。在本方法中，我们将对“变更地块的判读”转化为“是否属于各标准地类”来实现，这样便将无集群性、无规律的问题转变为有集群性、有规律的问题。

（3）以降低变更地块的漏判率为目标　常规识别方法是以提高识别准确率为目标，因此，无论是距离判别还是费歇尔判别或贝叶斯判别，它们都是将待测样本判为与其“最接近”的类以降低误判率；而变更地块识别工作的重点则是在误判允许的范围内尽可能多地发现变更地块，即以能容忍的误判率为代价降低变更地块的漏判率。为了减少变更地块的漏判，我们应将常规判别中的“最接近”改为“落入”，即当且仅当待测样本“落入”某区内时才判为此类；这也正好符合变更地块散步在 n 维空间的语义。另外，由于某些类的分布与其他类的分布有重叠现象（图 2），落入到重叠区的样本点误判的概率较高（我们称之为“误判高发区”）。因此，为了进一步降低变更地块的漏判，我们可将落入误判高发区中的样本视为变更地块。

这种判类方法不仅形象、易于理解，而且它的可操作性强。此方法在判类前可以根据各超球间的位置关系来调整参与判类的指标，即：可以调整指标使类内散布程度愈小，类间散布程度愈大，判别效果愈好。另外，它也可以在判别前对判类结果的准确性作一初步的预测，从而避免黑箱式判别的缺点。

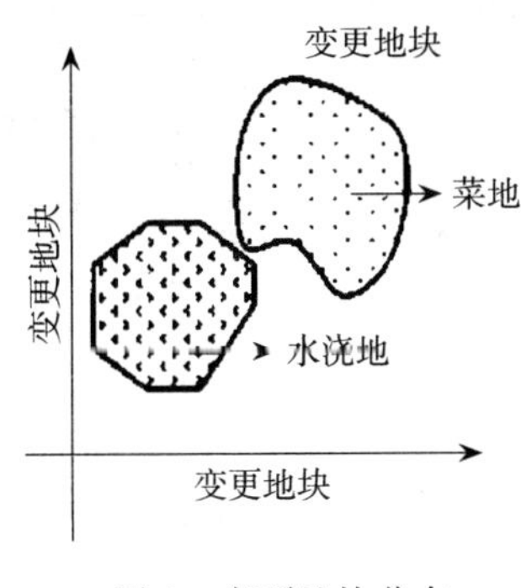

图 1　变更地块分布

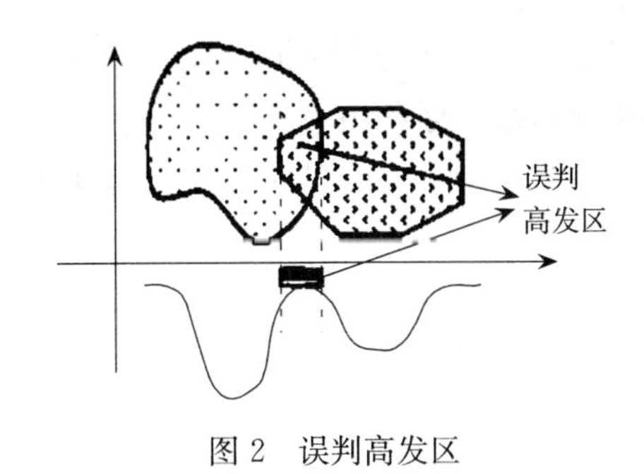

图 2　误判高发区

3　应用实例

我们的实验区为华北某县的两个乡镇，总面积约为 162 km²。实验区涉及的地类较为丰富，并有较强的代表性。针对实验区的特点，结合实地考察结果，确定在影像中识别的土地利用的类别为：水浇地、菜地、果园、独立工矿用地、农村居民点、坑塘水面 6 种。

3.1　实验的基础数据

本实验数据基础包括遥感影像和矢量数据，遥感影像是 1999 年秋季 TM 3 个波段和印度卫星的全色波段经数据融合、彩色合成的几何分辨率为 5.8m 的彩色影像，矢量及其属性数据为 1995 年底的县级土地利用现状数据。

3.2　找出各地类的若干标准训练样本

将遥感影像与矢量数据在 Envi 做配准，精度在 1 个像元以内；将配准图像与矢量数据叠置显示在屏幕上。针对要判别的 6 种地类，各找出 10～15 块标准地块作为训练样本。以下各步工作时用 V C＋＋6.0 编辑实现。

3.3　提取标准地类地块边界内的灰度特征、纹理特征和形态特征

采集标准地块矢量边界内的各像素 R、G、B 波段的灰度值，统计出各地类的各波段灰度特征值（极值、均值、方差）、直方图分布及各波段灰度特征值之比等灰度特征，提取出各地类基于共生矩阵的角二阶矩、对比度、线性相关系数、熵等纹理特征，计算出各地类地块的面积周长比形状特征，形成标准地类的特征库。

3.4　构造决策树与判别规则

根据已选训练样本，作聚类分析；再参考聚类分析的结果，构造的决策树如图 3 所示；然后对各级判别节点的所有指标做主成分分析，取最大的前 n 个主成分（其累计贡献率＞85%）。在地类 1、地类 2、地类 3 的判别中，其第一主成分中表征颜色特征值的系数较高；在水浇地、菜地、果园的判别中，其第一主成分中表征纹理特征值的系数较高；在

农村居民点与独立工矿的判别中，第一主成分中表征纹理和形态的特征值较高。

对于任一地块提取灰度特征、纹理特征和形状特征，再从树顶开始根据各级判别所用的主成分指标，计算它与此级各地类超球球心的马氏距离。若此距离小于某地类的超球半径，则认为地块属于此地类。若某地块不属于任何地类或属于1个以上的地类，则为变更地块；否则，若遥感影像判类结果与图斑地类属性不一致，则认为变更，若一致，则未变更。

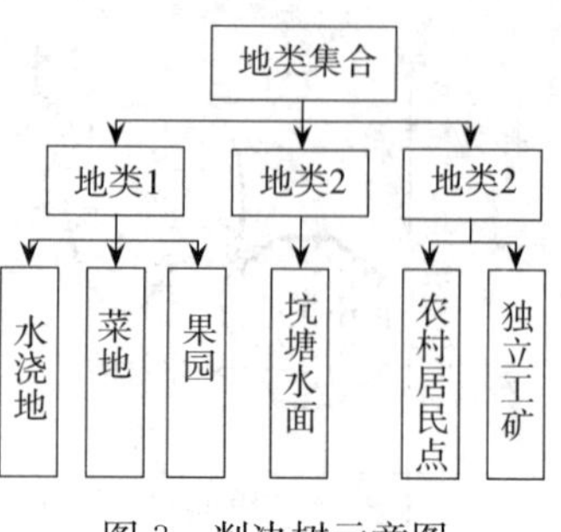

图3　判决树示意图

3.5　判别结果

选出某乡地类属性为以上6种地类的552块图斑，并做（4）中的自动判读处理。将计算机判读结果与人工判读结果相比，经统计可得各种地漏判与误判的情况，如表1所示；评价漏判率为2.54%，评价误判率为5.25%。其中，居民点与工矿用地的漏判率与误判率较高，这主要是因为它们在纹理和形态特征空间中变异性较大，类内散布程度不小、类间散布程度不大造成的。为了更好地区分它们还需引入其它特征信息，还有待于进一步研究。

表1　测试样品判读结果

	地块数	变更漏判地块	变更误判地块	漏判率（%）	误判率（%）
水浇地	155	3	3	1.94	1.94
菜地	40	0	1	0	2.50
果园	30	0	0	0	0
农村居民点	99	2	7	2.02	7.07
独立工矿用地	152	9	14	5.92	9.21
水体	76	0	4	0	5.26
总计	552	14	29	2.54	5.25

4　结论与讨论

（1）基于GIS与RS一体化变更地块判别法吸取了常规分类技术和判别方法的思想、算法及结论，同时也根据土地变更地块识别应用的特殊性对算法做了相应的改造。因此，它是一种具有识别变更地块特色的识别方法。

（2）在任一随机实验中平均2.54%的漏判率和5.25%的误判率决定了GIS和RS一体化的改良距离判别法基本可代替土地利用动态监测中人工判读的工作，从而加大了土地动态监测自动识别技术的可推广性。

（3）本实验只能识别出发生变更的地块，不能识别出具体发生了什么变更、变更边界等。为了进一步获得此类信息，我们可以在变更地块内做边界的提取，再识别各图斑的地类，从而获得变更的详细情况，这一工作有待于今后进一步的研究。

参考文献

[1] 李志中，杨清华，孙永军．利用动态遥感技术检测太原市土地变更情况［J］．国土资源遥感，1999，41（3），72-76

[2] 王晓栋，崔伟宏．县级土地利用动态监测技术系统研究［J］．自然资源学报，1999，14（3）：265-269.

[3] 张显峰，崔宏伟．运用 RS、GPS 和 GIS 技术进行大比例尺土地利用动态监测的实验研究［J］．地理科学进展，1999，18（2）：137-146.

[4] 甘甫平，王润生，王永江，等．基于遥感技术的土地利用与土地覆盖的分类方法［J］．国土资源遥感，1999（4）．

[5] 术洪磊，毛赞猷，等．GIS 辅助下的基于知识的遥感影像分类方法研究［J］．测绘学报，1997（4），329-336.

[6] 日遥感研究会（刘勇工，等，译）．遥感精解［M］．北京：测绘出版社，1993.

[7] 杨凯，卢健，林开愚，等．遥感图像处理原理和方法［M］．北京：测绘出版社，1988.

[8] 孙尚拱，潘恩沛．使用判别分析［M］．北京：科学出版社，1990.

[9] 王碧泉，陈祖荫．模式识别［M］．北京：地震出版社，1989.

[10] 裴鑫德．多元统计分析及应用［M］．北京：北京农业大学出版社，1991.

[11] 徐建华．图像处理与分析［M］．北京：科学出版社，1992.

[12] 唐常青．数学形态学方法及应用［M］．北京：科学出版社，1990.

[13] V KARATHANASSI. A texture-based classification method for classifying built areas according to their density［J］．Remote Sensing，2000，21（9）．

[14] WTG Mendis. Integration of high resolution satellite data and GIS for coastel zone management in Sri Lanka［DR/OL］．http：//www. itc. nl/ags/research/ors99/abstract/mendis. htm. 2001-05-15.

[15] NDR Krishna，E Westinga，H HuiZing. Monitoring land cover changes using Geoinformatics in some communal lands on Zinbabwe［DB/OL］．http：//pages. hotbot. com/edu/geoinformatics.

关于优化 n 条线段求交算法的研究

程昌秀　严泰来

（中国农业大学资源与环境学院　北京　100094）

摘要：首先分析了 n 条线段相交算法的不足，然后系统地阐述利用扫视法缩小求交线段的范围、利用点位判别法高效判断两线段是否相交的理论，从而提出了一套较为优化的 n 条线段求交算法。本文对其算法给出详细的分析和讨论，最后指出此算法的适用范围。

关键词：线段求交；扫视法；点位判别法；时间复杂度

在地理/土地信息系统中，叠加分析（Over-lay）。缓冲区生成（Buffer）、开窗剪裁（Clip）等许多功能模块最终都要归结到线段求交上。因此，提高线段求交的效率对提高整个地理、土地信息系统的性能有很重要的意义。

1　常规的 n 条线段相交算法

最常规的 n 条线段相交算法是：使用穷举法依次对线段两两求交，从而得知其是否有交点。此算法时间复杂性为 0（n^2）。如果 n 较小，其时间还可忍受；但随着 n 的增大，所耗时间将呈幂级数递增。因此，对于这样的问题，需要寻找新的算法，减少算法所耗费的时间。

为了加快求交算法执行速度，引入包络矩形的概念来判断。若两线段的包络矩形相关（搭界），则这两条线段可能相交[1,3,4]。此方法充分利用了计算机所擅长的比较操作，有效地缩小了线段求交范围，但是，此方法存在两点不足：

此算法“是否相关”判断需执行 n（$n-1$）/2 次，间复杂性亦为 0（n^2）。所以，当 n 较大时，此算法也还比较复杂；

“是否相关”不能准确地判断两线段是否相交，因此还要一些附加条件做进一步判断。对于线段求交的算法，文献从辛普森公式求积和向量叉乘理论出发做了大量的研究[2]。但是这些算法同样也只考虑了两两相比的情况，而未考虑到大量线段相比的情况，另外，它们的出发点较高、理论较为复杂，从而使得算法不直观。为了进一步提高算法的执行效率，本文引入了扫视法消除嵌套的两个 n 层循环，缩小了求交线段的范围；采用了点位判别法直观、快速、准确地判断两线段是否相交，为算法局部优化做了不小的贡献。

本文发表于《测绘工程》2001 年第 10 卷第 3 期。

2 *n* 条线段相交算法的优化

2.1 用扫视法缩小求交线段的范围

利用扫视法解决此问题的基本思想：设有一条纵坐标的直线（即 y 轴），自左向右扫过所有的线段，当 y 处于任何一位置时，所有与 y 接触线段可按此时 y 值的大小建立一个全序关系，若当移动的 y 轴接近相交线段的交点 x 坐标时，这两条相交线段在这全序关系中一定相邻。因此，在众多线段中，只需检查全序关系中未比较过的相邻线段是否相交即可。如图 1 中，当 y 轴处于 a 位置时，我们只要比较 A 与 B、B 与 D、D 与 C、C 与 E 是否相交即可，而无须比较 A 与 C、D、E、F 是否相交。

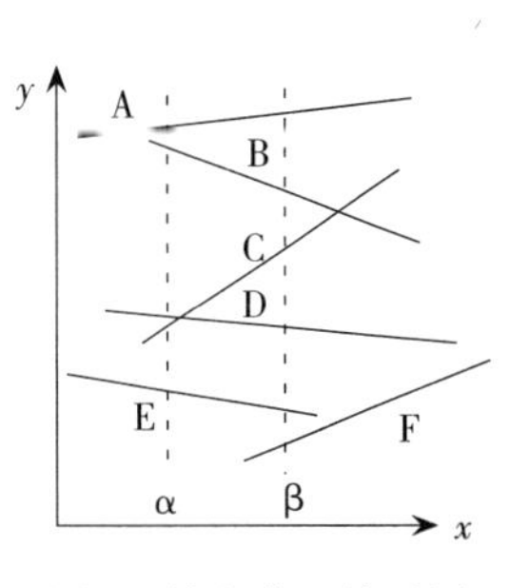

图 1 线段位置关系图

为了充分利用现有数据，我们可假定线段的左端点（对应 x 值小的端点）为靠近交点的已知点，故扫视线在任一状态所接触线段的全序关系可按这些线段的左端点 y 值的大小来建立，因此，当移动的扫视线遇到线段的左端点时，表示全序集中出现新的相交可能，则按此线段的左端点 y 值的大小将此线段加入到全序集中适当的位置，并比较新插入的线段与其相邻线段是否相交。但是，应该注意到：当线段出现相交的情况后，相交线段的左端点就不是最靠近下一个交点的已知点了，此时最靠近下一个交点的已知点应是交点，因此，当出现相交后需要重新调整全序集的位置关系并判交。另外，当遇到线段的右端点时，表示此线段退出局部求交的范围，故将此线段从全序集中删除。此时，也出现了新的相邻线段，所以需要对原被删除线段的相邻两线段做比较。其具体算法如下（其中全序集 T 表示扫视线所接触线段的全序关系）：

第 1 步：对 n 条线段的 $2n$ 个端点按 x 值的大小排序（若 x 相等，则按 y 值排），排列后的左右端点值依次为 p [0]，p [1]，…，p [$2n$]；

第 2 步：初始化全序集 T 为空，$i=0$；

第 3 步：取排序后的端点坐标点 p [i] 作为扫视采样点；

第 4 步：若 p [i] 是线段 S 的右端点，删除线段 S，并检查删除前全序集中与 S 的相邻线段是否相交，若相交，则求交点，否则，$i=i+1$，跳转到第 3 步；

第 5 步：若 p [i] 是线段 S 的左端点，按线段 S 左端点 y 的值的大小，将 S 插入适当的位置；再检查线段 S 与其在全序集中相邻两线段是否相交，若相交，则求交点；否则，$i=i+1$，跳转到第 3 步；

第 6 步：对于相交的两线段，调换其在全序集中的位置，检查变动处的相邻线段是否相交，若相交，跳转到第 6 步，否则，$i=i+1$，跳转到第 3 步。

以图 2 为例，当 $i=0$ 时，遇到 S_3 的左端点，插入 S_3，$T=$ [S_3]；当 $i=1$ 时，遇到 S_1 左端点，插入 S_1，$T=$ [S_1，S_3]，S_1 与 S_3 相交，调换 S_1 与 S_3 的位置，$T=$ [S_3，S_1]；当 $i=2$ 时，

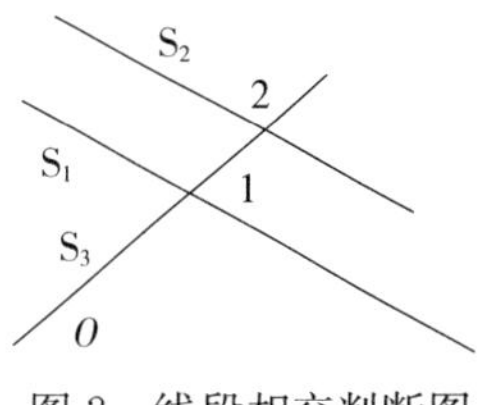

图 2 线段相交判断图

遇到 S_2 左端点，插入 S_2，$T=[S_2, S_3, S_1]$，S_3 与 S_2 相交，调换 S_2 与 S_3 的位置，$T=[S_3, S_2, S_1]$；S_2 与 S_1 不相交；当 $i=3$ 时，遇到 S_3 右端点，删除 S_3，$T=[S_2, S_1]$，如此，依次下去。

由此，不难看出：此算法的时间复杂性集中在对 $2n$ 个点的排序和 $2n+k$（k 为交点个数）条扫视线的比较工作上。对于前一部分，若用快速排序法，则时间复杂性为 $0(n\log n)$；对于后一部分，其复杂性为 $0(n+k)$。算法的复杂度与 k 有关，算法最坏情况 $k=n(n-1)/2$，即时间复杂性为 $0(n^2)$。因此，此算法尤其适用于 n 很大，但 $k\leqslant n^2$ 的情况。

2.2 用点位判别法判断两线段是否相交

判断两线段的是否相交可通过点与线段的位置关系来判断（简称点位判别法），即若两条线段相交，则端点与线段的关系有如下两种情况（图3)：一条线段的两端点在另一条线段的两侧，同时另一条线段的两端点也在这条线段两侧；其中一条线段的端点在另一线段上，除此外的其他情况都不相交。根据上面的点位判别的想法，要引入判断点与线段的位置关系的算法。

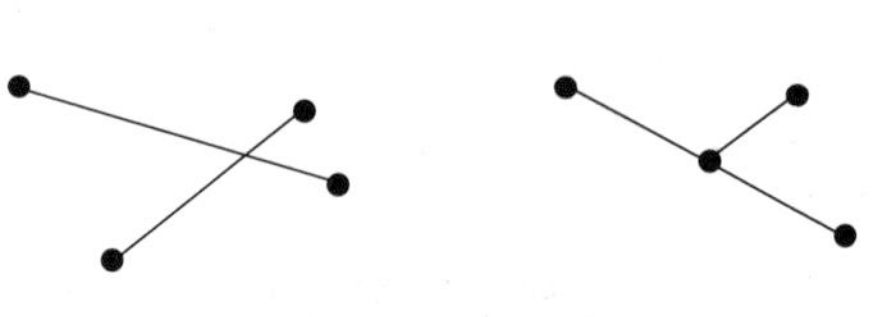
图 3　相交线段的端点关系

我们知道，对于一直线 $y=f(x)$，设 $\Delta(x, y)=f(x)-y$，则凡是在直线 1 上的点都有 $\Delta=0$，而在 1 两侧的点必有 $\Delta\neq0$（一侧使 $\Delta>0$，另一侧使 $\Delta<0$）。所以，如果点 $p1$、$p2$ 在两侧，必然使 $\Delta(p1.x, p1.y)^*\Delta(p2.x, p2.y)>0$；如果点 $p1$、$p2$ 在两侧，必然使 $\Delta(p1.x, p1.y)^*\Delta(p2.x, p2.y)<0$。在给出断判线段相交情况的法之前，先给出判断点与线段的位置关系的 Bothsiceorinline 函数：

```
int Bothsiceorinline (line 1, Point p1, Point p2)
{
if (Δ (p1. x, p1. y) * Δ (p2. x, p2. y) <0)
  return (0);                              //表示点 p1，p2 在线段 l 两侧
else if (Δ (p1. x, p1. y) ==0)
{
    if (I. p 1. x=<p1. x&&1. p2. x>=p1. x)
    return (1);                            //表示点 p1 在线段 1 上
}
else if (Δ (p2. x, p2. y) ==0)
{
    if (I. p1. x=<p2. x&&1. p2. x>=p2. x)
    return (2);                            //表示点 p2 在线段 1 上
}
return (-1);                               //其他不相交的情况
}
```

有函数 Bothsiceorinline 就可得到检测两线段是否相交的函数了。

```
Bool intersect (line11, line 12) x
{
    if ( (Bothsiceorinline (11, 12.p1, 12.p2) >=0) &&
(Bothsiceorinline (12, 11.p1, 11.p2) >-0))

return TRUE;
}
```

此算法是基于无循环的加、减、乘运算得出的，故此算法简单，并且经判断相交的两条线段一定相交，求出的交点也无需判断是否在线段上。若充分地利用函数 Bothsiceorinline 的返回值，当返回值为 1（2）时，可直接得出交点为 p1（p2）。总之，此算法大大提高了时间的利用率。

3 结论

扫视法利用线段的空间位置关系可以有效地缩小求交算法中求交线段的范围，在大量线段求交中是一种可行的算法。由于在扫视法之前准备工作（对 $2n$ 个点进行排序）又耗费的一定时间，但总的来说从某种程度上还是降低了算法的时间复杂性。点位判别法则利用简单的数学原理，通过无循环的加、减、乘运算准确地判断出了两条线段的相交与否，为 n 条线段相交算法的局部优化做了贡献。

参考文献

[1] 严泰来．弧段与图斑包络矩形概念的引进与应用［J］．微型计算机，1996（2）．

[2] 朱德海．土地管理信息系统［M］．北京：中国农业出版社，2000.

[3] 唐荣锡．计算机图形学教程［M］．北京：科学出版社，1996.

[4] 张文忠．微机地理制图［M］．北京：高等教育出版社，1990.

[5] 陆润民．计算机绘图［M］．北京：清华大学出版社，1990.

基于 TM 与 IRS 融合图像对土地覆盖进行分类

吴连喜　严泰来　张玮

（中国农业大学信息学院　北京　100094）

摘要：用不同空间分辨率的 TM 与 IRS-IC（PAN）遥感图像进行融合，可增强图像清晰度。本研究用人工神经网络 BP 算法对 TM 和 IRS—IC（PAN）的融合图像进行土地覆盖分类，分类的总体精度达到 95%，高于最大似然法（分类的总体精度为 71%）。

关键词：人工神经网络；遥感融合图像

遥感数据融合可将不同传感器遥感数据源所提供的信息加以综合，消除各传感器信息间的信息冗余，降低不确定性，减少模糊度，增强影像信息的清晰度，从而改善了解译效果和解译可靠性[1,2]。在众多的基于统计模式的遥感图像分类方法中，最大似然法有着严密的理论基础，是目前常用的图像分类方法之一[3]。在多源遥感数据分类方面，Solberg 等研究了马柯夫随机模型对 TM 和 SAR 的融合图像进行分类的机理，并用于地质解译[4]。贾永红运用人工神经网络，以 TM 和 SAR 两种遥感数据为基础，对融合分类和分类融合两种方法进行了研究[5]。王野乔采用人工神经网络模型，利用 18 维多时相、多波段 TM 数据、地形高程数据以及坡向、坡度等多源数据对多种树种和作物进行了信息提取和分类[6]。本研究采用人工神经网络的 BP 算法和最大似然法，分别对用多光谱的 TM 图像和高空间分辨率的 IRS—1C 全色波段图像融合后的遥感图像进行土地覆盖分类，并比较这两种方法对融合后的遥感图像的分类效果。

1　数据处理

1.1　数据源

本研究的数据采用了 TM 遥感数据和印度卫星 IRS 遥感数据：①Landsat—5 TM 数据获取时间为 1999—08—20，有 Band1，Band2，Band3，Band4，Band5，Band7 共 6 个波段，空间分辨率为 30 m×30 m；②IRS—IC 数据获取时间为 2000—05—02，为全色波段，空间分辨率为 5.8 m×5.8 m。

1.2　数据处理

对 Landsat—5 TM 数据进行灰度拉伸处理，然后分别用 Band7，Band4 和 Band3

本文发表于《中国农业大学学报》2001 年第 6 卷第 5 期。

进行RGB合成（图1-a），对IRS—IC（PAN）数据用3×3数字模板进行中值滤波（图1-b）。

1.3 数据融合处理

首先以IRS—IC（PAN）遥感影像为基准，对TM遥感影像进行配准，所选控制点在影像范围内均匀分布，并具有明显的同名地物点识别标志，控制点数量为176个（试验区范围20 km×20 km），用重采样成图法的二次多项式进行空间几何位置的变换，用三次卷积法进行灰度重采样，使校正后TM影像的空间分辨率变为5.8 m×5.8 m。然后用Brovey法[7]将校正后的TM影像与IRS—IC（PAN）影像进行融合。该方法的优点是既能锐化影像，又能保持原多光谱的信息，融合后图像的色调与原TM合成色调相同，几何分辨率为5.8 m×5.8 m（图1）。

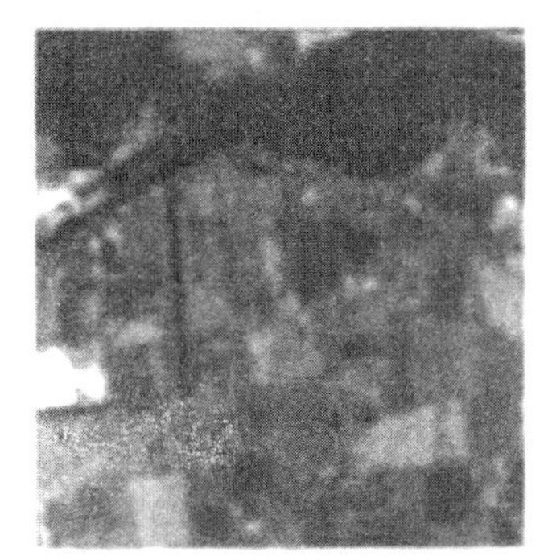

图1　分类前的遥感图像

2 人工神经网络BP算法有关参数与函数的设置

人工神经网络分类法采用BP算法，并用下列有关参数与函数[8~10]对网络进行训练。

（1）初始权值设为0.075，初始阈值设为0.09。

（2）输入向量的选取：融合后的遥感图像不仅具有丰富的光谱信息，而且具有较强的空间几何信息。纹理分析是描述目标物空间几何结构的一种常用方法[3]，本研究用人工神经网络作为分类器时，以RGB的灰度值作为光谱信息的特征值，以信息熵作为纹理信息的特征值。信息熵的计算，取3×3窗口，并用（1），（2）式进行计算：

$$e = -\sum_{i,j} P(i,j)\log_2 P(i,j) \tag{1}$$

$$P(i,j) = \frac{|c(i,j)^2|}{\sqrt{\sum_{i,j}|c(i,j)|^2}} \tag{2}$$

式中：$c(i,j)$表示图像在i，j处的灰度值。

（3）将目标类型分为裸地、植被、水体、建筑物。

（4）在融合后的图像中选取训练样本。

（5）设隐含层数为一层

(6) 采用 logistic 函数作为激活函数，对于隐层或输出层的一个节点，其网络输入为：

$$\mu_j = \sum \omega_{ji} x_i \tag{3}$$

式中：ω_{ji} 为 2 个节点间的链接权重（从 2 层到它的下一层 j），x_i 为 j 层前一层的输出，第 j 层上节点的输出计算。

$$O_j = \frac{1}{1+e^{-(\mu_j+\theta_j)/\theta_0}} \tag{4}$$

式中：θ_j 为阈值，θ_0 的作用是修改 logistic 函数线形。

训练速度设为 0.1。

动量要素设为 0.24。

单项误差设为 0.09，收敛总误差阈值设为 0.1。

整个网络的训练次数设为3 000次。

3 试验结果与分析

3.1 分类结果

用训练后的网络对融合影像进行分类，同时用最大似然法对融合图像进行分类，分类结果见图 2。

(a) 人工神经网络处理

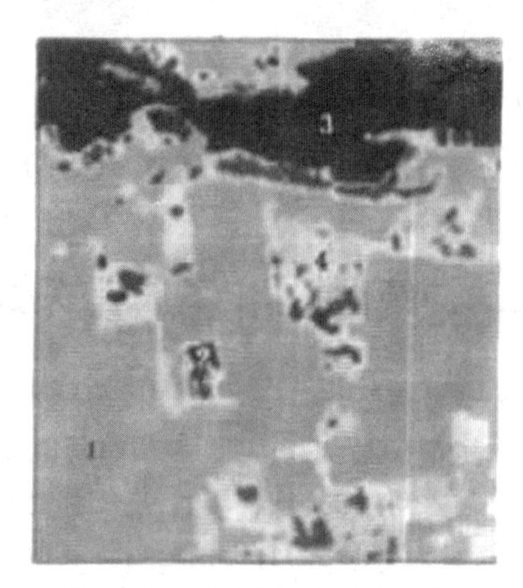

(b) 最大似然法处理

1 植被　2 裸地　3 水体　4 建筑

图 2 两种分类结果图

3.2 精度分析

为了检验图像分类的正确率，就每一目标类型各随机选取一定数量的样点（总样点数为 122 个）并用混淆矩阵混淆对各类别的精度和混分情况进行分析[11]，设类别 1 为裸地，类别 2 为植被，类别 3 为水体，类别 4 为建筑物，结果见表 1。

表 1 不同处理方法的分类精度混淆矩阵表

处理方法	地物类别	分类类别			
		裸地	植被	水体	建筑物
人工神经网络分类法	裸地	0.97	0.02	0	0.01
	植被	0	1	0	0
	水体	0	0	1	0
	建筑物	0.17	0	0	0.83
最大似然法	裸地	0.71	0.03	0.01	0.25
	植被	0.01	0.97	0.01	0.01
	水体	0.25	0.02	0.72	0
	建筑物	0.25	0.19	0.05	0.43

由表 1 可见，人工神经网络对遥感融合影像的分类结果为，裸地被分为类别 1（裸地）的百分比（算法为判定正确的样点数除以该类型的总样点数）为 97%，植被被分为类别 2（植被）的百分比为 100%，水体被分为类别 3（水体）的百分比为 100%，建筑物被分为类别 4（建筑物）的百分比为 83%。最大似然法对遥感融合影像的分类结果为，裸地被分为类别 1（裸地）的百分比为 71%，植被被分为类别 2（植被）的百分比为 97%，水体被分为类别 3（水体）的百分比为 72%，建筑物被分为类别 4（建筑物）的百分比为 43%。

就人工神经网络对遥感融合影像的分类而言，由于遥感融合影像中有少部分建筑物纹理 的清晰度不够好，而部分裸岩也具有较清晰的纹理结构，二者的光谱特征又极为相似，所以，有少部分建筑物被误分为类别 1（裸地），其他地物被误分的现象很少，所以，总体精度较高，为 95%（表 2）。就最大似然法对遥感融合影像的分类来说，由于裸地与建筑物之间存在“异物同谱”现象，裸地被误分为类别 4（建筑物）的比例较大，裸地（裸岩）有部分位于水体边缘，存在着混合像元，所以，水体有部分被误分为类别 1（裸地），而建筑物被误分为类别 1（裸地）和类别 2（植被）的现象较为严重，建筑物被误分为类别 1（裸地）的主要原因同上，建筑物被误分为类别 2（植被）的原因主要是建筑物与建筑物之间有绿化用地，所以，总体精度较低（71%）。

表 2 不同处理方法的精度比较

处理方法	裸地	植被	水体	建筑物	总体精度
人工神经网络对融合图像分类	0.97	1	1	0.83	0.95
最大似然法对融合图像分类	0.71	0.97	0.72	0.43	0.71

4 结论与讨论

本试验采用的人工神经网络对融合后的遥感影像进行分类，总体分类精度达到 95%，效果较为理想。

用TM和IRS—IC（PAN）融合后的遥感图像具有丰富的灰度、纹理和空间几何信息。这些 信息的单位、量纲、数据分布类型都不相同，而人工神经网络对数据类型和分布函数没有限制，对数据的要求更加灵活，容忍度更高，在处理多种类型的数据时具备明显的优势[12~15]，所以人工神经网络是对多源数据进行分类的一种较好的方法。试验结果也证明：人工神经网络对遥感融合数据进行分类，可以获得较高的分类精度。最大似然法对遥感融合图像的分类仍然是基于灰度信息，而没有充分利用图像的纹理和空间几何信息，所以分类精度不如神经网络分类法。

本试验所用的纹理信息的提取是基于固定大小的窗口，从而限制了纹理信息的运用，如何灵活地选择窗口的大小，有待于进一步研究。

参考文献

[1] Solberg S，Jain A K，Taxt T. Multisource classification of remotely sensed data：Fusion of Landsat TM and SAR Images [J]. IEEE Transactions on Geoscience and Remote Sensing，1994，32（4）：768-777.

[2] Costantiti M，Farina A，Zirilli F. The fusion of different resolution SAR images [J]. In：Proceedings of the IEEE，1997，85（1）139-146.

[3] 遥感研究会编（日）. 刘勇卫，贺雪鸿译. 遥感精解 [M]. 北京：测绘出版社，1993.

[4] Solberg S，Jain A K，Taxt T. A markov random field model for classification of multi-source satellite imagery [J]. IEEE Transactions on Geoscience and Remote Sensing，1996，34（1）：100-113.

[5] 贾永红. 人工神经网络在多源遥感影像分类中的应用 [J]. 测绘通报，2000，7：7，8.

[6] 王野乔. 遥感及多源地理数据分类中的人工神经网络模型 [J]. 地理科学，1997，17（2）：105-112.

[7] 李军. 多源遥感影像融合理论、算法与实践 [D]. 武汉：武汉测绘科技大学，1999.

[8] Mitchell K H，Philip E A. Surface imaging spectrometry：current status，future trends [J]. Remote Sensing Environ，1993，44：117-126.

[9] Lixo P G J编著. 邢春颖，阳影译. 现代神经网络应用 [M]. 北京：电子工业出版社，1996.

[10] 李学桥，马莉. 神经网络工程应用 [M]. 重庆：重庆大学出版社，1996.

[11] Congalton R C. A review of assessing the accuracy of classification of remotely sensed data [J]. Remote Sens，1991，37：35-46.

[12] Gopal S，Woodcock C. Remote sensing of forest change using artificial neural network [J]. IEEE Transactions on Geosciences and Remote Sensing，1996，34（2）：398-404.

[13] Gong P. Integrated analysis of spatial data from multiple sources：using evidential reasoning and an artificial neural network for geological mapping [J]. Photogrammetric Engineering and Remote Sensing，1996，62（5）：513-523.

[14] Azimi-Sadjadi M R，Chaloum S，Zoughi R. Terrain classification in SAR images using principal component analysis and neural networks [J]. IEEE Transactions on Geosciences and Remote Sensing，1993，31：511-515.

[15] Sui D. Recent application of neural network2 for spatial data handling [J]. Canadian J of Remote Sensing，1994，20：368-380.

国土资源信息核心元数据的研究

姚艳敏[1]　姜作勤[2]　严泰来[1]

（1. 中国农业大学信息管理系　北京　100094；
2. 国土资源部信息中心　北京　100037）

摘要：国土资源信息核心元数据是建立运行在国土资源数据交换网络上的国土资源信息目录的基础和重要组成部分，也是目前数字国土工程中实现国土资源数据共享的重要途径。分析了国内外地理信息元数据标准的发展状况，根据国土资源信息核心元数据确定的原则和描述要求，确定了国土资源信息核心元数据的主要内容，提出了以通用建模语言UML类图作为国土资源信息核心元数据的结构设计，用数据字典详细定义核心元数据的组成，以构成国土资源信息核心元数据的完整描述的设计方法。

关键词：核心元数据；国土资源信息；数据共享

1　问题的提出

国土资源信息是国民经济发展的基础信息。在过去的20多年中，国土资源的各级部门在土地、地矿、海洋与测绘领域已建成了一批具有相当规模的数据库或数据集。随着数字国土工程的开展，数字化、电子化和网络化的国土资源信息将会得到迅速的积累和增长，国土资源数据库的特点是对分布在不同地点，分属不同硬件平台，不同软件支持，具有不同类型的结构和内容进行管理和共享。因此，如何充分利用这些耗费巨大人力、物力积累来的信息资源，如何使用户迅速有效地发现、获取、使用所需的信息成为急需解决的问题。

由于受到技术、数据格式、规模等的限制，国土资源信息数据集较难独立地通过计算机网络实现广泛的共享，因此国土资源信息数据集的共享目标需依靠元数据进行导航来实现。元数据（Metadata）是关于数据的数据，用于描述数据的内容覆盖范围、质量、管理方式、数据的所有者、数据的提供方式等有关的信息[1]。为用户回答已经存在什么内容的信息（what）、覆盖哪些区域范围（where）、跨越的时间范围（when）、找什么人联系（who）或通过什么方式可以获取（how）。按照国际标准化组织（BO）地理信息元数据标准设计方案，元数据可以分为2个层次，即核心元数据和全集元数据。核心元数据是描述数据集或数据集系列所需的基本的最少元数据元素的集合，主要用于信息编目，帮助用户快速查询到所需的信息。全集元数据是对数据集或数据集系列的详细描述，帮助数据生产者有效地组织和管理数据集，帮助用户更详细地了解查询到的数据集是否满足其要求。根

本文发表于《测绘学报》2001年第30卷第4期。

据国土资源信息交换网络建设的需求，建立国家级国土资源信息目录，进行信息资源的清理，成为当前国土资源信息交换网络建设的主要内容之一，因此，国土资源信息核心元数据的制订成为当务之急。而建立运行在国土资源数据交换网络上的，以核心元数据为基础的国土资源信息目录是解决上述问题，实现数据共享、信息服务社会化的重要途径。

2 元数据标准研究进展

地理信息元数据标准是目前国际地理信息社会研究的热点之一。美国联邦地理数据委员会（FGDC）于1994年6月提出了它的元数据标准草案——地理空间元数据内容标准（CSDGM），1997年FGDC又提出了它的元数据标准的修改版[2]。欧洲地理信息标准化委员会（CEN/TC287）于1995年提出了一个元数据标准草案，1996年6月又提出了修改版本[3]。国际标准化组织地理信息委员会（ISO/TC211）1996年3月完成第一版工作草案（WDversion10），迄今经过多次修改，先后完成近10个更新版本，该标准草案目前已进入委员会草案阶段[1]。

尽管各组织对元数据的划分有一定的差异，但他们所包含的内容却具有很大的相似性。表1为几个元数据标准内容以及国土资源信息核心元数据内容的比较。从表1展示的内容可以看到，我国国土资源信息核心元数据标准涵盖了其他元数据标准的主要内容。

表1 几个元数据标准内容的比较

ISO/C211	FGDC	CEN/C287	国土资源信息核心元数据
标识信息	标识信息	数据集标识雅息	标识信息
数据质量信息	数据质量信息	数据集概述信息	数据质量信息
空间表示信息	空间数据组织信息	数据集质量元素	空间参照系统信息
参照系统信息	空间参照信息	空间参照系统信息	内容信息
内容信息	实体和属性信息	范围信息	分发信息
表示法编目信息	分发信息	数据定义	元数据参考信息
分发信息	元数据参考信息	分类信息	
元数据扩展信息		管理信息	
应用模式信息		元数据参考信息	
元数据参考信息		元数据语言	

3 国土资源信息核心元数据确定的原则和主要内容

3.1 国土资源信息核心元数据确定原则

元数据是描述空间与非空间数据集或数据集系列的高度结构化数据，是对于计算机信息系统与信息工程以及信息表达对象最深刻最全面理解的体现。而核心元数据又是描述数据集或数据集系列所需的基本元数据元素的集合。因此，国土资源信息核心元数据的确定需要遵循以下几个原则：

(1) 完整性。根据国土资源信息实际应用的需要，要求核心元数据必须是在基本的最少元数据元素集合的基础上，还需要完整地描述数据集最重要的信息。例如，空间数据集采用的垂向坐标参照系统中，除高程基准外，还必须有重力基准和深度基准。

(2) 准确性。国土资源信息内容几乎涉及数学、天文学、地学、海洋学、信息技术等所有方面。因此，在确定核心元数据内容时，需要对有关基础理论、表示理论、空间参照系统理论、质量体系理论以及计算机通信技术等方面有全面的了解，准确而简洁地将国土资源数据集主要特征的数据整合起来。

(3) 结构性。由于核心元数据内容存在着复杂的逻辑结构关系，因此，需要用模型表示其中的逻辑关系，以便对核心元数据进行修改或扩展时不破坏整体结构，并且作为核心元数据实现的概念模型。

(4) 与其他标准的一致性。由于元数据也是其他标准的高度概括，在制定元数据时，应调研相关领域现有的国际标准与国家、行业标准，尽量采用已颁布的标准。

将以上原则统一地体现在一个数据集合上，这就是国土资源信息核心元数据研究的主要特点所在。

3.2 国土资源信息核心元数据主要内容

国土资源信息核心元数据的内容是在ISO/TC211《地理信息—元数据》标准草案的基础上，结合国土资源空间与非空间信息的特点及描述要求而形成的。尽管国土资源信息数据类型、格式和数据的详尽程度等不同，但核心元数据描述的是这些数据集主要的、共同的特性，是普通用户最需了解的内容。它主要回答以下几个问题：①用户所需某个领域的数据集是否存在；②数据集覆盖的区域范围、数据集采集的时间范围；③数据的质量如何；④数据集包含的主要内容；⑤如何得到这些信息以及联络方式。因此，根据以上这些要求确定了国土资源信息核心元数据的内容。

国土资源信息核心元数据主要由6个类和2个公共数据类型组成。6个类包括：

(1) 标识信息　是唯一标识数据集的元数据信息。通过标识信息用户可以了解到某个领域数据集的基本情况，如数据集的名称、发布时间、版本、数据集所属的信息类别、数据集采用的语种、数据集摘要现状、空间分辨率、表示方式（如矢量、栅格、影像等），以及数据集的空间范围（地理范围、时间范围、垂向范围）。同时标识信息为用户提供了深入了解数据集的途径和使用数据集必须遵守的限制信息，如数据集采集单位的联系信息、数据集法律限制和安全限制、数据集存储格式以及数据集静态浏览图名称。标识信息还提供了对影像数据集的描述，如影像的列行标识。

(2) 空间参照系统信息　是对数据集使用的空间参照系统的简要说明，包括基于地理标识的空间参照系统与基于坐标的空间参照系统。后者还包括垂向坐标参照系统（高程基准、深度基准、重力基准），用于描述包括地矿和海洋资源数据集所需的空间参照系统信息。

(3) 数据质量信息　由于测绘、土地、地矿、海洋等领域对数据集的质量要求和评价内容各不相同，因此核心元数据质量信息只是对数据集质量的总体评价，它包括2个方面的内容：数据集质量的定性和定量的概括说明以及数据志。其中数据集质量的概括说明为用户提供有关数据集在完整性（数据集内容是否完全）、逻辑一致性（数据集在概念、值域、格式和拓扑关系等方面的一致性程度）、位置精度（数据集空间位置的绝对精度和相对精度）、时间精度（时间表示的精确程度、现势性或有效性）、属性精度（数据集属性分类正确性、属性值的精度和正确性）等方面的综述及说明数据质量的保证措施；数据志是为用户提供数据生产过程中数据源、处理过程（算法与参数）等的说明。数据质量信息是用户对数据集进行判断及决定数据集是否满足他们需求的重要判断依据。

（4）内容信息　是对数据集主要内容的简要说明。通过内容信息用户可以知道矢量数据集的主要要素类型名称以及相应的属性名称，影像数据集内容概述（如波长或波段、灰阶等级及合成处理方式等）和网格数据集内容概述（如格网尺寸、格网尺寸单位、格网行列数及格网起始点坐标等）。

（5）分发信息　描述有关数据集的分发者和获取数据的方法，包括数据集网络传输地址，以及与分发者有关的联系信息。通过分发信息用户可以了解到获取数据集的方式和途径。

（6）核心元数据参考信息　包括核心元数据发布或更新的日期以及与建立核心元数据单位的联系信息。通过核心元数据参考信息，用户可以了解到核心元数据内容的现势性等信息。

（7）覆盖范围信息　描述数据集的空间范围（经纬度坐标、地理标识符）、时间范围（起始时间和终止时间）和垂向范围（最小垂向坐标值、最大垂向坐标值、计量单位）。该数据类型被标识信息中的元素引用，本身不单独使用。

（8）负责单位联系信息　包括与数据集有关的单位标识（负责单位名称、联系人、职责）和联系信息（电话、传真、通信地址、邮政编码、电子信箱地址、网址）。该数据类型被标识信息、分发信息、核心元数据参考信息中的有关元素引用，本身不单独使用。

4　国土资源信息核心元数据的设计方法和框架结构

由于核心元数据类与类之间存在着复杂的逻辑结构关系，公共数据类型又为多个类中的属性所引用，因此需要用一种图形语言来表示这些关系，以便增强核心元数据的可扩展性和互操作性，并作为核心元数据实施的逻辑结构模型。面向对象的分析与设计方法已成为当前软件工程设计的主流。通用建模语目（Unified Modeling Language，简称 UML）的出现又统一了目前流行的 50 多种面向对象的分析与设计方法、面向对象的基本概念、术语及其图形符号，为人们建立了便于交流的共同语言。ISO/TC211 正在制订的地理信息系列标准中，也都采用 UML 作为其概念模式语言[4]。由于 UML 在描述数据结构、行为、约束上的优势[5]，同时为了推动这种新方法的应用，国土资源信息核心元数据的组成与结构采用了 UML 静态结构图类图表示，所包含的类和属性用数据字典进行详细的定义。这样，国土资源信息核心元数据 UML 类图与数据字典一起构成了核心元数据的完整描述。

4.1 结构设计模型

4.1.1 核心元数据 UML 类图

国土资源信息核心元数据包含的 6 个类的 UML 类图如图 1 所示。各类所包含的属性、相关类、数据类型再分别用类图加以详细描述。

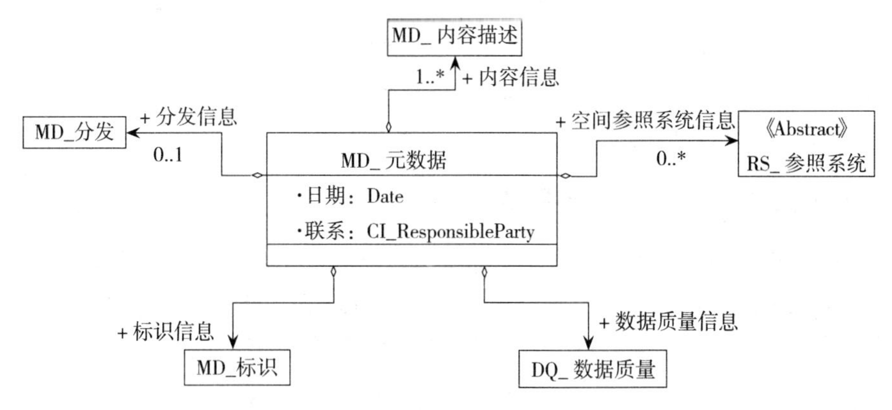

图 1 国土资源信息核心元数据概念层类图

核心元数据所涉及的类之间的关系包括聚集、泛化。聚集表示类之间的关系是部分与整体的关系，如图 1 中 MD _ 元数据类是由 MD _ 标识类、DQ _ 数据质量类、RS _ 参照系统类、MD _ 内容描述类和 MD _ 分发类组成；泛化表示类之间的关系是一般与特殊的关系，如图 2 中 MD _ 法律限制子类和 MD _ 安全限制子类是 MD _ 数据集限制类的特化。角色表示类在关联中的作用，如图 1 中角色名"＋标识信息"表示 MD _ 元数据类是源，MD _ 标识类是目标。类之间的多重性用 0.1（0 个或 1 个）、0. *（0 个或 1 个）、0. *（0 个或多个）、1. *（1 个或多个）表示，默认值为 1，多重性可以表示类或属性是必选、条件必选和可选。

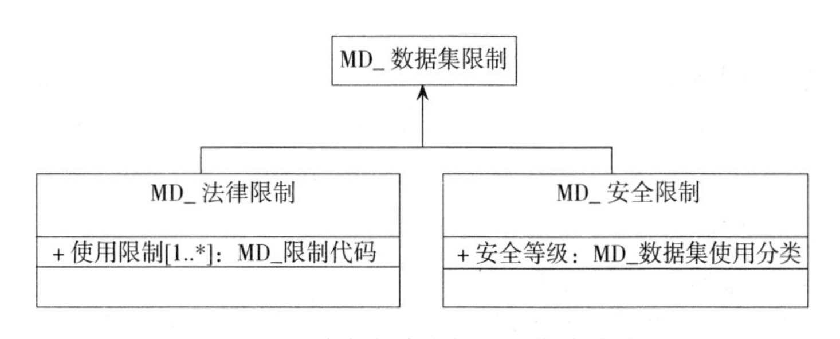

图 2 子类与超类之间的泛化关系图

4.1.2 核心元数据使用的构造型

构造型是 UML 概念的扩充机制，是在 UML 已定义的模型元素的基础上构造一种新的模型元素的机制。核心元数据使用的 UML 构造型包括以下几种：

1.《数据类型》(《DataType》) 包括预先定义的基本类型（整型、实型、布尔型、字符串、日期等）和用户定义的类型（实体、构造型、关联等）。

2.《枚举》(《Enumeration》) 为一种数据类型。枚举的意思是一个类中所有可能取值的简短列表。

3.《代码表》(《CodeList》) 可用于描述更开放的枚举类。《代码表》是一个灵活的枚举类，通常用于表示可能取值的长列表。如果表中的元素都是已知的，就用枚举表示。如果还有其他可能的取值，则使用代码表。

4.《抽象》(《Abstract》) 是一个不能直接实例化的类。抽象类通常是超类，通过其子类实例化。UML 表示法中用斜体字表示它的名字。

5.《包》(《Package》) 为逻辑上相关的组成部分，包括子包。

6.《叶》(《Leaf》) 只包含定义，不含任何子包的包。

4.2 国土资源信息核心元数据数据字典

如表 2 所示，数据字典的作用是根据核心元数据类图，以一定的层次结构详细描述类、属性的组织关系和特性。核心元数据类和属性由以下特性进行定义和解释：名称/角色名称、缩写名、定义、约束条件、最多出现次数、数据类型和域。

表 2 国土资源核心元数据数据字典实例

序号	中文名称	缩写名	定义	约束条件	最多出现次数	数据类型	域
1	MD _ 元数据	Metadata	关于元数据的信息	M	1	Class	行号 1-8
2	日期	mdTimeSt	元数据发布或最近更新的日期	M	1	Date	CCYYMMDD GB/T 7408—1994
3	联系	mdContact	元数据负责单位的联系信息	M	1	Class	CI _ 负责单位《DataType》
4	角色名称：标识信息	idInfo	数据集的基本信息	M	1	AssociaTion	MD _ 标识

(1) 名称/角色名称　名称是一个元数据类或属性的唯一标记。角色名称用于标识关联（作用与数据库表之间进行连接的关键字类似）。类名称在整个字典中唯一。属性名称在类中而不是在整个字典中唯一。

(2) 缩写名　除代码表外，元数据类的每一个属性都有一个缩写名。这些缩写名在整个标准中唯一，可以在可扩展标记语言（XML）和通用标记语言（SGML）或其他类似的实现技术中作为域代码使用。

(3) 定义　对元数据类或属性确切含义的描述。

(4) 约束条件　约束条件说明相应的元数据类或属性是否必须包括在核心元数据中，或满足一定条件时必须包括。约束条件有如下几种取值：M（必选）、C（条件必选）或 O（可选）。

(5) 最多出现次数　指定元数据类或元数据属性的实例可能重复出现的最多次数。出现一次的用“1”表示，重复出现的用“N”表示。

(6) 数据类型　该属性既可表示预先定义的基本数据类型，如整型数、实型数、字符串、日期型和布尔型等，也可定义为元数据的类、构造型或关联。

（7）域　对于元数据属性，域表示该属性的允许取值范围或与之对应的类或数据类型的名称。对于元数据类，域表示在字典中描述该类的行的范围。角色名称的域表示与之关联的类名称。

国土资源信息核心元数据 UML 类图和数据字典构成核心元数据的完整抽象逻辑模型，二者缺一不可，可以用任何适宜的计算机编程语言和软件加以实现。

5　结束语

国土资源信息核心元数据是建立运行在国土资源数据交换网络上的国土资源信息目录的基础和重要组成部分。然而，要真正实现国土资源数据共享和信息服务社会化，还需解决以下几个问题。

（1）国土资源信息全集元数据的研究　国土资源信息核心元数据是最少的元数据元素集合，是用于国家一级国土资源信息交换网络上，使用户快速找到所需的数据集而制定的。如果为用户提供更详细的数据集信息，还需要制定数据集全集元数据。

（2）国土资源信息元数据的实现　国土资源信息核心元数据定义了一系列元数据属性的内容定义、数据类型以及固有的依赖关系。但是，国土资源信息元数据管理的主要目标是提高访问元数据及所描述的数据集的能力。这就要求软件实现采用公共的编码方法以在局域或广域网上实现国土资源信息元数据的检索、查询、交换和表示，并能够进行国际互联网上元数据的查询。因此采用什么样的软件、编程语言和协议，以满足这些要求，还有待于研究和实现。

（3）元数据与数据之间的连接　元数据的作用之一是为用户查询、检索、获取所需的数据集提供服务，但是用户还不能直接通过元数据得到最终的数据。元数据的最终目的是能够通过元数据对异构数据集进行直接操作，即使用户不知道数据库是采用什么软件建立的，但通过元数据的导航，能够帮助用户直接对数据库进行操作。如何实现这个最终目标，还有待于进一步的研究。

参考文献

[1] ISO/TC211 Geographic Information Metadata（CD1911513）[EB/OL] http：//www. statkartno，2000-06-01.

[2] Federal Geographic Data Committee Content Standardf or Digital Geospatial Metadata（V. 20）[EB/OL] http：//www. fgdcgov，1997-07-31.

[3] CEN/TC287 Secretariat CEN/TC287 Geographic Information [EB/L] http：//www. statkartno/sk/standard/cen，1996-07-31.

[4] ISO/TC211. Geographic information-Conceptual Schema Language（CD15046-3）[EB/OL] http：//www. statkartno，1999-07-21.

[5] L U Chao，ZHANG Li. Visible Object-Oriented Modeling Technology [M] Beijing. Beijing Aeronautics and Astronautics University Press，1999（inChinese）.

基于关系型数据库带时间维 GIS 的一种数据模型

严泰来　吴平

（中国农业大学信息学院　北京　100094）

摘要：本研究提出一种依据关系型数据库管理下带有时间维数据结构的 GIS 模型。模型基于面向对象的思想，探讨在国标地理信息系统数据交换格式基础上，补充时间维数据结构，实现 GIS 基于时间信息直接进行的历史追溯与断面复原的技术；给出了时空数据模型的设计、历史数据的追溯与断面复原算法的分析，以及算法实现中关键部分的程序实例。

关键词：地理信息系统（GIS）时间维；关系型数据库；面向对象程序设计

地理信息系统是一种管理地学信息数据、分析各种地学现象、实行地理资源环境数字化管理的强有力的工具。随着系统应用的深入，在现有系统平台基础上开发与研制带有时间维的地理信息系统势在必行。时间与空间是相互关联的变量，是描述与地学有关的各种事物发生、发展演化必不可少的相关的数据。自然科学中，所谓动态研究就需有时间维数据；在管理科学中，研究国土资源、资产变更的历史沿革也必须将空间信息置于时间维的框架上。时间信息介入空间信息的描述之中已经是必不可少。

在实际工作中，对于带有时间维的 GIS 的功能有以下要求：①时间断面复原，即要求系统 能够对数字图件覆盖地区的全部或局部按任意指定时间段以图件形式准确复原出来；②地块追溯、查询历史沿革，即要求系统对数字图件中任意指定的某一地块，追溯查询历年演变的情况，查询结果将图形与属性数据显示出来。以上功能在一些场合下要求能够分别直接运作，也有一些场合系统将其中之一与其他空间分析功能整合在一起完成某项工作，比如房地产评估，估价员不但要知道当前某宗地情况，还应知道该宗地及其周边土地以前的利用情况，从而综合分析当前宗地价位。

带时间维的 GIS 实施困难之处在于数据的组织。实际工作中，表达一个时相的某个地区或某个行政单位的数字图件数据量相当大，如果将时间维数据加进来，而不加以周密的组织，容易造成数据量的极度膨胀，不但在存贮空间上不能被一般系统所接受，而且也给不同时间的同一地块的纵向空间分析带来困难。目前，对于这一问题基本上有 2 种处理方法：一种是将时间数据与空间坐标数据一样对待，一同存入数据文件中，系统引进时间拓扑的概念，按照用户对时空数据或追溯历史沿革或复原历史数据分别进行时间拓扑分析，将所需空间数据逐一提取出来；另一种是所谓时间快照法，即如同摄像机一样，空间数据每变动一次，即使对全部数据只有 1%的变动，也将全部数据录制一遍，“贴”以时

本文发表于《中国农业大学学报》2002 年第 7 卷第 3 期。

间“标签”存贮起来，这 2 种处理方法实际代表着 2 条技术路线，前者是以复杂的时空拓扑分析换取存贮空间的减少与存贮方式的简单；后者是以大量存贮空间的冗余赢得数据结构的简单与系统算法的易行。现在问题是如何把它们有机地结合起来，寻求一种既要算法简单，又要尽量不对现有系统数据结构做大调整又要减少数据冗余、实现快速查询的数据结构及算法。本研究对这一问题进行了初步探索。

1 时空数据模型设计

面向对象的程序设计是当今计算机程序设计的一个重要思想，地理信息系统的程序基本 上也是遵循这一思想设计的。任何一幅地理图件都有 3 个基本要素：点、线、面。通常，地理信息系统都是分别将点状地物、线状地物、面状地物作为对象，对每一对象分别赋予 ID 码，在属性数据库中，以此 ID 码作为主键，将其研究或管理所需用的属性数据与 ID 建立连接，生成属性关系数据库。当前各种地理信息系统对于空间数据的数据结构设计千差万别，但是以点、线、面作为数字图件的基本对象这一思想却是一致的。因而，在国标地理信息系统数据交换格式中，也是将点、线、面作为 3 类数据，分别规定其数据格式，并分别进行处理的。针对这一情况，我们对时空数据模型作以下设计：

1.1 设立对象现状数据表

对象现状数据表（表 1）记录的是当前系统中的所有线状地物、面状地物的对象，数据表中每一记录对应数字图件中的一个图件对象。在数据表中，对象 ID 为系统对象的唯一标识；FromDate 为对象有效起始时间；X_{min}和 X_{max}为对象所在包络矩形的左上角坐标；X_{min}和 X_{max}为对象所在包络矩形的右下角坐标。包络矩形（Range ）是指线状地物中轴线坐标链，面状地物边界线坐标链的坐标集合中的最大、最小值[1]，系统中用这 4 个值生成的矩形将对应线状地物、面状地物的大致位置界定下来，以便于系统用 R^+ 树或其他方法快速检索。

在表 1 的结构中，设置了有效起始时间（FromDate)，这是指该对象从什么时间开始生效。对于从建表时间直到当前不曾发生变更的对象，则 FromDate 数据项中记录的是建表时间。由于上表仅记录对象现状数据，当然每一对象都是从起始时间到当前都是有效的。如果，对象发生任何变更，包括边界改动、删除或分裂，则都需将原有对象从此表中删除，并将此对象的信息保存到对象历史数据表（表 2）中，以便系统追溯或时段复原使用。变更后的对象添加在表 1 末尾，变更的时间填写在 FromDate 数据项内，表明该对象从这一时间起到现在都是有效的，对于变更过的对象的 ID 码要用新 ID 码，以示变更前后的区别。

表 1 对象现状数据表结构

对象 ID	FromDate	X_{min}	Y_{min}	X_{max}	Y_{max}
int	datetime	int	int	int	int

表 2 对象历史数据表结构

对象 ID	FromDate	ToDate	X_{min}	Y_{min}	X_{max}	Y_{max}
int	datetime	datetime	int	int	int	int

当然，对于点状地物，不存在其包络矩形数据，因而点状地物对象现状数据表中不必设置包络矩形数据项，而代之以点位 xy 数据项。

1.2 设立对象历史数据表（表 2）

该数据表与对象现状数据表结构基本相同，但需要设置 2 个时间字段 FromDate 与 ToDate，用来描述对象的生命期。

对象历史数据表记录系统中所有变更的对象。在数据表中 1 条记录对应系统中 1 个曾经 变更的对象，表中 ToDate 字段的逻辑意义为对象失效的时间，其他字段的逻辑意义与表 1 中对应的字段相同。

需要说明的是表 2 中的对象 ID 与表 1 中的对象 ID 是统一的，对于当前的或历史的对象 要保持唯一性，也就是说不能允许任何一个 ID 码在表 1 和表 2 中同时出现。如果出现这种现象，就会破坏系统数据的一致性。在表 1 的说明中已经叙述过，如果某个对象发生变更，则应删 除该对象在表 1 中的记录，同时将该记录补充到历史数据表（表 2）中。这一变更时间即此对象在现状数据表中消失而成为历史数据的时间，该时间将记入对象历史数据表中的 toDate 数据项，与从表 1 中继承来的 FromDate 数据项共同构成该对象的“生命期”。

对象现状数据表（表 1）与对象历史数据表（表 2）描述记录了全部时空数据。时间信息数据体现在 FromDate 和 ToDate 数据项中；而空间信息数据则以对象 ID 与空间数据表中的坐标链 xy 数据、弧段数据、结点数据相关联[2,3]。

这样看来，在表 1 与表 2 的背后，以 ID 标识码为关键字的数据表存储着大量的坐标数据以及它们的索引。如何组织这些巨额的 xy 数据，以达到数据冗余小、检索方便和保持关系型数据结构，尚包含大量其他内容，不在这里讨论。

2 历史追溯与时间断面的复原

历史追溯是对研究地区一个指定地块的纵向查询，而时间断面复原可以认为是对时间序 列的横向断面的查询。表 1 与表 2 展示的基于线、面对象的带时间维数据结构可以支持快速准确地完成这 2 项任务。

2.1 历史追溯

考虑到指定地块在多次历史变更中有可能面目全非，不仅 ID 码发生变化，地块形状也会发生变化，该指定地块或被相邻地块合并，或被割裂成多块，抑或部分被吞并、部分被割裂。这里唯一可作为追溯痕迹的是当前该指定地块包络矩形。用包络矩形作线索，在历史数据表中追溯与指定地块相关的所有历史地块数据。由于历史数据表中每个地块都有包络矩形数据，凡是当前指定地块的包络矩形数据（X_{minp}，X_{maxp}，Y_{minp}，Y_{maxp}）与历史地块包络矩形数据（X_{minh}，X_{maxh}，Y_{minh}，Y_{maxh}）存在以下逻辑关系，则可认为 2 包络矩形相关（相交叠或相包容）：

$$(X_{minh} < X_{maxp})\ \text{and}((Y_{minh} < Y_{maxp})\text{and}((X_{maxh} > Y_{minp})\text{and}((Y_{maxh} > Y_{minp}) \tag{1}$$

当然，2 包络矩形相关只是对应的 2 个多边形相交叠或相包容的必要条件，并不是充分条件。为了证明历史上的地块确与当前指定地块在地域上相关，还必须再作叠加分析，检验 2 者的弧段边界是否有交点，如果交点数≥2，则证实当前指定地块或地块的一部分确实属于历史上这个地块演变而来。

地块历史追溯除了式（1）的地块位置相关条件以外，还需要有以下时间维数据条件：

$$T_{hf} < T_p \tag{2}$$

式（2）中，T_p 为指定追溯时间，如果 T_p 时间就是现状数据表的“现在”，则不必用此时间维数据条件做判断，因为所有历史数据表中的数据在时间数据上都是符合式（2）的。而如果 T_p 是历史上的某个时间，要求从这个时间起向前追溯，则式（2）就有意义，此时，T_{hf} 为历史数据表中 FromDate 数据项的数据。凡符合式（2）逻辑条件的地块都是其“寿命”有效期覆盖指定时间或在指定时间之前的地块。

对象状态历史追溯的基本操作如下：

a. 在现状数据表中指定观察对象，从而确定了对象的包络矩形坐标：

左上角：(X_1, Y_1)，右下角：(X_2, Y_2)

b. 建立时间临时数据表 temp. db，数据结构与现状数据表相同。

c. 将现状数据表中的指定记录送入临时数据表 temp. db。

d. 搜索历史数据表中的记录：

select * from history. db

where($X_{min} < X_2$ and $Y_{min} < Y_2$)and（$X_{max} > X_1$ and $Y_{max} > Y_1$）

order by FromDate DESC（也可以按 ToDate 考虑）

e. 将搜索到的已经有序的记录送入 temp. db。

经过操作步骤 a～e，在 temp 数据表中就包含了与指定对象状态可能相关的所有记录（通 过 C++ Builder 程序测试）。

2.2 时间断面复原

对于任意指定的断面时间 T_c，需要分别在现状数据表和历史数据表检索出以下符合时间 逻辑关系的对象数据。在现状数据表中，按式（3）进行检索：

$$T_f < T_c \tag{3}$$

而在历史数据表中，按式（4）进行检索：

$$T_{hf} < T_c < T_{ht} \tag{4}$$

在式（3）和式（4）中，T_f 为现状数据表中的 FromDate 数据项的数据；T_{hf}、T_{ht} 分别为历史数据表中 FromDate 和 ToDate 数据项的数据。

利用对象现状数据表和历史数据表恢复指定时间的系统状态处理方法如下：

a. 设指定的断面时间为 Date。

b. 建立时间断面临时数据表 temp. db，数据结构与现状数据表相同。

c. 从现状数据表中检索出所有有效期起始时间早于指定时间 Date 的记录：

```
select * from now
where FromDate<Date
```

d. 将检索到的记录全部送入临时数据表。

e. 从历史数据表中检索出所有有效期时间段包含指定时间 Date 的记录：

```
select * from history
where (FromDate <Date) and (ToDate>Date)
```

f. 将检索到的记录全部送入临时数据表。

经过 a～f 操作，在 temp 数据表中形成了系统在指定时间有效的全部记录（通过 C＋＋ Builder 程序测试）。

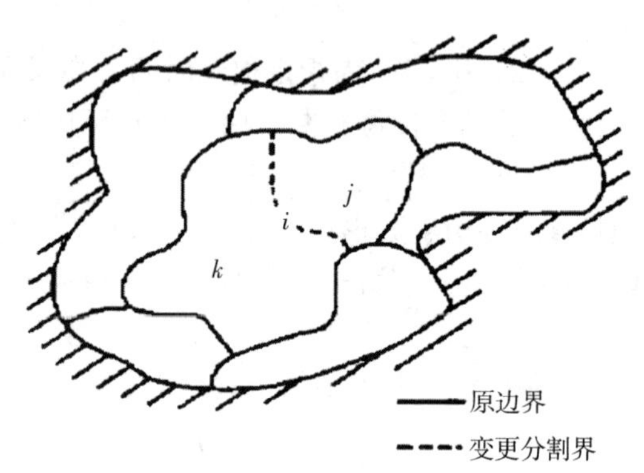

图 1　图斑分割变更

以上对于现状数据表和历史数据表检索数据的算法不存在对于同一地块发生重叠检索或遗漏检索的问题。这是因为作为初始数字图件，土地利用类型地块或土地权属地块都要覆盖图件的每个角落，不存在“真空”区域。即使是水面，也要作为土地利用类型（图 1），并有其权属单位。任何图斑或线状地物，一旦发生变更要将涉及变更的所有图斑都移植存入历史数据表中，如一条弧段的改动要将弧段左右两侧的图斑都作为变更对象，两者的 ID 识别码存入历史数据表，一个结点的改动，要将此结点涉及的 3 个甚至更多的图斑或线状地物坐标链都检索出来，将变更前的图斑或线状地物坐标链的 ID 识别码存入历史数据表。对于现状与历史数据表数据做这种增删、移植的操作，可以保证对任何一个地块或地块一部分所在的时间段都是独立的，不可能这个时间段又在同是该地块的另一个时间段内，即对于 ID 标识码为 i 的某地块，它的“寿命”期为 T_{fi} 到 T_{ti}；如若发生变更，分割为 2 个地块，则 ID 标识码分别为 k，j，它的“寿命期”分别 T_{fk} 到 T_{tk} 与 T_{fj} 到 T_{tj}。显然，式（5）与式（6）都不可能成立。

$$(T_{fi} < T_{fk} < T_{ti}) \text{ and } (T_{fi} < T_{fj} < T_{ti}) \tag{5}$$

$$(T_{fi} < T_{fk} < T_{ti}) \text{ and } (T_{fi} < T_{tj} < T_{ti}) \tag{6}$$

这就是说，在任何一个时间断面，同一地块或一地块同一部分不存在 2 个“寿命期”，只要在现状数据表与历史数据表分别将符合式（3）与式（4）要求的所有图斑检索出来，就可以生成一幅完整的图件，既没有遗漏留出的“空白”，也没有相互的重叠。

3　结论与讨论

经以上设计与分析，可以得到以下结论：

现状数据表与历史数据表的两元结构及其相应算法支持仅存贮变更的历史数据，且这些数据以各自 ID 标识码为索引的存储结构，从而数据结构简单，冗余量小，检索查询速度快。

历史追溯与时间断面复原是时间维 GIS 的必备功能。现状数据表与历史数据表的并立设计方案可以支持这 2 个功能的实施且算法简单易行，使用 SQL 数据库通用语言就可以编写程序，这一程序结合 GIS 原有的一些空间分析功能就可以完成历史追溯与时间断面复原工作。

从 2 表的操作不断变更图形数据的过程可以看到：在现状数据表中存贮的数据量与变更 频繁、数据时间跨度大无关。而历史数据表存贮的数据却与变更频繁、数据时间跨度呈正相关。为避免历史数据表中容纳的数据过多，检索不方便，可以考虑定期重新开始生成 2 表。重新开始前，将以前的 2 表合并成一个历史数据表，存贮起来，不再动用。重新开始以后时间变更的地块，才作为新阶段的历史数据存贮在新历史数据表中。

对于大面积土地整理或旧城改造土地划拨的土地变更，原则上也可以使用 2 表的设计方 案记载变更过程，只是注意在程序中做好逐个地块的删除与历史数据表中移植的操作，以保证 数据的准确无误，维持数据的完整性与一致性。

参考文献

[1] 严泰来，朱德海．土地信息系统［M］．北京：科学文献出版社，1993.
[2] 陈述彭，鲁学军，周成虎．地理信息系统导论［M］．北京：科学出版社，2000.
[3] 朱德海，严泰来，杨永侠．土地管理信息系统［M］．北京：中国农业大学出版社，2000.
[4] 刘海滨．医院住院管理系统的设计与实现［J］．网络与信息．2007（6）．
[5] 马鑫远．省级土地利用数据管理信息系统的研究与开发［D］．2005.
[6] 刘洋．城市综合管网信息系统的设计与实现［D］．2005.
[7] 李晓丹．公路信息管理系统中的数据更新及辅助决策的研究［D］．2005.
[8] 王志平．基于 GIS 的公路建设项目管理系统的设计与实现［D］．2004.

基于小波变换的 IRS 与 TM 遥感卫星影像融合

薛天民　张玮　严泰来　吴连喜

（中国农业大学信息与电气工程学院　北京　100083）

摘要：本研究在整体小波变换融合方法基础上，提出了基于对比度的局部特征选择加权小波变换影像融合方法，并以多光谱 TM 和高空间分辨率 IRS—1C 全色波段图像为例，与色彩空间变换 HIS 融合方法进行图像融合效果的比较分析试验。试验表明基于对比度的局部特征选择加权小波变换影像融合方法能在最大限度保持多光谱影像光谱信息的同时，增强了影像的纹理信息。

关键词：影像融合；小波变换；对比度

遥感卫星影像融合是目前遥感影像处理与分析中的热点研究领域，它是将同一地区不同空间分辨率、光谱分辨率的卫星影像进行空间配准并用一定的算法加以综合，产生融合影像，达到不同影像中的信息优势互补目的，从而提高信息获取的有效性和准确性，形成对地物更完整的信息描述。

遥感卫星影像融合常用的方法为线性代数加权法、色彩空间 HIS 变换、Brovey 变换、PCA 变换、高通滤波 HPF 法等；按影像融合方法的层次可划分为像素级、特征级、分类决策级 3 个层次[1]。随着遥感卫星影像融合研究的深入，有关小波变换的影像融合成为一个研究热点[2-4]。

小波变换是一种时频信号分析工具，其多分辨率分析功能可将图像分解成一系列不同尺度下具有不同局部时频特性的低频图像和高频图像，实现了对图像的时频局部化分析。基于对比度的局部特征选择加权小波变换影像融合方法（LSWMWTBC）属于特征级层次，使用该方法对高空间分辨率卫星 IRS—C 全色波段影像和 TM 多光谱波段影像进行融合，并与 HS 融合方法作对比，分析评价了融合效果。

1　小波的多分辨率分析与 Mallat 算法

二维空间 $L^2(R^2)$ 的小波多分辨率分析是指存在一空间序列 $\{V_j^2\}_{j\in Z}$ ，$V_{j+1}^2 = V_j^2 \oplus W_j^2$ ，其中：V_j^2 可以理解为 $L^2(R^2)$ 在分辨率 2^j 上的近似信号即低频部分，W_j^2 为 V_{j+1}^2 和 V_j^2 之间的差别细节信号即高频部分[5]。我们用二元函数 $f(x,y)\in L^2(R^2)$ 表示图像信号，其在 V_j^2 空间的投影为 $A_jf(x,y)$ ，有 $f(x,y)=A_jf(x,y)=A_{j-1}f+D_{j-1}^2f+D_{j-1}^3f$ 成立，其中 $A_{j-1}f=\sum\limits_{m,n\in Z}C_{j-1,k,l}\,\Phi_{j-1,k,l}$ ，$D_{j-1}^if=\sum\limits_{m,n\in Z}D_{j-1,k,l}^i\,\Phi_{j-1,k,l}^i\,(i=1,2,3)$ 。定义 H_r ，G_r

本文发表于《中国农业大学学报》2003 年第 8 卷第 1 期。

和 H_c，G_c 分别为低通和高通滤波器 H，G 算子作用于行、列的算子。H^* 和 G^* 分别为 H 和 G 的对偶算子。

则 Mallat 分解算法有：$C_{j-1}=H_rH_cC_j$，$D_{j-1}^1=H_rG_cC_j$，$D_{j-1}^2=G_rH_cC_j$，$D_{j-1}^3=G_rG_cC_j$。重建算法为 $C_{j-1}=H_r^*H_c^*C_{j-1}+H_r^*G_c^*D_{j-1}^1+G_r^*H_c^*D_{j-1}^2+G_r^*G_c^*D_{j-1}^3$。式中 C_{j-1} 是低频成分，D_{j-1}^1 是图像的水平边缘高频成分，D_{j-1}^2 是图像的垂直边缘高频成分，D_{j-1}^3 是图像的对角边缘高频成分[6]。通过 Mallat 算法就可将图像分解成在特定分辨率的情况下不同频率成分、不同方向的 4 个子图像。

2 基于对比度的局部特征选择加权融合算法

传统标准小波变换融合方法的基本思想是对不同分辨率的图像进行多尺度小波分解，得到不同尺度各自图像的低频近似分量和高频细节分量，然后在同一尺度下用高分辨率图像的高频细节分量替换低分辨率图像的对应分量，和低分辨率图像低频近似分量一起进行逐级小波逆变换，最终获得融合图像。但是这种方法存在 2 个不足：一个是没有考虑到图像的低频近似分量与高频细节分量相互关系，另一个是用高分辨率图像的高频细节分量替换低分辨率图像的高频细节分量则完全丢失了低分辨率图像的高频细节信息，没有考虑到局部情况。基于上述 2 点，本研究提出了改进的小波变换图像融合方法。一般而言，单波段黑白图像的对比度反映了图像的亮度信息相对于其背景的强度。人类的视觉系统对灰度图像的对比度敏感。因此，以图像的对比度作为融合的基本依据既考虑了图像近似分量与细节分量的相互关系也符合人的生理视觉。根据图像对比度的一般定义给出不同尺度下的方向对比度定义。$C_j^i=D_j^i/A_j(i=1,2,3)$。其中 D_j^i 是高频细节系数，A_j 为低频近似系数；C_j^1 是垂直对比度，C_j^2 是水平对比度，C_j^3 是对角对比度。另外，设以 (x,y) 为中心窗口大小为"5×5"的影像局部区域，并且用方向对比度的标准差作为局部区域的特征，标准差值越大则表示偏离均值的程度越大，可以用标准差度量影像的信息量，定义 $\mathrm{Std}\,V_t^j(x,y)$ 和 $\mathrm{Std}\,V_p^j(x,y)$ 为多光谱影像和高空间分辨率影像在 (x,y) 处不同尺度下的方向对比度标准差，用 $\overline{M_t^j}$ 表示多光谱影像局部区域的对比度均值，$\overline{M_p^j}$ 表示高空间分辨率影像局部区域的对比度均值，w 表示窗口大小，则有：

$$\mathrm{Std}_t^j(x,y)=\sqrt{\frac{1}{w^2}\sum_{m,n=-k}^{k}(C_t^j(x+m,y+n)-\overline{M_t^j})^2},$$

$$\mathrm{Std}_p^j(x,y)=\sqrt{\frac{1}{w^2}\sum_{m,n=-k}^{k}(C_p^j(x+m,y+n)-\overline{M_p^j})^2}(k=1,2)$$

由数理统计学可知相关系数是衡量两个随机变量相关程度的一个指标，因此用相关系数 $\mathrm{Cor}^j(x,y)=\frac{1}{w^2}\sum_{m,n=-k}^{k}(C_t^j(x+m,y+n)-\overline{M_t^j}\times C_p^j(x+m,y+n)-\overline{M_p^j})/\mathrm{Std}_t^j(x,y)\times\mathrm{Std}_p^j(x,y)$ 作为多光谱影像和高空间分辨率影像在 (x,y) 处局部区域的相似性度量。显然，当两幅影像在 (x,y) 处局部区域特征完全相同时，$\mathrm{Cor}^j(x,y)=0$；其他情况下取值

范围是 $-1 < Cor^j(x,y) < 1$ 。

根据上述3个概念，提出一种新的融合方法即基于对比度的局部特征选择加权小波变换融合方法，规则如下：对于低频近似表示部分，取TM多光谱影像的低频部分作为融合估计结果。对于高频纹理/细节部分，可按下面的方法进行融合估计：首先确定一“5×5”大小的局部窗口；其次分别计算TM影像和IRS-全色波段影像在不同尺度下 (x,y) 处的方向对比度标准差 $Std_t^j(x,y)$ 、$Std_p^j(x,y)$ 以及它们之间的相关系数 $Cor^j(x,y)$ ；然后，确定一个阈值 α ，并按下面的规则确定融合影像在 (x,y) 处的估计值 $D_f^j(x,y)$ 如果 $Cor^j(x,y) < \alpha$ ，那么 $D_f^j(x,y) = \begin{cases} D_f^j(x,y), Std_t^j(x,y) > Std_p^j(x,y); \\ D_p^j(x,y), \text{else} \end{cases}$

否则

$$D_f^j(x,y) = \beta^* \ D_t^j(x,y) + (1-\beta)^* \ D_p^j(x,y)$$

其中，权重 β 为

$$\beta = \begin{cases} \frac{1}{2} + \frac{1-|Cor^j(x,y)|}{2+|Cor^j(x,y)|}, Std_t^j(x,y) > Std_p^j(x,y) \\ \frac{1}{2} - \frac{1-|Cor^j(x,y)|}{2+|Cor^j(x,y)|}, \text{else} \end{cases}$$

以高分辨率卫星IRS全色波段和多光谱TM7、4、3波段影像为例，利用改进的小波变换即基于对比度的局部特征选择加权融合方法。其融合过程为：a. 以IRS全色波段影像为参考，对TM7、4、3波段影像进行二次多项式图像空间配准、象元分割和次卷积重采样处理。b. 分别以TM7、4、3三个波段影像为依据，对IRS全色波段影像进行直方图匹配，得IRS—PAN—7、IRS—PAN—4、IRS—PAN—3共3幅影像。c. 根据选定的正交小波，按一定分解层次对TM7、4、3的三个波段的图像和IRS—PAN—7、IRS—PAN—4、IRS—PAN—3共6幅图像分别进行小波分解，取得各图像近似分量和细节分量。d. TM和IRS对应图像的近似分量和细节分量按照融合规则计算融合后影像的小波系数。e. 经小波逆变换获得融合后影像对应于TM7、4、3的三个波段的图像，并以RGB方式彩色合成得到融合影像。

3 结果与分析

本次试验的研究区域是在北京市大兴区。采用的遥感影像数据有：2000—05—23印度卫星IRS全色波段和1999—09—13美国陆地卫星LandSat5 TM遥感影像数据，本研究使用TM7、TM4、TM3波段，采用二进制sym 4小波基，经过试验，小波分解层次取值为4，阈值 $\alpha = 0.8$ 。

(a) 高分辨率IRS全色波段原始图像

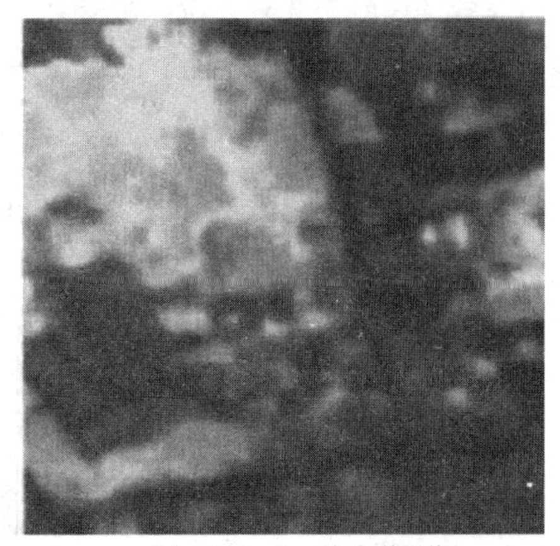

(b) TM7、4、3多光谱图像

图 1　融合前的 IRS 和 TM 图像

(a) HIS融合影像

(b) LSWMWTBC融合影像

图 2　融合后的图像

表 1　统计指标数据表

图像名称	波段	均值	标准差	与 TM 相关系数	平均梯度	光谱偏离值
配准后的 TM 图像	R	105.850 503	64.221 175		5.648 8	
	G	115.155 051	58.444 463		4.610 1	
	B	112.944.543	69.044 892		5.497 0	
IRS 图像	PAN	111.446.707	52.844 924	11.483 7		
HIS 融合图像	R	117.962 451	78.207 663	0.761 0	14.021 5	40.410 9
	G	118.694 291	74.613 914	0.439 1	17.310 9	56.422 8
	B	125.181 138	82.004 590	0.778 5	13.832 9	39.693 6
LSWMWTBC 融合图像	R	104.726 380	69.691 153	0.862 8	15.939 4	25.609 0
	G	116.432 185	66.490 880	0.805 0	17.226 0	31.289 5
	B	112.390 043	76.475 443	0.835 7	18.668 4	29.962 5

本研究的图像融合效果评价标准是在保持多光谱影像光谱信息的同时，增强影像的空间纹理信息，采用的统计指标有：均值、标准差、相关系数、平均梯度和光谱偏离值，其中平均梯度定义为

$$\nabla G=\frac{1}{(m-1)(n-1)}\sum_{m,n}\sqrt{(\nabla f_x^2+\nabla f_y^2)/2}$$

在整体上反映影像边缘、纹理细节等结构清晰程度的指标，值越高影像越清晰；光谱偏离值定义为

$$D=\frac{1}{m\times n}\sum_{i=1}^{m}\sum_{j=1}^{n}|F(i,j)-T(i,j)|$$

表示融合图像的灰度值偏离 TM 多光谱图像灰度值的平均程度，值越小越好；融合影像与 TM 影像相关系数的值越大表示融合影像与 TM 影像的相关程度越高，融合效果也越好。均值与标准差是图像的基本统计指标，融合影像均值与标准差的值越接近 TM 影像相应的值，说明融合效果越好。从表 1 可知，基于对比度的局部特征选择加权小波变换融合影像的统计指标值优于 HIS 融合影像相应的值。

4 结论

试验证明，基于对比度的局部特征选择加权小波变换融合方法取得较好的影像融合效果。通过本研究得到如下结论：

（1）基于对比度的局部特征选择加权小波变换的融合方法在保持多光谱影像光谱信息的同时，能增强影像的空间纹理细节信息。

（2）基于对比度的局部特征选择加权小波变换融合方法效果好于色彩空间 HIS 变换融合方法。

（3）基于对比度的局部特征选择加权小波变换的融合方法可以根据需要对不同频段的影像进行合理选择局部特征，具有较大的灵活性；其优化能力强于传统标准小波变换融合方法。

参考文献

[1] 何国金，李克鲁，胡德永，等．多卫星遥感数据的信息融合：理论、方法与实践［J］．中国图像图形学报，1999，9：744-749.

[2] 李德仁，邵巨良．影像融合与复原的小波模型［J］．武汉测绘科技大学学报，1996，9：213-217.

[3] Yocky D A. Multi-resolution Wavelet decomposition image Merger of landsat thematic mapper and SPOT panchromatic data［J］. Photogrammetric Engineering and Remote Sensing，1996，62（9）：1067-1074.

[4] Kumar A S，Kartikeyan B，Majumdar K L. Band sharpening of IRS-multispectral imagery by cubic spine wavelets［J］. INT J Remote Sensing，2000，21（3）：581-594.

[5] 秦前清，杨宗凯．实用小波分析［M］．西安：西安电子科技大学出版社，1994.

[6] Mallat，et al. A theory for multi－resolution signal decomposition：the wavelet representation［J］.

[7] IEEE Transactions on Pattern Analysis and Machine Intelligence，1989，11（7）：674-693.

关于土地信息系统数据库信息挖掘问题的思考

严泰来　张晓东　王晓娜

（中国农业大学　北京　100094）

摘要：信息挖掘是充分利用数据库数据资源获取新信息的一种技术手段。土地信息系统数据库的信息挖掘具有一定的复杂性。本文提出从一般土地信息系统数据库中可以挖掘的信息内容以及计算方法，以期引起国土资源信息技术工作者们的注意，共同研究开发信息挖掘技术，推动国土资源信息化的发展。

关键词：信息挖掘；土地开发力度；土地整理潜力；城镇化发展；农业产业结构调整；模拟与预测；信息技术鸿沟

1　问题的提出

当前全国各地国土资源部门构建了多层次、多类型的国土资源数据库，数据库的数据规模、质量与数据的完备性都达到前所未有的高度。这种情形为数据库的信息挖掘提供了良好条件。众所周知，构建国土资源数据库本身并不是目的，建库的目的在于数据库的使用，即进行数据的检索、统计、分析，提供满意的信息服务。但是，浅层次数据的检索、统计、分析只能够完成国土资源部门一般性的土地管理业务工作，大量的数据库隐含的信息并未充分挖掘出来，这些信息可以支持国土资源部门进行深层次的土地利用管理、土地市场管理以及土地规划等土地业务工作，也只有深层次的挖掘数据库的信息，才能充分发挥数据库的作用。

土地信息系统数据库的信息挖掘问题是一个十分复杂的问题，不但需要研究者对土地信息系统具有深人的理解，而且需要思考土地管理深层次的问题。本文提出一些初步的、粗浅的思考意见，旨在引起广大国土资源工作者包括信息技术工作者的注意，希望更多的人进行这一方面更深入的研究。

2　国土资源数据库的信息潜能

国土资源数据库是一种集图形、图像以及属性于一体的大型综合时空数据库，数据库中隐含着大量空间分布信息、经济信息以及社会发展信息。以下尝试对这些信息进行初步的挖掘，介绍相应的分析计算方法。

本文发表于《信息化论坛》2003 年第 3 卷第 8 期。

2.1 土地开发力度信息

在土地信息系统农村土地利用数据库中测算每一地块的周长与面积之比是十分方便的工作，周长、面积比 R 可用式（1）表示：

$$R = L/A \tag{1}$$

其中，L 为地块多边形的周长；A 为地块的面积。

在矢量数据库中每一地块的边界拐点坐标都是已知的，根据这些数据计算地块的周长、面积是土地信息系统最基本的功能。这个周长、面积比从统计角度可以反映土地开发的力度。因为通常自然地物的边界都是曲线，即使是自然村落，其边界也是凹凸曲折的曲线，这种曲线数字化后其长度应当相对较长，而包围的区域面积却相对较小，致使周长与面积之比较大；人为开发的土地，如农田、农场、厂矿、开发区等等，其形状一般都是简单多边形，其长度应当相对较短，而面积却相对较大，致使周长与面积之比较小。注意到式（1）表达的周长与面积比数值与多边形的面积成负相关，即：同样的多边形，比如正方形，其面积越大，而周长与面积之比却越小，另外式（1）的量纲又是长度的倒数。因而，将式（1）改进为式（2）：

$$NR = L/\sqrt{A} \tag{2}$$

其中，NR 为改进后的地块周长、面积比。经这一改进就可避免以上两个缺陷。当然，孤立的测算某一个图斑的周长与面积之比是不能说明什么问题的。但是如果将研究区域中的所有图斑的周长与面积之比全都测算出来，并取其平均值，并以这一平均周长与面积之比数值与同区域往年的数值作比较，或者与其他研究区域的平均周长与面积比作比较，则可以得到量化了的土地开发力度的不同。

除研究区域的图斑平均周长与面积之比数值反映土地开发力度之外，单位面积（如每平方公里）的道路占地面积也能反映土地开发力度。道路是土地利用的必要条件，道路网络纵横是土地开发的一个重要表象，因而单位面积的道路占地面积也可以作为测度土地开发力度的一个重要指标，特别是对于城镇土地利用更是如此。在农村小比例尺数字图件中，在土地信息系统支持下测算单位面积的公路长度通常更方便一些，这一个指标也常常用来测度该地区经济发展的程度。此外，在城市，测算研究区域的建筑物容积率是测度城区土地开发力度的另一个常用指标。根据数据库中高几何分辨率遥感图像数据，开发相应计算机程序，自动测算研究区域的建筑物容积率是可以做到的。

2.2 土地整理潜力信息

土地整理是充分发挥土地经济与社会效益的重要举措。在实施土地整理之前，首先需要对土地整理地区进行整理潜力的调研，按整理潜力由大到小排序，对潜力大的地区优先进行整理规划，并尽快付诸实施。有两个指标可以用来测度土地整理的潜力：即区域内的土地利用破碎度和地块面积相对均方差。所谓土地利用破碎度 S 是指区域内单位面积的地块数目或地块面积小于某阈值的地块数目，如式（3）所示：

$$S = N/A \tag{3}$$

其中，N 为区域内地块数目；A 为区域面积。显然，S 越大，即土地利用破碎度越高，则土地整理潜力就越大。所谓地块面积相对均方差可用式（4）计算：

$$\delta=\sqrt{\frac{1}{n-1}\sum(A_i-A)^2} \tag{4}$$

其中，A_i 为第 i 块地的面积；A 为区域内各地块的平均面积；n 为区域内地块的总数目。地块面积均方差的实际意义在于各个地块面积偏离平均面积的程度，这个数值越大，则表明当前研究区域内各地块面积大小离散性越大，即，有相当多的地块面积很大，而又有相当多的地块面积很小，相互之间差异较大。显然小地块应当合并，以完成土地整理的工作目标。在实际工作中，土地利用破碎度和地块面积均方差两个指标可以一起使用，即：对若干个区域分别测算这两个指标，如果某区域两个指标都大，则说明土地整理的潜力大，土地整理规划应尽早尽快进行；如果土地利用破碎度大、地块面积均方差小，则说明该地区土地利用集约程度整体不高、经济欠发达；而如果土地利用破碎度小、地块面积均方差大，则说明土地利用集约程度整体较高，只有少数地块面积很小，亟待地块兼并，以发挥土地利用规模效应，土地整理工作相对难度较小；如果某区域两个指标都小，则说明土地整理的潜力不大，土地整理工作可以暂缓，待经济发展到一个新阶段再进行。

2.3 城镇化发展与农业产业结构调整信息

目前国家正在加快城镇化与农业产业结构调整的速度，这一方面的信息十分需要，其中的信息可以包括：城乡结合部条带的移动信息；耕地地块中心的整体平均移动信息；农村用地结构信息等等。当然这类信息还要有多种城镇与农村经济信息，如城镇化指数等，土地信息系统数据库中一般不完全具备这方面的信息数据，因而不在这里涉及。

城乡结合部在国土资源管理部门是一个经常使用的概念，但还尚未见到一个统一的定量化的定义。从土地信息系统数据库可以支持分析的角度出发，是否权且可以这样界定：在城区与农村之间集体所有制土地面积与国家所有制土地面积各占一半的狭长地带，而这个地带的中轴线则可定义为城市发展线。在土地信息系统空间分析功能模块支持下，自动划出这条线应当是不困难的。如果数据库是带有时间维的数据，则对每个时段可以分别划出各自时段的城市发展线。如果将各时段的城市发展线图件在系统支持下进行叠加分析，可以得到该城市在各个方向上的发展速度，从中可以发现城市发展趋势的规律。

耕地地块中心的整体平均坐标数据是指在一个较大的地区，如全国、全省、地级市或一个县区域，将区域内的每块耕地地块的几何中心或重心坐标（X_i，Y_i）进行加权平均，权重为对应地块的面积（A_i），如式（5）所示：

$$X=\frac{\sum X_i-A_i}{\sum A_i};Y=\frac{\sum Y_i-A_i}{\sum A_i} \tag{5}$$

用每年的土地利用变更调查数据作这种测算，逐年进行对比后可以发现，研究区域的耕地地块中心的整体平均坐标是向一个方向移动，而且每年移动幅度还不一样。移动的方向表明研究区域内整体土地开发的方向，而移动的幅度表明土地开发的力度。有人曾用地理信息系统做过测算；我国在改革开放后的 10 年，全国耕地地块中心的整体平均坐标向西北移动了 50 米，表明我国耕地开发利用整体是向西北偏移。而对于我国西北局部地区，如甘肃、内蒙古、陕西北部等地，耕地地块中心整体平均坐标应当向东南偏移，因为沙化、荒漠化自西北向东南蔓延。

农村用地结构信息也可以从每年的土地利用变更调查数据反映出来。近年来农村产业结构调整深刻地改变着土地利用结构，耕地中水浇地与旱地的面积比例、园地与耕地的面积比例、苗圃与有林地的面积比例等都在逐年上升，说明农业耕作设施在提高、农业生产从单纯追求产量逐步向产量、质量与效益型转变，此外苗圃面积的增加表明人工造林与城市绿化在不断发展。

2.4 模拟与预测信息

在土地信息系统强大的空间分析功能支持下，城镇土地地价分布信息可以用离散的最近交易地价进行模拟与预测。通常，在中等以上的城市每周甚至每天都有数十到数百宗地产达成使用权的交易。事实上，交易的地点以及地价的分布隐含着丰富的信息。首先，交易地点密集的地区是地产市场最为活跃的地区，现实地产交易地点的密度与数量可以作为城市土地经济乃至城市经济的经济活性的一个指标。城镇地籍管理、房地产市场管理应当在这些交易地点密集的地区加强管理力度。其次，由这些离散的最近交易地价为样本可以用计算机某种特殊数据处理算法[1]外推模拟出整个地区的地价分布。实践证明，由于最近交易地价数据现势性强、外推算法合理，因而外推出的整个地区的地价分布与实际情况相当吻合，可以用来作为该地区地产市场的参考价。又由于房地产每达成一宗交易，都要到国土资源部门登记，国土资源部门完全掌握辖区最近交易地价准确数据，而计算机系统数据处理又非常迅速，因而这种外推模拟算法十分简易可行。再次，如果能够对某些将要实施的大型项目，如火车站、大型商厦、文化场馆，估测出周边的未来地价，以这些地价连同其他最近交易地价一起作为样本数据运行外推程序，立即可以得到未来地价分布。反过来用这种模拟预测算法又可以评估大型项目对该城市未来地价的影响。

当然，由土地信息系统数据库可挖掘的信息还有很多，限于篇幅，不在这里一一列举。

3 土地信息系统数据库的信息挖掘需要的外部条件

地理/土地信息系统技术和图像处理技术经过多年的发展，技术已经趋于成熟，一般的软件平台都已具备了大量的、复杂的图形图像空间分析与数据处理功能。例如，当前国土资源管理部门大量使用的高精度卫星遥感影像数据（SPOT5、IKONOS）就蕴含着大量信息[2]，如何挖掘资源环境、土地覆盖方面的信息需要研究。在中低分辨率卫星遥感影像处理中，如对 NOAA、TM、SPOT4 的影像处理，人们早已熟知从测算像元绿度值(NDVI)[3]可以提取地表生物量信息，其实这种方法同样可以在高精度卫星遥感影像数据中应用，以提取城区或城乡结合部绿化质量的信息。绿化信息在城市管理、城市规划部门中是一个重要信息数据，也是土地环境质量评价中的重要信息数据。

信息挖掘对土地信息系统平台也提出了更高的要求。由于信息挖掘不仅仅是少数系统平台底层软件研制开发人员的工作，而需要大量的不熟悉系统平台底层软件的信息技术人员共同工作，这就要求系统平台提供更多更好的系统二次开发工具，如功能组件、开发语言等。目前许多土地信息系统空间数据库都在向大型关系数据库转移，大型关系数据库都支持 SQL 语言，这种发展趋势不仅可以增进系统功能的提高，而且也为更多的信息技术工作者参与系统二次开发创造了条件。此外，为信息挖掘创造更好的技术环境，图形、图像与属性数据一体化管理与分析技术、时空数据结构优化与时空综合分析技术、遥感图像自动解译技术等等，还需要继续研究改进。

土地信息系统数据库的信息挖掘常常需要动用多地区、多数据库的大量数据，数据库标准化以及数据的合理对外开放也应是信息挖掘工作能够普及的一个外部条件。此外还需提及，现在被人们普遍提及的“信息技术鸿沟”现象值得注意，所谓的“信息技术鸿沟”是指前端技术与应用技术相脱节。我们不能过分地追求技术的高精尖，而忽视技术的普及与应用。其实，就土地信息挖掘而言，一般的信息挖掘并未涉及特殊高精尖的地理信息系统技术，多数只是系统常规功能模块的组合，问题是缺乏这方面的深入研究，未被人们重视。高新信息技术应用研究是需要特别强调的领域，也只有普及应用，我国信息化才能真正得以实现。

参考文献

[1] 严泰来，韩铁涛．基于分形理论与数字滤波的面插值［J］．中国土壤学报，1999（1）．

[2] 王长耀，等．对地观测技术与精细农业［M］．北京：科学出版社，2002.

[3] 林培，等．农业遥感［M］．北京：北京农业大学出版社，1990.

土地信息系统学科前沿的若干问题

严泰来　崔小刚

（中国农业大学　北京　100094）

摘要：本文介绍了土地信息系统学科在我国国土资源信息化建设中的重要地位，对土地信息系统学科的发展趋势以及学科前沿问题进行了分析，并从哲学视角进行了归纳总结。

关键词：土地信息系统；发展趋势；学科前沿

1　问题的提出

随着国土资源部门信息化进程的加快，各级国土资源部门正在把土地信息系统建设列为部门信息化建设的重点，将土地信息系统建设融入国土资源部门电子政务建设中，以提高国土资源执法行政效率，更好地实现国土资源的监管和对民众的信息服务。土地信息系统作为地理信息系统技术在国土资源管理领域的具体应用，是国家信息化建设的核心技术之一，其发展得益于国土资源领域的迫切需求和相关信息技术的迅速发展。

应当指出，土地信息系统与地理信息系统的概念正在逐渐模糊，两者的差异越来越小。在传统的概念中，地理信息系统是一个平台，而土地信息系统是地理信息系统的一个应用系统；前者偏向于应用研究，而后者偏向于应用管理。目前，土地信息系统也在向系统平台的发展方向靠拢。此外，遥感和全球定位系统技术成为空间数据获取的重要手段，土地信息系统和地理信息系统的基础数据源正在趋同，两者一起向着囊括遥感与全球定位系统的广义地理信息系统方向发展。

土地信息系统与地理信息系统学科的相互融合形成了内容丰富的土地信息系统科学和技术体系，使单纯的空间信息管理技术演变成为空间信息科学的重要组成部分，研究范围从国土资源的管理发展到资源环境的地球空间规律的探索方面。在这种学科背景下，土地信息系统作为重点发展的国土资源信息化技术，仅仅做到推广应用是不够的，需要对其进行深入的理论研究，把握学科发展趋势、学科前沿，才能更好地解决国土资源管理的实际问题，高效利用耗费大量人力、物力和财力采集的土地信息，服务于国土资源管理事业的需求。

2　土地信息系统科学与技术的几个发展趋势

土地信息系统科学与技术在国际上已有近40年的发展历史，经历了产生、初期研究、

本文发表于《信息化论坛》2004年第5期。

快速发展等几个阶段。从目前应用层面上看，这个学科在技术上已经趋近于成熟，正在走上普及应用、与其他多种相关的技术相整合的发展阶段，其发展趋势可以归纳为以下几方面：

2.1 与计算机网络技术、全球定位技术、遥感技术等多种高新技术相整合

任何一门学科走向成熟必然要与其他相关学科的部分理论与技术成果相整合，利用相关学科的理论与技术成果改善本学科的研究条件，补充完善本学科的理论与技术。土地信息系统学科是计算机科学与技术的延续，又是计算机技术同测绘科学与技术相结合的产物。随着测绘科学与技术的发展需求，宇航空间技术以及电子技术提供了可能的技术条件，产生了遥感技术与全球定位技术，这两门技术都为土地信息系统提供数据源，与这两门技术的结合是土地信息系统学科发展的必然趋势。随着土地信息系统学科的发展，这种结合直至融合将会越来越紧密，发展趋势越来越明显。这种融合不但表现在硬件上，出现了集遥感图像采集、全球精确定位、无线数据通信与数据处理于一体的掌上电脑设备；而且表现在各系统运行机理上相互渗透、有机融合，这种运行机理的渗透与融合又为设备超小型化创造了条件。土地信息系统的研究要顺应土地信息系统的这种发展趋势，要在这些相关学科的结合点上寻求研究主攻方向，加速与深化这种融合，以推动土地信息系统学科的发展。

2.2 土地信息系统在面向对象的关系型数据库支持下实现时空数据与属性数据一体化管理

数据库技术是任何信息系统的技术基础，土地信息系统也不例外。数据库对于信息系统保持一定的独立性。数据库技术为信息系统的发展奠定基本的技术条件，在一定的条件下也会制约信息系统的发展。土地信息系统是存储与处理以时空为基本框架的各种数据的复杂系统，这一信息系统对于数据库管理功能要求较高，不但数据量极其巨大，数据种类繁多；而且数据关联十分复杂，这里既有空间拓扑的复杂关联关系，又有复杂的时间拓扑的关联关系。面向对象的思想以及实施面向对象思想的各种计算机软件技术是当代计算机科学与技术的一个重要成果。而关系代数的创立又为关系型数据库的建立奠定坚实的理论基础。实施面向对象思想进行关系型数据库管理既为复杂数据类型的数据库管理技术带来了先进科学的数据管理理论，同时又有新的挑战。这种挑战在于如何将错综复杂的各种对象的关联关系加以准确的表达，在一个数据变更的时候，将所有关联的数据检索出来，实现一致性变更，以保持数据库数据的一致性。关系型数据库是当代数据库，包括网络数据库的主流数据库，具有巨大的技术优势。用面向对象的思想将地理信息系统的时空数据与属性数据统一纳入关系型数据库管理之下，实现两种数据的一体化管理，这是土地信息系统发展的一个趋势。

2.3 发挥平台作用，与专业有机结合，系统功能向智能化方向发展

土地信息系统经过多年的发展，已不是一个简单的功能软件，而发展成为一种软件开发平台，在这种平台之上，结合各个专业要求，可以生成各种专业的信息管理系统软件。

近些年来，土地信息系统的研究已经发生一个重大的转变，即人们研究重点已从一个个系统功能模块的研究逐步转向跨平台、跨系统的各个功能模块的整合研究，以模拟各个专业信息管理流程实际情况，满足业务管理人员对系统的实际要求。土地信息系统的组件技术、控件技术、系统工作流技术、动态连接库技术等等，都为土地信息系统的研究与应用开发人员提供了理想的研发工具。功能强大的、成熟的土地信息系统软件平台一般都提供功能完备的各种空间分析模块，这些模块已构成丰富的系统资源，深刻认识土地信息系统研究发生的这一个重大转变，注意挖掘这一系统资源，在充分做好业务管理系统分析的基础上，选择合理的系统开发路线，是研发面向专业信息管理的应用型土地信息系统成功与否的关键环节。

2.4 系统多样化、工具化的发展趋势

随着社会信息化进程的深入，土地信息系统应用日益普及，系统向着多样化、工具化的方向发展的趋势日益明显。事实上，这是任何一个系统软件，甚至其他的技术产品应用普及、走上市场发展的必然趋势。在各个行业的实际应用系统中，对土地信息系统功能要求是多种多样的：既有要求功能齐备、性能强大、数据处理效率高、网络通信安全可靠的巨型专业化土地信息系统，如支持国土资源部门电子政务的国土资源管理信息系统等，也有要求功能简单，性能要求不高的简易工具型土地信息系统软件，如与全球定位系统相结合的测绘数据可视化系统软件，这种软件只需具备简单的图形编辑、计算多边形面积、道路长度、绘制专业草图等初步图形功能即可。为适应社会这种功能与性能多样化的需求，土地信息系统软件或软件平台呈现多样化的局面。系统软件已经逐渐成为工具，走上市场。系统软件规范化、标准化是软件工具化的前提。

3 土地信息系统需要解决的几个学科前沿问题

土地信息系统发展越深入，学科前沿问题就越多，问题暴露就越明显。土地信息系统学科前沿问题可以归纳为以下几个方面：

3.1 数据不确定性问题

地学信息数据往往带有不确定性。造成地学信息数据不确定性有多方面的原因。测量尺度或测量精度的不同是其中的一个原因，二维空间中线状地物的长度随测量尺度的不同，其测量结果就不同，海岸线长度的测量就是一例；三维空间中面状地物的表面积随测量尺度的不同，其测量结果也不同，山体表面积的测量就是一例。地球这样一个不规则的表面又为地学信息数据不确定性增加一个难以控制的因素。多因素干扰的所谓“病态”遥感数据（李小文，2001）也是实际地学信息数据不确定性的一个原因，因为遥感数据越来越成为地学信息数据的重要来源。地学信息数据往往没有真值。在计算机已经普及的今天，用计算机计算一个数据是不难的。但是，对于用各种测量方法获取并经计算机处理过的数据，特别是大尺度数据，检验其精确度与可信度就成为一个需要解决的实际问题。如何从不确定数据中找到能够确定的范围，分数维的思想为解决这种数据不确定性问题带来

了一条思路，但还有大量的理论与实际问题需要解决。

3.2 数据结构问题，包括带时间维的多维数据结构问题

数据结构设置是任何一个信息系统软件程序设计的灵魂。数据结构对于信息系统的功能运作有重要影响，信息系统功能目标的设置在很大程度上要决定系统数据结构的设置方案。土地信息系统应用越广泛，人们对具功能要求就越高。空间拓扑关系的表达、时间维数据的参与又引出时间拓扑的问题，如何表达时间拓扑信息增加了系统数据结构的复杂程度；将关系复杂的时空数据与门类繁杂的属性数据统一用关系型数据结构表达又增加了问题的复杂程度。现在人们要求将不同比例尺的数据存储在一个数据库中统一管理，不同比例尺数据的拓扑一致性、空间协调性等问题在设计数据结构时也应作通盘考虑。理想的时空数据结构应当是具有完备的时空拓扑关系信息数据、以面向对象的思想表达时空数据、符合完整的关系型数据结构要求。但是，合理的土地信息数据库的数据结构问题在土地信息系统学科中一直未能很好地解决，其原因是人们对于系统功能要求在不断提升，系统数据结构设计跟不上形势的要求；另一个原因是对于一个成熟的土地信息系统平台软件改变其数据结构具有很大的困难。

3.3 数据压缩与数据更新淘汰问题

由于数据采集手段的改进、人们对数据精度要求的提高、数据不断的积累，地学信息数据，包括遥感数据、测绘数据、各种文档数据等等，以几何级数的增长态势在迅速增长；而计算机数据存储空间却是以算术级数在增加，势必要有一天数据存储空间容纳不下巨额的地学信息数据。需要研究地学信息空间数据压缩技术，其中包括网格格式数据的无损压缩与有损压缩、矢量格式数据的压缩等。但是数据压缩所节约的数据存储空间总还是有限的，不能解决全部问题，因此，更重要的是要研究数据更新淘汰的问题。新陈代谢、吐故纳新是事物发展的普遍规律，地学信息数据库也不例外。问题是以什么原则淘汰什么样的数据，需要具体问题具体研究。否则一旦数据淘汰后，无法恢复，将会造成无法挽回的损失。这里既有技术问题，又有理念问题，还有数据管理政策的问题。

3.4 计算机网络上不同软件系统之间的交互式互操作、语义化操作问题

系统实现计算机网络上不同软件系统之间的交互式互操作、语义化操作是大型系统软件智能化的必要条件，又是土地信息系统功能“个性化”的一个前提。目前在土地信息系统中，特别是在网络土地信息系统中，还没有完全实现。土地信息系统应用层面复杂，用户要求多种多样，现在提倡的信息系统“个性化”服务需要实现真正意义上的交互式、语义化操作。这里有大量的研究工作需要做，其中包括各种用户功能需求的研究、系统功能模块“粒度”大小以及模块组合与分解的研究、系统语言及语法规则研究等。

3.5 网格格式全球空间信息的表达问题

土地信息系统空间数据的基本数据格式分为矢量格式与网格格式两种。目前两种数据格式并存，矢量格式还占有相当的优势。但是，矢量格式带有难以克服的技术缺陷，

主要缺陷有：数据结构复杂；数据一致性维护困难；图幅数据接边困难；多幅图件叠加空间分析程序复杂；全球空间信息统一表达在理论上存在问题，难以实施，只能以目前采取的分割条带方式表达；不同软件平台的数据难以兼容等。这些缺陷中，矢量格式数据结构复杂是其根本原因。而网格格式正好相反，这种数据格式最大的特点就是数据结构简单，因而以上列举的矢量格式数据的缺陷或问题在网格格式中不能说完全没有，而是不严重，有些就不存在。全球空间信息统一表达在网格格式表达中也是有问题的，但如果打破传统网格格式中要求每个网格对应地面面积相等的限制，将这种网格与地球经纬网联系起来，这个问题就有可能得到解决。于是，其他困难问题就可以得到较好的解决。这种新型的网格格式尽管目前看来有些“遥远”，在技术上也还有新的问题，但却不失为一种新的数据格式的构想。事实上，大尺度的遥感数据，如MODIS遥感原始数据正是以这种经纬网表达的，在软件支持下，可以将它转换为传统投影方式下的网格格式数据。

3.6 空间数据的信息挖掘问题

土地空间数据隐含着大量的资源、环境和社会经济信息，如何从浩繁的数据中将这些深层次的信息“挖掘”出来又是土地信息系统学科需要研究解决的问题。事实上，不少人对这个问题已经做过不少研究。比如，有人对于我国各个耕地图斑重心位置的坐标值每年做了平均计算，发现近十年来全国耕地图斑的总体重心向西北方向移动了50米，而且近几年移动速度有加快的趋势。由此说明我国耕地总体上在向西北方向移动，移动速度的快慢体现了土地开发的力度。又比如，有人利用一个地区各个图斑的周长面积比的平均值来衡量这个地区土地开发的程度，发现城市周边主体开发的方向，评价总体开发的合理程度。也有人从城市各种商业网点布局发现一些经济的现象，如此等等。信息挖掘需要“挖掘者”不但具有驾驭土地信息系统空间分析功能的能力，而且更需要具有较深的经济地理、资源环境等方面的专业知识。

3.7 数据表达与系统开发标准化问题

没有数据的标准化与系统开发的规范化就没有信息的社会化。信息数据与信息系统的标准化研究始终是信息科学与技术的前沿问题。信息数据要能够为他人、后人所用就必须要解决数据表达与系统开发标准化的问题。这种标准化的研究要贯穿于信息化的始终，因为信息与信息技术总是在不断改进发展的，代表它们发展方向的标准与规范当然要随之不断改进与更新。国土信息是各类信息中的基础信息，国民经济的各种信息有80%与国土信息相关，土地信息的标准化以及土地信息系统的标准化不仅事关其自身的发展，而且涉及其他领域信息化的发展。土地信息以及土地信息系统的标准化内容很广，涉及的理论与技术层次很深，而且与应用领域有密切关系，比如国土资源部门与水利部门的标准就有所不同，因为土地信息的具体内容就有所区别。当前国土资源部制定、颁布了不少信息标准，包括城镇地籍数据标准、农村地籍数据标准、相应的数据库建设标准、土地调查标准、国土资源信息核心元数据标准等，一些标准还在制定中。完善标准以及实施标准还有大量的工作要做。

4 结束语

研究土地信息系统的发展趋势以及学科前沿，站在更高的层面上看待这些问题，可以将这些问题归结为以下三个问题，即地球信息的哲学问题、地球信息机理问题以及地球信息工程问题。所谓地球信息的哲学问题是指地球空间的本体论、地球信息流理论、地球信息认知及科学认知方法论等重大哲学理论问题，时空数据的不确定问题、时空数据表达问题等都可归纳到这一问题之中。通过这些问题的研究，揭示地球信息本身的属性以及人们对地理世界的认知规律。所谓地球信息机理问题是指地球信息发生、流转以及对物质世界的相互作用的机理，面向对象思想在地学信息技术中应用、土地信息数据结构研究等都与此问题有关。通过这些问题的研究，寻求地学信息科学与技术的发展方向。所谓地球信息工程问题是指从整体上解决土地信息技术的集成、整合问题，比如巨型土地信息网络建设问题、国家层面上的土地信息基础设施构建问题、数字地球实施问题等。

国家信息化的进程正在加速，宏伟的国家信息化建设已经在各个部门迅速展开，国土资源大调查、数字国土等大规模的信息工程正在实施，这势必有力地促进土地信息系统学科的发展。

参考文献

[1] 东凯，方裕．空间数据库模型概念与结构研究［J］．地理信息世界，2004，4（2）．
[2] 承继成，郭华东，史文中，等．遥感数据的不确定性问题［M］．北京：科学出版社，2004.
[3] 千怀遂，孙九林，钱乐祥．地球信息科学的前沿与发展趋势［J］．地理与地理信息科学，2004（2）．

3DGIS 技术研究进展

刘哲　严泰来　张晓东

（中国农业大学信息与电气工程学院　北京　100083）

摘要： 简要介绍了 3DGIS 的由来及目前的应用领域，并对目前 3DGIS 的几个关键技术问题进行了综述与讨论，如三维空间信息采集，对几种主要采集方法的特点进行了比较分析；三维空间数据模型则对吴立新提出的构模理论进行了着重讨论；在应用方面介绍了三维空间分析、可视化表达等问题。并且通过以上几个方面的讨论，得出当前实现三维 GIS 的困难，及着力发展 2.5 维 GIS 的意义所在。

关键词： 3DGIS；空间关系；数据模型；可视化

引言

地理信息系统是以地理空间数据库为基础，采用地理模型分析方法，适时提供多种空间的和动态的地理信息，为地理研究和决策服务的计算机系统。从 20 世纪 60 年代末世界上第一个用于自然资源管理和规划的地理信息系统的诞生——加拿大地理信息系统（CGIS），到新世纪成为共享全球信息资源，为政府管理提供决策，科学研究和实施可持续发展战略的工具和手段[1]，其内涵已经从狭义的地理信息系统发展为更广泛的空间信息系统，并逐渐形成地球信息科学（GeoInformatics）这门新兴的边缘学科（GoodChild 1992，陈述彭 1993）。由于 GIS 是从地图演进而来的历史原因[2]，以及当时计算机处理能力的限制，传统的 GIS 是将现实世界投影到 2 维平面做的简化处理。但随着计算机技术和相关学科的发展以及应用的不断深入，原来基于抽象符号的系统[3]已经无法满足诸如地质勘探、海洋水体、大气污染、数字城市、军事等领域重大问题的完整解决。因此，可以描述现实世界本原的三维 GIS 的研究被提上日程。笔者就三维空间信息数据采集、三维空间关系、数据模型的研究、空间信息的管理、分析、可视化表达及发展趋势等问题介绍目前研究发展的状况，以期更多的学者参与到这一问题的研究中来。

1　三维空间信息数据的采集

由于理论和技术水平的限制，三维空间信息的获取能力相对较弱一直是阻碍 3DGIS 发展的一个重要原因。一旦能够实现三维空间信息的实时廉价获取，3DGIS 将会有更

本文发表于《中国农学通报》2006 年第 22 卷第 11 期。

迅猛的发展。三维空间信息包括物体的三维表面信息；和物体的三维体信息。其中表面信息的采集技术研究已经取得了重要进展，多种采集方法被提出并得到了广泛的应用，如：地图数据采集法、实体测量法以及摄影测量、相干合成孔径雷达遥感（INSAR）等基于影像的方法。它们有的可以获得物体的空间位置坐标信息数据，有的用于采集物体表面性状纹理以及反射光谱或辐射光谱信息数据，有的方法可以两者兼得。

1.1 三维表面信息数据的采集技术

地图数据采集法：主要用于获取物体的高程信息，如可以由地形图的等高线生成DEM。该方法所需的原始数据源容易获取，对采集作业所需的仪器设备和作业人员要求不高，采集的速度也比较快，易于进行大批量作业，是应用最广泛的一种获取DEM的方法[4]。同时，该方法还可以根据2DGIS数据库的层数信息和层均高度粗略算出建筑物的高度。数据源可以是已有GIS、地图和CAD提供的二维平面数据及其他的高度辅助数据[2]。

激光扫描方法：该方法主要基于机载激光扫描系统。可以快速地获取大范围区域地物和建筑物的几何信息，无须人工干预进行自动快速几何表面建模，而且不受天气的影响。其缺点是精度较低，需要专门的处理算法，但这无疑是最有潜力的三维数据自动获取技术之一[2]。

基于影像的方法：包括航天、航空摄影及近景摄影，该方法可以同时获取地物和建筑物的几何和纹理信息。近景摄影适用于小范围，大比例尺复杂地物的精细建模；利用航空摄影测量影像能够得到地面高程信息、纹理及拓扑信息，是目前三维信息获取最主要的手段之一；卫星对地观测，以其覆盖范围大，覆盖周期短、现势性强的特点已经受到越来越多的青睐，随着卫片分辨率的进一步提高及价格的不断下降，航天遥感影像将是未来三维数据获取的最主要来源[5]。

多数据源集成方法：上述各种数据获取方式各有利弊，如何利用它们的互补性而将各种数据源进行混合集成已经成为获取三维信息的一个焦点。T E. Chen提出了一种结合现有GIS数据库，规划建筑图纸和数字摄影测量进行三维数据获取的方法[6]。

1.2 三维体信息数据的采集技术

目前，三维空间数据采集技术的研究主要是集中在物体表面信息的获取。而体信息的获取技术仅仅集中在某些特定的应用领域。如矿山领域的巷道导线是典型的三维矢量数据，地质观测点的位置、所测岩层产状数据是三维的，矿山工程平面图所反映的岩层、矿层、断层、巷道的空间位态是三维的。另外，像地质钻孔柱状图、剖面图、平面图；地球重力场、地球磁力场反演结果，地震勘探线剖面图，陆地和海洋GPS测高，海洋声纳测深等数据和资料都是真三维的[7]。施振飞等在《利用井间地震波资料与测井资料进行储层精细解释》一文中提出了利用井间地震技术进行体数据的获取[8]。笔者在此提出两个获取体信息的补充设想：⑴根据雷达遥感微波可以穿透地表，最深可达60m的特性，可以利用机载或星载遥感系统获取部分体信息。⑵根据建筑规划图纸和相关资料结合CAD技术对建筑物体结构及纹理进行精确重现。

2 三维空间关系

空间关系包括度量关系、拓扑关系和方向关系三类，它是指地理实体之间存在的一些具有空间特性的关系。对空间关系的研究主要集中在空间关系的语义问题、空间关系描述、空间关系表达、基于空间关系的查询分析、空间推理等方面。其中空间关系的描述与表达尤其重要，它的描述一般要考虑完备性、严密性、唯一性、通用性准则等几方面的因素[9]。空间关系描述的主要方法有三种，即交叉方法、交互方法和基于Voronoi图的混合方法。目前在三维空间关系的描述中主要采用的是交叉方法，即将空间实体分解为几个部分，通过比较各组成部分的交集判定空间关系。度量关系和方向关系的描述较为容易，如何描述三维拓扑关系一直是研究的焦点[10]。李青元（1996年）针对基于单一体划分的三维矢量结构GIS概念，提出了以节点—始边—终边、边—起点—终点—环、环—边—内邻曲面片、曲面片—外边界环—内边界环—正面相邻体—负面相邻体、多面体—曲面片这五组较为简单明了的关系为基础的3DGIS拓扑关系[11]。郭微，陈军在1997年总结Egenhofer和Clementini等人的研究成果的基础上，定义了五种基本的空间拓扑关系[12]，即相邻关系、包含关系、相交关系、部分覆盖和相离关系。总的来说，三维空间拓扑关系描述的研究尚处在初级阶段，还有一些实质性问题有待解决[13]。空间关系表达指存储和组织空间目标间的空间关系并构建相应的存取、检索方法。它建立在空间数据模型基础之上，如三维拓扑数据模型、三维FDS模型、简化的空间模型（SSM）等。

3 三维空间数据模型

模型是人们对现实世界的一种抽象，数据模型是现实世界向数据世界转换的桥梁。3DGIS的实现关键在于三维数据模型的建立。对空间实体及空间关系的准确、有效表达是三维空间建模的主要任务，它应具备以下功能：空间实体及空间关系的定义及描述与表达方法，空间实体和非空间实体之间的直接或间接关系的描述与表达、空间数据操作的分类定义及操作符号和操作规则描述、空间实体和非空间实体之间的相互制约机制及限定时间序列下的动态变化，空间数据的完整性及一致性检验规则等[14]。数据模型的优劣将直接影响数据管理、分析和可视化效率。吴立新在总结现有的20余种空间建模方法的基础上，按单一3D构模、混合构模和集成构模，对3D空间数据模型及3D空间构模方法进行了新的系统分类，如表1所示：该分类系统中混合模型与集成模型的区别在于：混合模型是采用多种模型（面元或体元）对同一空间对象进行描述和构模，而后者是对系统中不同的空间对象进行描述和构模。

表 1　3D 空间数据模型及 3D 空间构模方法分类[15]

单一构模				混合构模	集成构模
面元模型		体元模型		混合模型	集成模型
		规则体元	非规则体元		
表面模型（Surface）	不规则三角网模型（TIN） 格网模型（Grid）	结构实体几何（CSG） 体素（Voxel）	四面体格网（TEN） 金字塔（Pyramid）	TIN+Grid Section+TI	TIN+CSG TIN+Octree（Hybrid 模型）
边界表示模型（B-Rep）		针体（Needle）	三棱柱（TP）	WireFrame+Block	
线框（Wire Frame）或相连切片（Linked Slices）		八叉树（Octree）	地质细胞（Geocellular）	B-Rep+CSG	
断面（Section）		规则块体（Regular Block）	非规则块体（Irregular Block）	Octree+TEN	
多层 DEMs			实体（Solid）		
			3D Voronoi 图		
			广义三棱柱（GTP）		

其中，基于面元的模型便于显示和数据更新，但它不是真三维的，不描述三维拓扑关系，难以进行空间分析；基于体元的模型优点是便于空间操作和分析，表达是三维的，但它也没有拓扑关系，而且数据量极大，计算速度缓慢；而混合和集成模型在技术上还有很多难点尚未突破，如几何一致、拓扑一致等。这里所谓面元，是指存在某一个投影面，在这一面上，所有单元与投影面的距离都是单值，比如 DEM 模型中的每一网格单元的高程值就都是单值；而所谓体元，一个单元在投影面上的投影可能有随机多个数值，这就给数据表达、空间分析造成困难。体元的存在，是数据量极大、计算速度缓慢的根本原因。

4　空间数据的管理

空间数据管理是 GIS 的基本功能之一，是实现更复杂空间分析的基石。由于逼真的三维表示不仅具有多种细节层次的几何表达，还提供具有相片质感的表面描述，如逼真的材质和纹理特征及其他相关的属性信息（Gruber and Wilmersdorf，1997），海量数据成为实现动态可视化的瓶颈问题。因此，与传统的 2DGIS 相比，3DGIS 对数据组织与管理提出了更高的要求，如不同数据的一体化管理；多尺度模型的集成应用；从数据库到三维虚拟显示的快速转换和动态装载等，都要求新的数据模型和有效的空间索引机制。传统的基于文件和关系型数据库混合的 GIS 数据库管理方式，在数据动态更新、多用户操作、网络共享、数据安全性等方面已经不能满足日益增长的需求。虽然面向对象的数据库是一个理想的工具，但由于现阶段并不成熟，还无法对种类繁多的数据类型及其关系，如大量的数字数据、字符串数据、海量的非结构数据（地表纹理数据）、结构性数据（矢量三维体数据）等进行完整的表达。现有的对象关系型数据库管理系统（ORDBMS）虽然还不直接支持三维空间对象，但其在保留关系数据库优点的同时，也采纳了面向对象数据库设计的某些原理，具有将结构性的数据组织成某种特定数据类型的机制，这使得它不仅能够处理三维数据的复杂关系，也能够将逻辑上需要以整体对待的数据组织成一个对象，为3DGIS的海量数据管理提供了一条切实可行的途径[2,19]。现在流行的关系型数据库如Oracle、DB2、informix等基本上都支持空间数据的存储、支持变长记录，因此它们也是扩展的对象关系型数据库系统。

5 三维空间分析

三维空间分析，就是直接在三维空间中进行空间操作与分析，并对空间对象进行三维表达与管理。除了包括2DGIS的分析功能外，还应包括针对三维空间对象的特殊分析功能，如空间查询、空间量测、叠置分析、缓冲区分析、网络分析、地形分析、剖面分析、空间统计分析等。由于现在3DGIS空间分析的种类及数量都很少，只能满足简单的编辑、管理、查询和显示要求，还不能做到决策层次上来。因此，研究开发GIS的基本空间分析及将各领域的专家知识嵌入GIS中，是3DGIS发展的一个重要方面。此外，空间关系与空间分析功能的实现与3DGIS数据模型与数据结构是紧密相关的，数据模型的选择一定程度上决定了空间关系与空间分析的难度。如目前普遍认为，基于栅格结构的空间分析实现简单，而基于矢量表达的空间分析实现复杂[9]。

空间分析是GIS区别于其他计算机系统的最主要功能特征，是GIS应用的主要内容之一。其应用领域包括水污染监测、城市规划与管理、地震灾害和损失估计、洪水灾害分析、矿产资源评价、道路交通管理、地形地貌分析、医疗卫生、军事领域等[16]。

6 三维空间信息可视化

可视化目前是3DGIS应用最为广泛的技术。目前，大多数3DGIS的三维能力甚至被认为主要体现在三维可视化功能上，并且是区别于2DGIS最重要特征之一[2]。视觉是人类理解空间的最有效途径，因而空间数据可视化是帮助人们认知空间的最有效工具，特别是在3DGIS中，空间数据可视化更是一项基础性的关键技术。随着计算机技术的发展，已经形成了OpenGL、JAVA3D、DirectX等一系列较为成熟的三维可视化平台，以及VRML、GeoVRML三维建模语言[9]。

OpenGL是一个性能卓越的开放式三维图形标准，它独立于操作系统平台，具有较好的可移植性[17]。它提供了强大的功能，通过透视变换、窗口裁剪、消隐遮挡计算来显示三维空间中的真实感图形，是目前使用广泛的平台之一。JAVA3D将Java语言“一次书写，随处运行”的优点带给了三维图形程序，使得JAVA3D能运行于多种平台；并且综合了其他底层API（OpenGL、QuickDraw3D和XGL）和多个图形系统的优点，为开发者提供了高层建造工具以创建和操作三维图形。VRML（Virtual Reality Modeling Language）是作为在互联网上构建虚拟现实环境的语言。GeoVRML是对VRML标准语言的扩充，在继承了VRML众多优点的基础上，实现了地理空间数据的有力描述，它的出现为网络环境下实现虚拟地理环境提供了一个良好的数据规范平台[9]。

近年来，随着数字地球概念的提出以及三维可视化技术、虚拟现实技术、多传感器数据获取技术的不断发展，空间数据可视化进入了一个新的发展阶段。特别是虚拟现实技术具有沉浸、交互的特点，能够使人产生身临其境的感觉[18]，有助于人们对空间信息进行定性与定量的研究，所以人们逐步将虚拟现实技术引入到空间数据可视化中来。与虚拟现实技术相结合，已经成为当前 3DGIS 的发展趋势[13]。

虽然 3DGIS 可视化技术研究已取得了一定的成果，但其在提高海量数据的漫游速度、场景的真实感和美感、景观数据库的建立等方面仍有待进一步研究。

7　2.5 维 GIS 的深化研究

由以上分析可以看到，实现真正的全三维 GIS 平台在理论与技术上还有很多困难，短时期解决受到种种因素的制约，不大可能有重大突破。但是，许多工程上，急需对大量的三维数据进行存储与管理，比如，错综复杂的城市地下管道与地下大型设施，相互竞争空间，亟待信息化管理；再如，地下矿井巷道的设计与管理也涉及三维空间数据管理问题。仔细分析这类三维问题，有一个特点，即这些空间实体都还是规则几何实体，这些实体在地下的分布是有一定规律的，这就为表达这些三维信息数据带来了方便。比如，不同类型的地下管道（管线）一般是分层布设的，地上有垂直竖井或竖管与之相通；地下矿井巷道一般都是水平设计，倾斜角度不允许过大；地下大型建筑工程，入口具有倾斜面，但是到了地下最深处还是水平的，如此等等。这种规律为数据的分层管理带来方便。在实际开发管理系统时，只需充分做好系统分析，精心设计数据结构，对现有 GIS 平台的数据结构加以一定的改造，即可满足实际工程的需要。不必苛刻要求进行真正全三维的空间分析，事实上也没有这种需求，实际工程单位只要能够根据地下管网数据，设计工程开挖方案，避免开挖触及地下管网即可。这里涉及的三维剖面显示、分层数据检索、一个层面上的空间分析等常规的 GIS 功能，并不复杂。因而，作为 GIS 的应用研究，应当将研究的重点放在系统分析上来，将实际的三维空间问题合理地加以简化，目前一般的工程问题还可以用当前的“2.5 维 GIS”技术加以解决。事实上，工程上的三维问题与理论上的三维问题有相当的距离，相对要简单得多。

8　结语

现实世界的丰富多彩，复杂多变使得对其进行采集、建模、管理、分析和可视化有很大的难度。虽然经历十几年的发展，但到目前为止，国际上还没有一个成熟完整的 3DGIS，现在有的系统功能也主要集中在三维可视化方面（如生物、医学、地质、大气等领域）。究其原因是由于至今没有一个统一、完善的可以表示复杂真三维现实世界的数据模型。此外，三维数据的实时廉价获取；海量数据的存储与快速处理；三维空间分析方法的开发也是 3DGIS 亟待解决的问题。在这种情况下，针对不同的实际对象、工程，研究“2.5 维”、“准三维”的数据表达模型不失为一种现实而又可行的技术渠道。

作为“数字地球”的基础核心技术，3DGIS 已经成为 GIS 理论和应用研究的热点问题。有人甚至把地球空间信息技术看成是世界上继生物技术和纳米技术之后发展最为迅速的第三大新技术（地图制图的时机《自然》2004），这给了GIS工作者莫大的鼓舞。目前，在城市和地学两个专业领域内已经形成了三维城市地理信息系统（3DCMS）和三维地学模拟信息系统（3DGMS）两大研究专题，两者并驾齐驱，共同发展无疑将推动着3DGIS技术早日走向成熟[9]。随着相关学科技术的迅速发展，3DGIS正面临着十分有利的发展时期。

参考文献

[1] 闵连权．地理信息系统的发展动态［J］．地理学与国土研究，2002，18（4）：19-24.

[2] 朱庆．3维地理信息系统技术综述［J］．地理信息世界，2004，2（3）：8-12.

[3] 肖乐斌，钟耳顺，刘纪远，等．三维GIS的基本问题探讨［J］．中国图像图形学报，2001，6A（9）：842-848.

[4] 徐青．地形三维可视化技术［M］．北京：北京测绘出版社，2000.

[5] 除苏维，王军见，盛业华．3D/4DGIS/TGIS现状研究及其发展动态［J］．计算机工程与应用，2005，（3）：58-62.

[6] T E Chen，R shibasaki. 3D modeling and visualization of building in area by linear photogrammetry［C］. In：Proceeding of UM3，Japan，1998. 3.

[7] 李青元，林宗坚，李成明．真三维GIS技术研究的现状与发展［J］．测绘科学，2000，25（2）：47-51.

[8] 施振飞，印兴耀．利用井间地震资料与测井资料进行储层精细解释［J］．石油地球物理勘探，2005，40（2）：172-175.

[9] 吴焕萍，潘懋，陈小红，秦适．浅析3维地理信息系统技术［J］．地理信息世界，2005，3（1）：42-50.

[10] 王继周，李成名，林宗坚．三维GIS的基本问题与研究进展［J］．计算机工程与应用，2003，24：40-44.

[11] Kofler M，et al. R-tree for Organizing and Visualizing 3DGIS Database［J］. Journal of visualization and computer animation，2000（11）：129-143.

[12] Kofler M，Rehatschek H，Gruber M. A Database for a 3DGIS for Urban Environments supporting Photo-Realistic Visualization，http：//www. icg. tu-graz. as. at/is-prs96，1996. 7.

[13] 李清泉，杨必胜，史文中，等．三维空间数据的实时获取、建模与可视化［M］．武汉：武汉大学出版社，2003.

[14] 吴德华，毛先成，刘雨．三维空间数据模型综述［J］．测绘工程，2005，14（3）：70-73，78.

[15] 吴立新，史文中．论三维地学空间数据构模［J］．地理与地理信息科学．2005，21（1）：1-4.

[16] 姜亚莉，张延辉．GIS空间分析的应用领域［J］．四川测绘，2004，27（3）：99-102.

[17] Mason Woo，Jackie Neider. OpenGL编程权威指南第三版［M］．北京：中国电力出版社，2003.

[18] 石教英．虚拟现实基础及实用算法［M］．北京：科学出版社，2002.

[19] 龚健雅，杜道生，李清泉，朱庆，等．当代地理信息技术［M］．北京：科学出版社，2004.

利用图像处理技术进行苹果外观质量检测

张峰 张晓东 赵冬玲 严泰来

（中国农业大学信息与电气工程学院 北京 100083）

摘要：为提高检测效率和精度，实现苹果外观质量自动检验，采用数码相机获取苹果个体俯视和侧视数字影像，选取似圆度、体积和RGB颜色模式中R、G、B分量的灰度直方图作为苹果质量评价指标。通过二值化后的苹果俯视图和侧视图计算苹果似圆度和体积，根据待测苹果数字图像统计得到的其R、G、B各颜色分量灰度直方图与标准苹果相应指标比较，实现根据苹果外形与色泽的自动、快速外观质量检测。完整检测1个苹果的用时短于0.9s，满足实时检测的时间要求。这项技术可以用于苹果包装流水线作业，也可用于类似的农产品外观质量检测。

关键词：苹果外观质量检测；数字图像处理；似圆度；体积；灰度直方图

苹果是我国大宗出口的农产品，出口前要经过严格的质量检测，逐个检测其形态与色泽，对其体积、体态对称性、色泽均一性（包括不能有虫斑）都有近乎苛刻的要求。

在苹果质量检测方面，国外除了利用机器视觉和机电一体化进行外部质量（如大小、形状、颜色、表面缺陷等）检测研究外，还进行其内部质量（含糖量、酸度、内部缺陷等）的无损检测研究，有些检测项目已经商品化[1-2]。

目前国内苹果外观质量检测大都采用人工识别方法，生产率低且分级精度不稳定[1]。落后的传统手工方法必然影响我国苹果在国际市场上的竞争力。

运用计算机图像处理技术可从苹果形体与色2方面自动、快速评价苹果的外观质量，可解决当前检测过程中存在的诸多问题，可以大大提高检测效率，且可以严格控制质量标准。

1 指标参数选取

苹果外观质量评价指标包括形状、大小、色泽、表皮光滑度等[3]，在统一摄影环境下，分别摄取苹果图像资料，根据这些资料实时获取每个苹果的指标参数值，作为检测其外观质量是否合格的依据。本研究选取似圆度、体积和RGB颜色模式的R、G、B分量灰度直方图灰度值作为苹果质量评价指标。

似圆度即图形相对于标准圆的近似程度，数值上等于图形面积与最大半径平方的比值，再与π进行比较，可判断苹果的规整程度。似圆度不符合标准，表明形状不符合

本文发表于《中国农业大学学报》2006年第11卷第6期。

标准。

体积为判断苹果大小的指标，间接判断苹果质量。苹果的密度差别不大，得到了体积，也就相当于知道了其质量。

根据 R、G、B 各颜色分量的灰度直方图可得到苹果的颜色、表皮光滑度等特征，据此可获得苹果色泽和表面平滑度等信息，是最直观的信息。

根据这 5 个指标参数可以得到对一个苹果的大致评价。

2　指标数据获取

将数码相机获得的苹果原始图像（JPEG 格式）转换为位图格式（BMP 格式），然后分别获得同一个苹果的俯视图［图 1（a）］和侧视图［图 1（b）］，对这些图像数据做以下处理得到苹果评价指标数据。

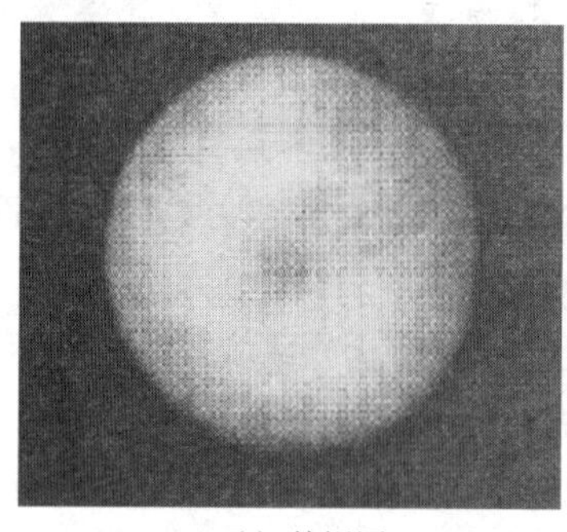

(a) 俯视图

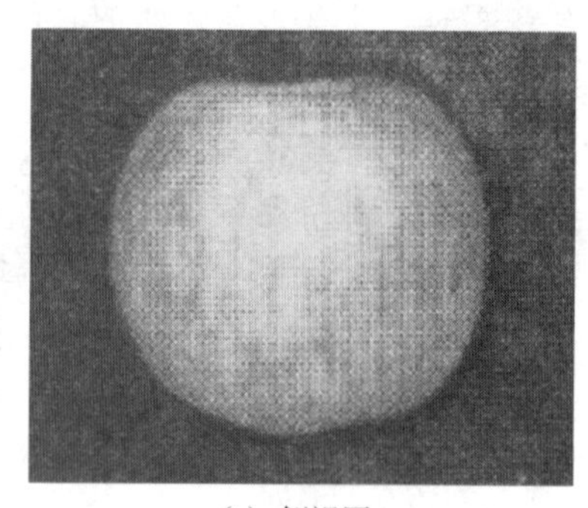

(b) 侧视图

图 1　苹果原始图像

为了取得较为精确的指标参数值，在生成苹果图像时，以深暗色为背景色，最好是反射率较低的黑色，这样得到的图像更能突出实物和背景的差别。

2.1　似圆度

通过对苹果俯视图［图 1（a）］的处理获取似圆度指标数据，它是计算苹果体积的前提参数。首先根据图片获得合适的阈值，然后对图片进行二值化处理，获得苹果的轮廓图像，在此基础上进行似圆度计算。

对图像进行二值化处理，可将实物图像与背景明显区分开来[4]，在随后的图像处理中，只需考虑苹果轮廓内的像素，而将大量无用的背景图像素点舍弃，从而可大大提高数据处理的有效性和检测速度。

为了使二值化图像尽可能多的保留原图像的特征信息，阈值的选取成为整个处理过程中的关键。苹果的数据源图像轮廓分明，具有明显的二值倾向，所以采用微分直方图方法确定其阈值。按每一灰度值 j 对应的 g_i 做直方图。微分直方图中最大值所对应的灰度值就是所要求的阈值，它表示这一灰度值所对应的图像中变化率最大的部分。得到二值化所需的阈值后，即可对图 1 进行二值化处理，结果见图 2。

二值化处理结果直接影响指标参数的数据精度。在计算阈值过程中，如需提高二值化图像质量，可采用像素点的8—邻域来计算微分直方图，在速度要求更为重要的情况下，也可考虑采用一定的采样间隔对像素点进行遍历。对图像进行二值化处理后，统计苹果轮廓图像内像素点数，得到俯视图中苹果面积 A [图2（a)]，再计算苹果图像轮廓最大直径像素数，即俯视图中苹果直径 d 根据式（1）得到苹果似圆度。

$$\varphi = A/\ (d/2)^2 \tag{1}$$

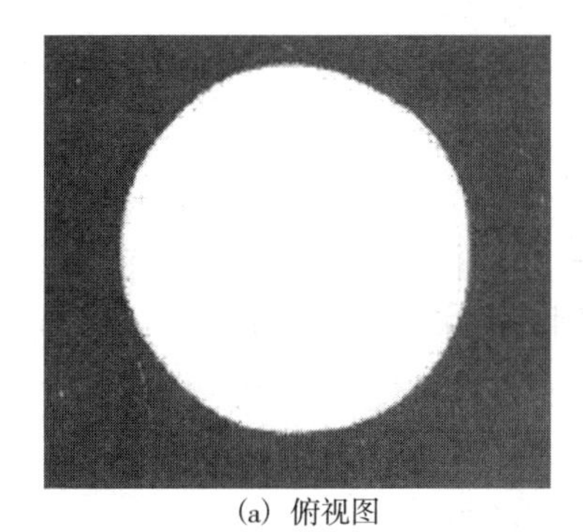

(a) 俯视图

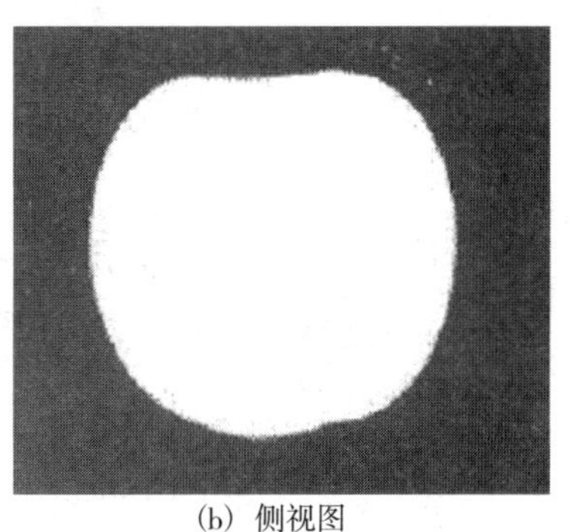

(b) 侧视图

图2　二值化苹果图像

2.2 体积

得到苹果似圆度后，根据其二值化后的侧视图 [图2（b)] 计算苹果体积。采用积分的思想，将苹果轮廓图分解成若干个球台（图3），其体积

$$V_i = \varphi \times (R_i^2 + R_{i+1}^2 + R_i + R_{i+1}) \times H/3 \tag{2}$$

式中，R_i 和 R_{i+1} 为球台上下底面半径；H 为球台高。对所有球台体积求和，得到苹果体积

$$V = \sum V_i \tag{3}$$

这里做了一个近似，即认为苹果所有横切面的似圆度相等。这样求得的体积是以图像的像素数为计量单位的，在最后的应用中要与苹果真实体积进行等比例变换。为了更精确地得到苹果的体积，可取每个球台高 H 为1个像素进行计算，即 H 取1。

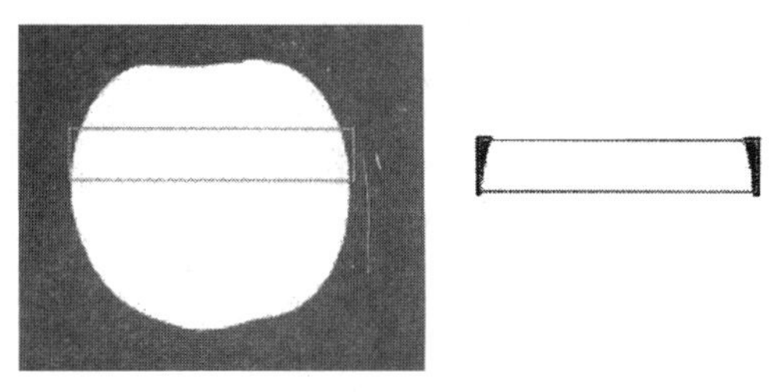

图3　苹果轮廓分解示意图

2.3 RGB 灰度直方图

苹果表面色彩是重要的检测指标之一。在对苹果图像进行处理时，需要分别统计出

R、G、B 每个颜色分量的灰度直方图，根据被检测图像与标准苹果图像灰度直方图的标准差进行颜色判定[5-7]。

在对苹果图像进行扫描的过程中，要进行二值图的转换，并要对图像中苹果图像区域进行各颜色分量的统计和面积的计算。采用式（4）～式（6）统计苹果图像区域各颜色分量各灰度级像素个数。

$$S_{r,i} = \sum_{y=0}^{n} \sum_{x=0}^{m} f_{r,i}(x,y) \tag{4}$$

$$S_{g,i} = \sum_{y=0}^{n} \sum_{x=0}^{m} f_{g,i}(x,y) \tag{5}$$

$$S_{b,i} = \sum_{y=0}^{n} \sum_{x=0}^{m} f_{b,i}(x,y) \tag{6}$$

式中，$f_r(x,y)$、$f_g(x,y)$、$f_b(x,y)$ 分别为像素点（x,y）的 R、G、B 颜色分量的灰度值

$$f_{r,i}(x,y)=\begin{cases}1 & f_r(x,y)=i\\0 & f_r(x,y)\neq i\end{cases}$$

$$f_{g,i}(x,y)=\begin{cases}1 & f_g(x,y)=i\\0 & f_g(x,y)\neq i\end{cases}$$

$$f_{b,i}(x,y)=\begin{cases}1 & f_b(x,y)=i\\0 & f_b(x,y)\neq i\end{cases}$$

$i\in[0,255]$。

由于苹果大小不尽一致，故在相同摄影条件下所得图像中苹果区域面积也不相同，这样就造成不同图像中苹果区域像素总数不一致的情况，对灰度直方图灰色值的直接比较也就没有意义。为此，以各颜色分量灰度级像素个数与总像素数的比值代替各灰度级统计个数，即：

$$T_{r,i} = S_{r,i}/S \tag{7}$$

$$T_{g,i} = S_{g,i}/S \tag{8}$$

$$T_{b,i} = S_{b,i}/S \tag{9}$$

式中，$T_{r,i}, T_{g,i}, T_{b,i}$ 分别为 R、G、B 灰度级像素个数与总像素数的比值；S 为图像中苹果区域总像素数。对统计出的待检测苹果各颜色分量数据与标准苹果各颜色分量数据进行均方差计算，即可得到根据色彩进行判断的指标数据

$$\begin{aligned}\Delta r &= \sqrt{\sum_{i=0}^{255} (t_{r,i} - T_{r,i})^2}\\ \Delta g &= \sqrt{\sum_{i=0}^{255} (t_{g,i} - T_{g,i})^2}\\ \Delta b &= \sqrt{\sum_{i=0}^{255} (t_{b,i} - T_{b,i})^2}\end{aligned} \tag{10}$$

式中，t_i 和 T_i 分别为待检测和标准苹果图像灰度级像素个数与总像素数比值。

3 检测方案设计

在实际苹果质量检测过程中，还需要确定几个指标参数的容差范围，允许被检测苹果和标准苹果有一定的偏离度。如被检测苹果各项指标数据处于容差范围内，即为合格产品；反之，则不合格。容差范围取值可根据不同苹果品种和具体检测的不同要求结合试验确定。

根据上述方法设计苹果质量检测程序流程：①确定各指标参数容差范围（根据检验精度要求确定）；②摄取标准苹果俯视图和侧视图图像，按照④～⑥提取标准苹果指标参数数据；③摄取被检测苹果俯视和侧视图像；④分别对苹果俯视图和侧视图图像进行二值化处理，根据二值化后的苹果俯视图计算苹果似圆度；⑤利用④得到的似圆度对二值化后的苹果侧视图进行处理，求得苹果体积；⑥根据二值化时记录的图像像素 RGB 数据，统计苹果图像 R、G、B 各颜色分量的灰度级像素个数；⑦根据（1）确定的各指标参数的容差值，分别对各个指标参数数据进行判断，输出检测结果。

不同品种的苹果，评价标准也不相同，只需确定标准苹果图像，程序即根据此标准进行判断。

本文中所处理的苹果图像是在相同摄影条件下得到的。在流水线操作台上，采集图像的数码相机是固定在检测台上的，这样保证了相机焦距相同且实物与镜头间距离也较固定；此外苹果成像背景要与苹果本身颜色有较强的反差，这样生成的苹果图像规格一致且二值倾向明显，不需对图像进行复杂处理即可得到较好的苹果轮廓图像。如需对苹果进行更精确的质量检测，例如有无虫斑、虫斑大小，以及有无溃烂等，可以考虑采用三维拍摄模式，即架设 4 台数码相机，1 台获取俯视图，其他 3 台以苹果为中心，呈 120°排列，分别获取苹果不同侧面图像，并采用更为精细的图像处理方法，就可以满足苹果精确检验的要求。

4 结束语

利用本文中提出的图像处理技术可以从外形和色泽 2 个方面对苹果质量进行自动检测，效率较人工检测有很大提高，且质量标准也更容易确定。在笔者开发的项目中，数码相机所获取的苹果图像格式为 2272×1704 像素位图图像，完整检测 1 个苹果的用时短于 0.9s，满足实时检测的时间要求。

参考文献

[1] 李庆中．苹果自动分级中计算机视觉信息快速获取与处理技术研究［D］．北京：中国农业大学，2000.

[2] 韩冬海，刘新鑫，涂润林．果品无损检测技术在苹果生产和分级中的应用［J］．世界农业，2003（1）：42-44.

[3] 范宗珍．提高苹果外观质量的技术措施［J］．甘肃农业，2004（12）：95.

[4] 方敏，叶锋，刘泓．基于自组织特征映射网的彩色图像二值化方法［J］．信号处理，2003，19（1）：11-14.
[5] 张远鹏，董海，周文灵．计算机图像处理技术基础［M］．北京：北京大学出版社，1996.
[6] 田涌涛，李霞，王有庆，等．基于采样的直方图生成方法［J］．计算机工程，2002，28（12）34-35.
[7] 梁祥君，吴国忠，程文娟，等．颜色直方图在彩色物料识别中的应用［J］．安徽机电学报，2000，15（1）：39-40.

冬小麦活体叶片叶绿素和水分含量与反射光谱的模型建立

吉海彦[1,2]　王鹏新[2]　严泰来[1,2]

（1. 中国农业大学资源与环境学院　北京　100094；
2. 中国农业大学信息与电气工程学院　北京　100083）

摘要：定量测定小麦活体叶片的叶绿素含量和水分含量，在小麦估产、农情监测等方面具有重要的意义，同时可为进行高光谱遥感提供基础。文章使用ASD便携式光谱仪和LI—COR1800型积分球，在350～1 650 nm的光谱范围内，测量冬小麦叶片在不同生长期的反射光谱，用偏最小二乘方法建立了冬小麦叶片叶绿素和水分含量与反射光谱的定量分析模型。在400～750 nm的光谱范围，建立了叶绿素含量与反射光谱的模型，结果为：叶绿素的预测值与真实值的相关系数为0.898，相对标准偏差为13.6%。在1 400～1 600 nm的光谱范围，建立了水分含量与反射光谱的模型，其结果为：水分的预测值与真实值的相关系数为0.999，相对标准偏差为0.3%。在农业生产中，这些结果是满意的。

关键词：反射光谱；定量分析模型；偏最小二乘法；冬小麦；活体叶片

引言

定量测定小麦叶片的叶绿素含量和水分含量，在小麦估产、农情监测等方面具有重要的意义。传统的测量叶绿素的标准方法是化学分析法，即将叶片采集到实验室，经过化学溶剂提取，再在分光光度计上测定其提取液在两个特定波长处的吸光度，根据公式计算出叶绿素的含量。传统的测量水分的方法是：在实验室内，用烘干法测定水分含量。可见这些方法比较繁琐，且费时费力。

用便携式光谱仪直接测量小麦活体叶片的反射光谱，建立小麦叶片的叶绿素含量和水分含量与叶片反射光谱的定量分析模型，将简化测量的过程，并大大提高测量的速度。同时，通过对小麦叶片的叶绿素含量和水分含量与反射光谱的研究，掌握叶片反射率与其生物化学特性相互作用的生理过程，是了解植物与外界环境物质和能量交换的关键。叶片作为小麦冠层的主要组成部分，是小麦冠层与太阳能作用的最重要部分，小麦冠层的光谱特性大部分取决于叶片和土壤的光学特性。通过对叶片的研究，进一步上升到对冠层的研究，将为进行高光谱遥感提供基础。

本文发表于《光谱学与光谱分析》2007年第27卷第3期。

叶片的叶绿素、水、蛋白质、纤维素等含量与叶片反射率有着密切的联系。可以用多元统计方法（建立叶片反射率或透过率与生化含量的多元统计关系）或者叶片内部光子传输物理模型方法（基于光学法则）来进行叶片生化组分含量的预测研究。

在遥感领域，建立多元统计模型时通常使用逐步回归分析法[1]。牛铮等[2]利用地面光谱仪的测量数据进行了成像光谱遥感探测叶片化学组分的机理性研究。采用多元逐步回归分析方法，分析了鲜叶片 7 种化学组分含量与其光谱特性的统计关系。阮伟利等[3]选用美国国家航空与航天局（NASA）的冠层化学促进计划中花旗松干叶片的光谱和化学组分测量数据，利用统计分析方法，分析了叶片叶绿素和氮含量与其光谱特性的统计关系。李云梅等[4]用线性回归模型分析并估算水稻叶片叶绿素含量的适宜性。

在光谱分析领域，建立统计模型的方法除逐步回归法外，还有使用全光谱范围内数据的偏最小二乘法、建立非线性关系的人工神经网络法等多种其他方法[5,6]。本文使用偏最小二乘法[7,8]，建立了小麦活体叶片叶绿素和水分含量与反射光谱的定量分析模型。

1 实验方法

实验地点位于北京市昌平区小汤山镇的国家精准农业试验基地。试验的冬小麦品种选择当地两个主要品种（直立型品种：京 411，叶色淡；披散型品种：9507，叶色淡），施肥和灌溉等田间栽培和管理措施采用当地常规的管理措施。使用美国 ASD 公司的 FieldSpec®Pro FR 便携式分光辐射光谱仪和 LI—COR 公司生产的 1800 型积分球联合测定小麦叶片的反射光谱。分别测量两种不同品种冬小麦叶片在 2004 年 4～6 月的 8 个不同生长期（返青期、拔节期、孕穗中期、孕穗后期、扬花期、灌浆期、乳熟期、腊熟期）的反射光谱。光谱测量 5 次取平均，测量的光谱范围为：350～1 650 nm。每纳米有一个光谱点。不同生长期的冬小麦叶片反射光谱如图 1 所示。

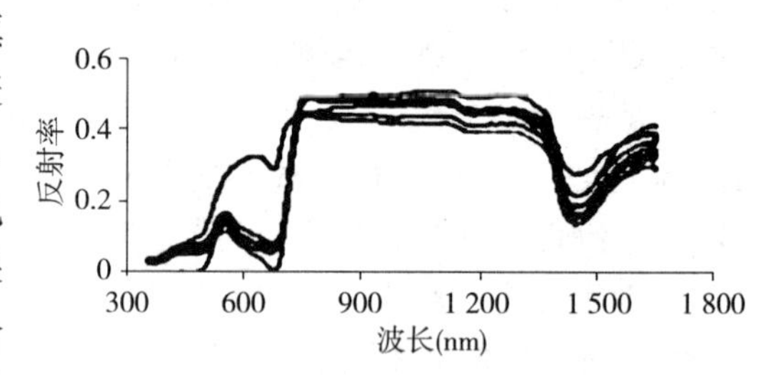

图 1　不同生长期冬小麦叶片反射光谱

冬小麦叶片的叶绿素和水分含量，分别用国标方法进行测量。

用偏最小二乘法，分别建立冬小麦叶片叶绿素和水分含量与叶片反射光谱的定量分析模型。偏最小二乘法的基本思想为：

设 A 为 n 个校正样品在 m 个波长处的吸光度矩阵，C 为 k 个组分在 n 个校正样品中的含量矩阵，E、F 分别为残差矩阵。偏最小二乘法不仅将光谱矩阵 A 分解为吸光度隐变量矩阵 T 与载荷矩阵 P 的乘积，还把含量矩阵 C 分解为含量隐变量矩阵 U 与载荷矩阵 Q 的乘积：

$$A(n\times m)=T(n\times d)\cdot P(d\times m)+E(n\times m) \quad (1)$$

$$C(n\times k)=U(n\times d)\cdot Q(d\times k)+E(n\times k) \quad (2)$$

其中，d 为最佳因子数（维数），通常用交叉证实法得到。然后将隐变量矩阵 T、U 作线性回归，用对角矩阵 B 关联：

$$U(n\times d) = T(n\times d)\cdot B(n\times d)\cdot B(d\times d) \quad (3)$$

则由（3）式可求出 B：

$$B = T'U\,(T'T)^{-1} \quad (4)$$

对预测集中要预测的样品，设其光谱矩阵为，则由：

$$A_{unk} = T_{unk}\cdot P \quad (5)$$

其中，P 为校正集中分解光谱矩阵 A 时得到的载荷矩阵。由（5）式可求出预测样品的吸光度隐变量矩阵 T_{unk}。于是可得到预测样品的含量 C_{unk} 为：

$$C_{unk} = T_{unk}\cdot B\cdot Q \quad (6)$$

其中，Q 为校正集中分解含量矩阵 C 时得到的载荷矩阵。

2 结果与讨论

根据已有的知识，叶绿素的吸收在光谱的可见光区域，而水的吸收主要在光谱的近红外区域。因此，在 400～750 nm 的光谱区域，每隔 5 nm 取一数据点，共有 71 个数据点，用来建立叶绿素的定量分析模型。在1 400～1 600nm 的光谱范围，每隔 5 nm 取一数据点，共有 41 个数据点，用来建立叶片水分含量的定量分析模型。

在偏最小二乘方法中，重要的是确定建模的最佳因子数（维数）。对叶片的叶绿素和水分含量，用交叉证实法确定的维数分别为 5 维和 7 维。对冬小麦叶片中叶绿素含量，用偏最小二乘方法进行建模，其建模预测值与真实值的相关系数为 0.898，相对标准偏差为 13.6%。对叶片中水分含量，得到的建模预测值与真实值的相关系数为 0.999，相对标准偏差为 0.3%。用偏最小二乘方法进行建模的结果如表 1 所示。图 2 和图 3 分别是冬小麦叶片中叶绿素含量和水分含量的建模预测值与真实值的相关图。

表 1 冬小麦叶片的叶绿素与水分最小二乘偏差表

组分名称	维数	相关系数	相对标准偏差（%）
叶绿素	5	0.898	13.6
水	7	0.999	0.3

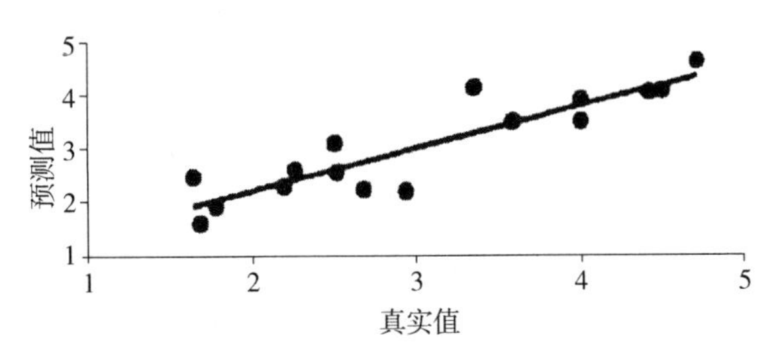

图 2 冬小麦叶片中叶绿素预测值与真实值散点图

将样品分为两组，一组（12 个样品）用来对叶片的水分含量进行建模，对另外一组（4 个样品）进行预测。建模的相关系数为 0.982，相对标准偏差为 2.1%。对 4 个样品的

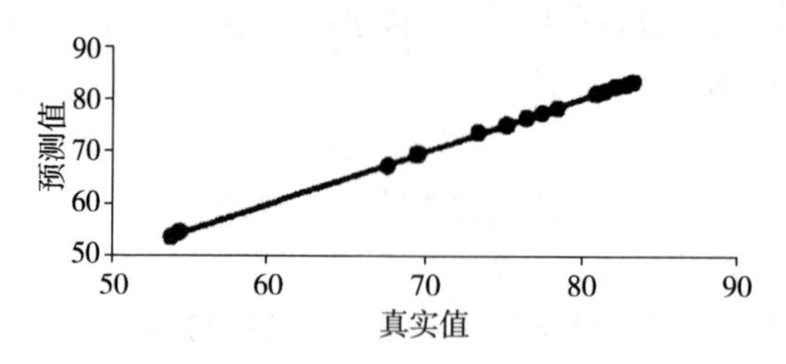

图 3 冬小麦叶片中水分预测值与真实值散点图

水分含量的预测结果如表 2 所示。

表 2 冬小麦叶片含水量预测值

序号	真实值	预测值
1	73.30	71.63
2	73.35	73.45
3	69.40	70.61
4	54.39	52.67

与室内相比，在大田直接进行光谱测量有很多影响因素，如太阳光的影响、地面反射光的影响、每次测量的角度偏差等。但即使如此，仍能建立比较理想的叶片叶绿素和水分含量与叶片反射光谱的定量分析模型。对叶绿素的建模相关系数为 0.898，在大田直接进行光谱测量的情况下，已是比较好的情况了。对叶片水分的建模结果很好，这主要是因为在 1400～1 600 nm 的光谱区域内，水的吸收较强，且又无其他组分的干扰。

若增加用于建模和预测的样品数，将能得到更稳固的定量分析模型。

3 结论

用便携式光谱仪测量冬小麦叶片在不同生长期的反射光谱，用偏最小二乘方法，可建立叶片叶绿素和水分含量的定量分析模型。本文中对冬小麦叶片中叶绿素和水分含量的建模结果为：预测值与真实值的相关系数分别为 0.898 和 0.999，相对标准偏差分别为 13.6%和 0.3%。这些结果满足农业生产的需要。

参考文献

[1] Card D H，Peterson D L，Matson P A，et al. Remote Sens. Environ，1988，26：123.

[2] NIU Zheng，CHEN Yong-hua. SUI Hong zhi，et al（牛铮，陈永华．隋洪智，等）. Journal of Remote Sensing（遥感学报），2000，4（2）：125.

[3] RUAN Wei-li，YAN Chun-yan，NIU Zheng（阮伟利，颜春燕，牛铮），Remote Sensing Technology and Application（遥感技术与应用），2003，18（4），233.

[4] LI Yun-mei，NI Shao-xiang，WANG Xiu-zhen（李云梅，倪绍祥，王秀珍）. Journal of

RemoteSensing（遥感学报），2003，7（5）：364.
[5] ZHANG Hong-yan. DING Dong，SONG Li-qiang，et al（张洪艳，丁东，宋立强，等）. Spectroscopy and Spectral Analysis（光谱学与光谱分析），2005，25（6）：882.
[6] LI Yan，WANG Jun-de，GU Bing-he，et al（李燕，王俊德，顾炳和，等）Spectroscopy and Spectral Analysis（光谱学与光谱分析），1999，19（6）：844.
[7] Geladi P，Kowalski B R. Anal. Chim. Acta，1986，185：1，
[8] Geladi P，Kowalski B R. Anal. Chim. Acta.，1986，185：19.

农业循环经济发展的热点领域与技术

李建林[1,2]　严泰来[1]

(1. 中国农业大学信息与电气工程学院　北京　100083；
2. 中国农业大学资源与环境学院　北京　100094)

摘要：目前，在我国农业实施循环经济已具备了切实的经济保障，但针对中国农业所面临的现状和主要技术性障碍，依然存在困难。本文在此背景之下，阐述了农业循环经济的内涵，并提出发展农业循环经济需要依靠的主要技术领域，同时指出环境保护、新能源开发、生物技术和节水农业等基础学科的发展对于实施农业循环经济的重要意义。

关键词：农业循环经济；农业信息化；可持续发展

引言

循环经济（Circular Economy）理念正迅速成为我国发展国民经济的一项基本战略。农业是国民经济的基础，农业经济理所当然地应当是循环经济的主要内容之一。农业生产周期长、分散经营，生产需求条件复杂，与国民经济的大部分产业都有直接广泛的联系。农业深入实施贯彻循环经济发展战略意义重大，但是又有具体的困难，需要对于传统农业生产方式以及生产技术进行深刻的变革，才能实现农业循环经济。因此，高新技术，特别是农业信息技术是实施农业循环经济的重要技术保障。

本文从农业循环经济内涵入手，探讨农业实施循环经济在我国需要解决的问题，农业实施循环经济的技术困难以及支撑农业循环经济的主要技术领域，指出变革传统农业生产方式需要高新技术，特别是农业信息技术，以及由此引发的相关基础科学的研究。通过本文讨论旨在为我国实施农业循环经济梳理出一条思路。

1　农业循环经济的内涵

农业是国民经济的支柱产业，又是应用自然资源的主要产业。在自然资源中，土地是最重要的资源之一。在可利用土地中，80%以上的土地作为农用地，包栝耕地、牧草地与森林，直接用于农业，这里的农业包括种植业、畜牧业以及养殖业。农业不仅承载着生产供应日益增长的巨额人口的衣食原材料的任务，这一任务已经使农业面临巨大的挑战；而且在可预见的将来，还要作为生物能源承担着生产能源原材料的任务。有资料显示，按现在的开采速度，地球的石油储量最多只能维持 40 年，天然气还能维持 110 年，填补能源

本文发表于《地球信息科学》2007 年第 9 卷第 3 期。

空缺的任务又将要历史性地逐渐落到农业身上。农业能否可持续发展，而且是可持续地迅速发展，特别是对于我国这样一个人口众多农业自然资源相对严重有足、而有农产品巨额需求的大国，发展农业贯彻循环经济战略是唯一的选择。

农业循环经济，其内涵主要包括保护极为宝贵的农用土地资源，遏制土地退化的发展势头；实施精确农业、立体生态农业、工厂化农业；变革传统的农业生产方式，将资源消耗型、人工密集型以及作业粗放型的传统农业生产，变革为资源永续利用、智能机械作业、充分发挥生物潜能的现代农业生产。将农业生产在高新技术的支持下，走上良性循环的轨道，变被动适应环境、接受社会驱动为积极营造环境、牵引社会需求的主动发展态势。

纵观我国改革开放以来的农业发展，我们自觉不自觉地坠入了一个循环怪圈：城市化侵占耕地一围湖造田、开垦草地林地与湿地，补充耕地—破坏生态环境—耕地质量下降、荒漠化加剧—进一步开垦草地林地与湿地，如此循环往复、年复一年，由此导致水旱自然灾害频繁发生，农业在低水平下发展，而农用土地的使用强度剧增。对于自然资源实施掠夺式的开发，农业的可持续发展受到巨大的威胁。整体上国民经济的发展速度与质量受到越来越大的牵制。

从广义上，全社会的物质流、能量流以及信息流都属于经济的范畴，其中信息流对于物质流与能量流的运动有巨大的影响与作用。随着社会的延续，物流、能流及信息流在不断循环运动。在循环经济提出以前，社会大系统的“三大流”也在循环运动，这种运动是一种自然经济的运动。而循环经济是在人为的调控下，将“三大流”在更高层次以更合理的模式进行循环运动。在循环经济理念下，运用现代高新技术正是使这种循环在合理模式下运动的关键因素。

农业高新技术，包括生物技术、信息技术、耕作技术、智能农机具技术、动物养殖技术等等，改造着传统的农业生产模式，同时也在潜移默化地改变着农民生产与经营的理念。然而现代高新技术应用于农业是以农业规模化生产经营为前提的，一家一户的小农生产方式无法使用高新技术。因此，农业实施循环经济发展战略的必要步骤就是要逐步地扩大农业生产规模，实行工厂式的社会化大农业生产。在这种农业生产方式的变革中，信息技术已经并且必将发挥越来越大的作用。信息技术不仅可以用计算机网络传播文化与科学技术，快速提高农民的文化水平，扩大农民的眼界；而且可以改变农民的生产经营方式，使农民可以跨出县界、省界甚至国界，适应大市场的需求。反过来，生产经营方式的改变更加促使农民使用高新技术，以提高生产效率。

实施循环经济需要强大的经济基础，农业生态环境的改造、农业基础设施的建设、新农村建设、研究与推广农业生产新技术等等，无不需要国家强大经济实力的支持，我国改革开放以来，农业实施循环经济已经具备了切实的经济保障。

2 我国农业循环经济需要解决的主要问题

2.1 农业资源不足

农业资源包括农业自然资源和农业社会资源。农业自然资源主要有水资源、土地资源、气候资源和动植物物种资源等；农业社会资源主要有人口、劳动力、科学技术和技术装备、资金、经济体制和政策以及法律法规等。农业资源不足一方面指资源本身数量的不足，另一方面指利用效率低下引发的资源不足。

在农业发展过程中，节约和合理开发利用农业资源，解决农业资源日益尖锐的供需矛盾，实现农业资源的可持续利用，是实现农业循环经济的关键。

近年来随着人口的增加与生活水平的提高，资源需求与资源约束的矛盾趋于激化。我国的人均资源占有率低于世界平均水平，中国的资源总量居世界第三位，但是人均资源占有量却是世界第53位，仅为世界人均占有量的一半。我国的淡水资源占有量是世界平均水平的1/4，随着人口的增长，淡水湖泊的干涸、地下水位的下降，人均淡水资源占有量将会越来越少，估计到2030年我国将要列入严重缺水国家的行列。

在资源利用效率方面。近年来，中国资源的利用效率取得了明显的提升，但与发达国家，甚至与部分发展中国家相比，我国资源利用效率问题依然十分严重。比如：我们的粮食作物平均用水，即一立方米淡水生产的粮食，仅是发达国家的一半[1]。

2.2 农村环境总体污染严重

农业污染是面源污染，因此来自农业方面的污染更难以监测、控制和治理。这是因为面源污染具有分散性、隐蔽性、随机性、难以量化等特征。

农村环境污染主要表现在化肥撒施、面施、偏施和过量施用比较普遍，导致肥料利用率低、流失污染严重；农药采取大剂量、高残留、一药多用的现象随处可见，缺乏针对性用药；农作物在一个生长周期内，用药次数越来越多、用药量越来越大，污染严重；农膜在生产应用上，重覆盖利用、轻回收处理，以致在山区和城郊地膜覆盖过的农田到处出现白色残留碎膜污染；水产养殖、畜禽粪便和城乡生活污水、生活垃圾排放不集中及排放量急剧上升，并且缺少相应的处理措施；除草剂、杀鼠剂、植物调节剂的污染快速增加；农民大量焚烧麦秸秆，导致严重空气污染；作物施肥过程或动物饲养地的氮和磷大量残留在地表，淋溶下渗污染地下水，或被雨水带进河道，又成为其他土地的灌溉水源，于是导致了土壤肥力下降、土壤板结、水土流失等更大范围的污染，甚至威胁到人们的健康生活。

引发污染的主要原因是：农业资源使用不科学，滥用、错用情况严重；农业品种更新快，缺乏相应的农药品种；经济作物快速发展，集约化养殖规划不合理；为追求短期高产和防治病虫害，大量地滥用化肥和高毒农药，以上各方面归结起来主要特征是延续工业领域以“资源—产品—污染排放”单向物质流动的线形经济模式，没有形成一个循环体系。此外，农户缺乏农技推广人员的技术指导、农民缺乏预防农业面源污染的常识也是导致污染严重的原因之一。

循环经济的环保意义，首先表现在系统地认识基于线形经济的末端治理环境保护模式的局限[2]，建立相关生产环节，合理使用农药、科学施用肥料、综合利用秸秆、治理农田白色污染、无害化处理畜禽粪便、进行生态化水产养殖、综合治理农村生活污染、建立有效的农业污染监控机制与体系。此外，面源污染的发生与当地农村短期经济行为密切相关，如果没有将面源污染控制与经济投入结合起来，管理措施将难以有效实施。

2.3 生态系统破坏严重

随着人类对自然资源和环境干涉能力的增强，人类在追求经济利益和社会财富的同时，也极大地破坏了人类自己赖以生存的生态系统，如无限制放牧、砍伐森林、过度开垦和连续耕作等，尤其是贫困地区，由于环境恶劣，并且缺乏资金和其他资源，人们被迫加剧开发原本已经超负荷的土地来维系生存，从而不断加大土地的负载，形成荒漠化、沙化与贫困化的恶性循环。目前我国荒漠化土地面积超过 262.2 万 km^2，占国土总面积的 27.3%，其中沙化土地面积为 168.9 万 km^2，主要分布在西北、华北、东北 13 个省区市的干旱与半干旱地区。加之各种人为污染物质的释放改变了地球表层的物质循环及化学循环，生物链被极大地破坏，生态系统失衡。目前地球上的生物种群因环境破坏，其灭绝的年消失率已达 5 万种以上，洪水、疾病等灾难乘虚而入，整个生态系统破坏严重。这种全球性的生态系统问题在我国表现尤为突出：由生态系统破坏引发的沙尘暴近年来愈演愈烈，甚至北京郊已经出现了沙丘，北方的沙尘暴已经波及了长江流域；全国一半以上的湖泊受到富营养化的污染，一、二级水质的淡水湖泊面积只占湖泊总面积的 1/4；每年的泥石流等地质灾害高达 3 万多起，造成大量的生命财产与农田的损失。

2.4 信息不通，产销受阻

“没有技术的生产与管理是愚蠢的生产与管理，而没有信息的生产与管理则是盲目的生产与管理”，现代的农业技术更新很快，社会对农产品的需求变化也很快。农民信息资源缺乏，导致种植技术、种植结构、品种以及运输与存储条件、销售各个环节的落后，往往造成巨大的经济损失。以果农为例，“一年种树、二年养树、三年砍树”的事例屡屡出现。

现代农业生产是面向国内外大市场的生产，农业生产的竞争加剧，特别是我国加入 WTO 以后，我国农业生产面临巨大的国际市场竞争的威胁。农业生产复杂，制约条件多种多样；农业市场变化迅速，信息不通，产销流通渠道不畅是实施农业循环经济的一个不可忽视的问题。面对国内外大市场，制定与决策农业生产计划与销售策略、沟通销售渠道都要依靠信息与现代信息技术。

现代农业生产又是社会化的大生产，土地平整、播种、中耕、治理病虫害、收割与储藏等等生产环节都有相应公司进行专业化很高的作业。这种社会化生产不仅可以大幅度地提高农作质量与效率，而且还可以减低作业成本。农业社会化生产需要靠信息技术的支持，以沟通农户与专业公司的联系。

2.5 农业生产者文化素质偏低

生产者是农业社会资源中最为重要的因素。目前，全国具有大学以上学历的计算机信息技术人才的县级单位数目只占全国县级单位数目的 8%，全国农民实际的平均文化水平还没有达到小学毕业。国家统计局抽样调查结果显示，目前在我国 4.8 亿农村劳动力当中，只接受过小学教育的劳动力占 38%，接受过职业培训的劳动力也只占 9%。现在的小学、中学、大学各级的人才培养、教育质量也不尽如人意。在农村没有一支拥有相当信息技术水平的庞大技术队伍，发展我国农业循环经济只是一句空话。因而，通过各种渠道，大力培养各个层次的农业信息技术人才是当务之急。国家还要加大在教育，特别是农村的普及教育的经济投人，制定相关的有效经济政策并切实实行，以提高广大农民的文化素质、科技水平。对于农业科技人才，国家还应调整政策导向，使基层的农业科技工作者，特别是农业信息技术工作者，能够在基层留得住、用得上，尽快缩小或填补早已存在、并实际还在扩大的城市与农村、上层科研部门及企业公司与基层农业部门及农村的“人才鸿沟”。

2.6 实现现代农业面临的特殊技术困难数字农业是发展现代农业的必由之路

目前，发展数字农业，在信息技术上存在着以下特殊的困难：农业生产大都在野外，活体测试农作物、牲畜家禽的生长状态，如温度、营养状况、新陈代谢状况等，随机的干扰因素繁多，而要求测试精度却很高；农业周期很长，生产覆盖面积又很大，各地情况千差万别，这就意味着数字农业所面临的数据是时空与属性有机结合的数据，其数据量对于当前的数据库管理是一个巨大的挑战；农业生产周期很长，但是信息的现势性要求却很高，有些信息，比如农产品价格，一天之中需要有早、中、晚三个时段的信息，农田种植区域分布又需要将空间位置信息、时间信息以及作物品种与土地属性信息三者结合起来，采集、表达、管理以及检索都带来特殊的困难；农业动植物的各种现象属于生命现象，其复杂性是其他自然现象难以比拟的，这就给数字农业中的信息提取带来巨大的困难。

凡此种种，可以想象，数字农业对于信息技术的要求是很高的，甚至是苛刻的，这种苛刻的要求也正是促进信息技术向纵深发展的原动力。

以上这些问题都给实施循环经济带来了困难；同时也是农业循环经济需要解决的问题。

3 发展农业循环经济的主要技术领域

3.1 土地利用遥感监测（Landuse Dynamic Monitoring）

土地利用遥感监测是做好国土资源规划、管理、保护和合理利用的前提条件。

土地动态监测的内容主要包括：监测年度各类土地利用变化情况。重点监测新增建设用地与耕地质量变化情况；辅助开展土地变更调查；复核土地变更调查；辅助更新土地利用现状；监测土地利用总体规划执行情况；监测基本农田保护执行情况；为国土资源遥感管理提供最新的土地利用动态信息。为国家宏观调控和深化改革、严格土地管理提供科学依据。

3.2 精确农业（Precision Agriculture）

精确农业又称为精细农业、精准农业，它是指在及时、自动获取田间作物及其生长环境信息的情况下，定位、定量、定时地实施耕作、施肥、灌溉及杀虫，以最大限度地提高生产效益，减少环境污染。使用准确的定位、定量信息指导精准耕作是精确农业与传统农业的主要区别。精确农业技术中，自动准确获取作物及作物环境的多种信息是其技术的关键，遥感技术提供每一地面单元的作物营养状况、土壤墒情、病虫害及杂草等信息；GPS配合其他测试手段，将田间测试的数据准确定位，并将遥感影像数据精准校正；而GIS将各种数据统一管理，支持作物营养诊断模型，对田间每一作业单元给出施肥、灌溉及杀虫、除草配方，自动控制农机具，精准进行农田作业。这套技术包含有多种模式，这些模式可供各地根据不同的自然条件与社会经济条件，因地制宜地选取某种模式，以改进现有的农业生产技术[3]。

3.3 数字畜牧（Digital Animal Husbandrv）

数字畜牧延续了精确农业的思想。通过对牲畜个体的精细化、自动化、科学化控制饲养，达到效益最优、环境污染最小的目的。数字畜牧目前实施最为普遍、最为成功的是诸如大型奶牛场等，这种奶牛场的管理已经可以做到智能化、自动化，牛奶工厂化生产。十几个工人就可以管理4000多头奶牛。野外放牧也开始对牲畜个体采取以上方法进行实时监测与监控，管理人员能够及时了解牲畜的位置以及生理状况，甚至对离群牲畜用电刺激驱赶归队，同时对排泄的污染物也能定量监控。

3.4 立体生态农业（Three—dimensional Ecological Agriculture）

立体生态农业是指以生态学理论为指导，并运用现代科学技术和系统工程，根据空间垂直差异，在不同的高度和部位，因地制宜地布置不同农作物或养殖的不同品种，建立高效益、高功能和形成良性循环的现代化农业。立体生态农业可以充分合理地利用自然资源，包括光、温、水以及土壤肥力，有效地提高农业生产力，而且还可以维持自然界的生态平衡。立体生态农业的研究内容包括规划合理的物种结构、空间结构、时间结构、食物链结构和技术结构以及协调它们彼此之间的关系，立体生态农业可以采取麦粮多元种植立体复合、粮经（蔬菜、药材、瓜类等）多元种植立体复合、林（果）与粮经多元种植立体复合、庭院多元种植立体复合、种植与养殖循环复合等模式[4]。还有蔬菜大棚、沼气池、猪禽圈舍、厕所“四位一体”的良性循环的北方家庭个体生态模式等。

3.5 工厂化农业（Factory Farming）

工厂化农业，又称设施农业。它是运用无土栽培、温室栽培等农作技术，人工构建作物生长环境实现高效、节能、无污染、全方位、全程自动控制农产品生产。这种农业生产在室内或塑料大棚内进行，完全摆脱了恶劣自然条件的影响，使作物在理想的人造环境中生长，环境的各种指标，包括温度、湿度、二氧化碳浓度、光照、营养元素配比等，按照农学规律使用数字化机械设备准确控制，从而大幅度提高农作物产量，而人工劳动比率很低，这种农业工厂可以定期有保障地向市场提供反季节、无公害、优质农产品。目前，生产还主要限于蔬菜、水果、花卉、中草药材等高价位农产品。

3.6 信息农业（Information Agriculture）

当前，先进的信息技术消除了空间距离的障碍，将数千公里之外的信息，包括自然状况信息、农产品市场信息、农业科学技术信息或者国家农业经济政策信息，在一瞬间自动收集并传输到人们面前。现代经济社会，大至一个国家小至一个农户，面对着一个国内外的巨大农产品市场以及复杂多变的自然与社会条件，信息不灵，品种、技术、价位的选择决策不当，立即就会对农业造成巨大的影响。现代农业对信息及信息技术的依赖从来没有像今天这样强烈，

信息农业目前包含的形式有：电子订单农业、农业电子商务、农业技术电子图书馆、电子虚拟农产品博览会等等。

4 农业循环经济对基础科学的需求

4.1 环境保护技术

农业循环经济对于环境保护要求很高，几乎涉及环境科学的各个领域，当前热点技术包括有：农作物秸秆无废料综合利用技术；牧区草原饲草料基地节水灌溉技术；农业废弃物生产糠醛的工艺技术；使用植物油下脚料和潲水油生产生物柴油的技术；利用中药渣开发生产食用菌技术；农田组合排水、暗管外包料技术以及渗灌技术；地膜降解技术；如此等等。

4.2 农业新能源研究

实施循环经济，农村节省与循环使用能源和农业资源的潜力很大，以秸秆与谷壳为例，初步估算我国每年生产的秸秆和谷壳等就有 7 亿多 t，这是一笔巨大的能源以及化工原料，就地焚烧不仅浪费资源，还导致严重的环境污染。

合理开发利用农业新能源，既可以减缓能源紧张局面，又可以改善农民的生存环境。近年来，农村推广应用比较广泛的沼气能源就是一例。沼气能源具有不仅为农户提供了大量的优质能源，同时在改善农村环境卫生条件和减少病原体的孳生及传播方面具有显著作用，大力推广生态农业是我国农业发展的主要方向，沼气有利于降低农业面源污染，为生态农业的发展提供了无污染的平台；同时沼气设备还可以生产优质有机肥。

4.3 生物技术

现代生物技术是以 DNA 分子技术为基础，包括微生物工程、细胞工程、酶工程、基因工程等一系列生物高新技术的总称。

DNA 的发现使农业科学从试验性的科学逐渐变成定量理性的科学。由此传统的遗传育种发展为转基因培育新品种，用人为改变基因或移植基因的方法改良动植物的品质，使动植物向人们希望的方向发育与遗传，因而引发了遗传育种的一场革命。原来需要数年、甚至十几年培育一个新品种，现在可以在实验室仅用几天就可以完成，新品种在产量、质量、耐受环境胁迫条件等方面有大幅度提高。更使人们始料不及的是经转基因研制的新型农产品可以作为药品使用，如奶牛的乳房可以变为一种生物反应器，由这种奶牛产下的牛

奶可以医治多种疾病。这样的新型农业不仅可以向人们提供食品，而且可以制作医药制剂或食品兼药品。另外，运用生物技术进行环境保护有也比较迅速的进展，其中包括废气的控制处理，主要使用生物过滤、生物洗涤和生物吸附法等；进行污水的净化处理、固体废弃物处理，主要技术包括植物生物技术、细菌生物技术、真菌生物技术、酶生物技术等[5]。

4.4 节水农业

节水农业是中国21世纪农业可持续发展的必然选择。主要包括节水灌溉农业和旱作农业，其核心是提高自然降水和灌溉水的利用效率和效益，以适应气候、地形、水文和土壤等相应的环境。目前，我国干旱耕地面积已达40万 km^2，年减产粮食0.3亿t左右，干旱缺水已成为制约我国农业发展的主要因素。一方面农业缺水，另一方面水资源利用率低、用水浪费现象普遍存在，而由用水浪费导致的污染也十分严重。

目前，国内外在干旱缺水问题上，都投入了大量的人力、物力和财力，积极开展节水和保水技术的研究与推广工作。发展机械化节水灌溉是解决干旱缺水的有效途径，美国的喷灌使用率达到50%，还大面积推广渗灌技术；中国的喷灌技术使用率只有2%左右。

5 结语

实施循环经济是缓解当今世界面临的能源、污染以及人口三大威胁的主要举措之一。循环经济的发展深刻影响着国家经济的走向和抵御未来风险的潜在能力，事关国民经济建设的全局，而农业循环经济是其中的一个主要内容。农业实施循环经济战略对于我国经济的可持续发展尤为重要。

高新技术是实施农业循环经济、变革传统的经济发展模式的主要技术支撑，涉及大范围的基础科学，国家实施农业循环经济应当加大对其支持的力度，以实现环境保护与经济发展的双赢。

实施农业循环经济是一个复杂的系统工程，不是单纯的技术问题，也不是单纯的经济问题，还需要社会经济政策、法律法规、人文文化、制度创新、科技创新、结构调整等社会发展的整体协调。当前开展的社会主义新农村建设应当将实施农业循环经济作为一项指导性方针进行贯彻，以期农业现代化建设沿着正确轨道健康发展。

参考文献

[1] Feng F. The situation, problems and ways out of resources problems in China [J]. China Development Observation, 2005, 7: 15-16.

[2] Zhu D J. Circular economy; 21century' s new economy [J]. Review of Theory, 2005, 8: 28-30

[3] Yan T L, Developing 3S technology to promote agricultural modernization [J]. Journal of China Agricultural University, 2005, 10 (4): 62-66.

[4] Yu L H. The ecology stereoscopic agriculture mode and its technique system [J]. Modem Agriculture, 2005, 6: 12-13.

[5] Feng Y S. Biological technology and environmental protection [J]. Journal of Yuzhou University (Natural Sciences Edition), 2003, 20 (2): 81-85.

农业院校研究生遥感科学与技术系列课程建设初探

王鹏新　严泰来　张超　苏伟

（中国农业大学　北京　100083）

摘要： 根据农学学科的特点，并参考国内地理学学科和测绘科学与技术学科的遥感科学与技术系列课程的教学内容，提出了以应用为驱动的农业院校研究生遥感科学与技术系列课程设置方案及其主要教学内容，并对教材选用和教学方法进行了初探，使系列课程能够更好地符合农学学科研究生教育的需求，适应遥感科学与技术在农学基础研究和应用研究的发展需求。

关键词： 研究生；遥感科学与技术；课程建设；农学

从理论和技术方面来讲，本文所及的遥感科学与技术系列课程的内容包括从遥感数据的获取、处理到应用的全过程，涉及遥感物理基础、遥感技术基础、数字影像处理和遥感应用等内容。遥感科学与技术系列课程对于农业院校研究生是一门十分重要的专业基本技术与技能训练的课程。中国农业大学是我国最早将遥感技术引进到国土资源管理的大学。早在 1979 年，原北京农业大学就在国务院支持下，由联合国粮农组织邀请专家对我国科技工作者进行遥感科学与技术培训，以适应全国土壤普查的技术需求。随着我国社会信息化的深入、农业现代化进程的加速，这一系列课程在农业院校的重要地位不断提升。同时，农业资源与环境管理、数字农业技术、现代农业工程等，对遥感都提出了很高的技术要求，迫使我们调整教学内容，更新教学观念，适应农业现代化和信息化的要求，适应农科院校为背景的研究生基础知识的现实情况，对该系列课程教学进行系统地研究与改进。

按照国务院学位委员会、原国家教委 1997 年颁布的《授予博士、硕士学位和培养研究生的学科、专业目录》，遥感科学与技术系列课程涉及的主要学科专业为地图学与地理信息系统（一级学科为地理学）和摄影测量与遥感（一级学科为测绘科学与技术），但如何根据农学学科的特点，确定遥感科学与技术系列课程的教学内容的研究较少，本文主要目的是根据我们近 4 年来的教学实践，总结我们在系列课程建设中取得的成果，以期起到抛砖引玉的作用。

1　系列课程的沿革与演变

遥感科学与技术系列课程的教学内容和教学方法等的改革与遥感科学与技术的发展密

本文发表于《高等农业教育》2008 年第 6 卷第 6 期。

切相关，因此系列课程的建设必须紧扣遥感科学与技术学科发展的前沿，尤其是在遥感的农业应用方面。中国农业大学1981年开设了农业遥感课程，1987年为土壤学硕士研究生开设了遥感原理与图像处理课程，从2002年开始招收地图学与地理信息系统专业学制为3年的硕士研究生，为地图学与地理信息系统专业开设了2门系列课程，即遥感原理与图像处理（学位课）和遥感地学分析（选修课），同时为学校其他非地图学与地理信息系统专业硕士研究生开设了农业遥感技术课程。从2004年秋季学期开始，为了适应学校新的研究生培养方式（2年制）和学科发展的需要，我们将涉及的系列课程教学内容分3门课程进行教学，即遥感原理（Fundamentals of Remote Sensing）（学位课）、遥感数字影像处理（Digital Image Processing：A Remote Sensing Perspective）（选修课）和遥感地学分析（Remote Sensing for Geo-Appli-cations）（选修课）。

2 系列课程的主讲内容

2.1 遥感原理

遥感原理是地图学与地理信息系统专业的学位课程之一，并可作为土地管理、农业资源与环境科学等专业研究生的选修课。本课程以遥感技术的物理机理分析为核心，全面、系统讨论多种遥感技术手段的原理，旨在为遥感数字影像处理和遥感地学分析奠定基础。遥感原理主要内容为遥感的概念、发展简史及其在国民经济中的地位和作用、遥感物理基础、遥感技术基础和遥感影像的目视解译与分类、微波遥感等。在遥感物理基础部分主要讲解黑体辐射、普朗克定理及其推论、太阳辐射与大地辐射、典型地物的光谱反射特性、大气对于遥感电磁波的作用、镜面反射与散射、地物表面粗糙度瑞利判据和四种分辨率（空间分辨率、光谱分辨率、辐射分辨率和时间分辨率）及其相互关系。在遥感技术基础部分主要讲解中心投影、多中心投影及投影误差、等立体角成像、立体成像原理、框幅式与推扫式成像模式、遥感卫星的基本技术术语、遥感卫星运动学机制及特点、中与高空间分辨率资源卫星和气象卫星等的功能和特点。遥感影像的目视解译与分类主要涉及遥感影像的预处理、彩色合成原理、遥感影像的目视解译、多波段遥感影像的彩色合成技术及其解译、遥感影像的监督分类和非监督分类及其误差和精度评价。微波遥感主要涉及微波特性与波段设置、雷达遥感工作机理、真实孔径雷达与合成孔径雷达、雷达方程与后向散射系数、地面粗糙度问题与多面体反射、雷达遥感的四种极化工作方式、雷达遥感中的特殊投影误差问题（叠掩、顶点位移、波面的拉伸与收缩、雷达盲区）。该课程还需讲解以植被指数和土地表面温度反演为主的遥感数据处理过程及其在农业中的应用。

2.2 遥感数字影像处理

遥感数字影像处理是地图学与地理信息系统专业的选修课程之一，同时也可作为计算机、农业资源科学、环境科学相关专业的选修课程。本课程以遥感影像的处理为核心，由遥感影像的获取、预处理、处理和数字影像基础；空间域和频率域图像增强；多源、多波段图像处理和遥感制图；遥感数字影像的自动分类等四部分组成。遥感影像的获取、预处理及处理和数字影像基础部分的主要内容有：遥感影像的获取、预处理过程概要、遥感数字影像处理的数学基础和数字影像基础、遥感影像的辐射校正和几何校正。空间域和频率域图像增强部分讲授空间域和频率域遥感影像的主要处理方法，包括傅立叶变换、小波变换、数字滤波、频率域遥感影像分析等，是本课程的重点。遥感数字影像的自动分类部分讲解高级的遥感影像分类前沿技术方法，包括如神经网络分类、树分类和支持向量机分类等。多源、多波段图像处理和遥感制图部分重点讲授彩色基础和模型、彩色处理、彩色变换、多源遥感数据融合、遥感数据同化和遥感专题制图。

2.3 遥感地学分析

遥感地学分析是地图学与地理信息系统专业的选修课程之一，并可作为土地资源管理、农业资源与环境科学等专业研究生的选修课。本课程以遥感科学与技术的农业应用为核心，以卫星遥感数据为主，较为全面和系统地讲解数据的预处理、处理、模型的建立及应用，使学生能够学会根据实际需要选择遥感影像数据，并运用目视解译、计算机自动识别、遥感定量反演等方法和手段从遥感影像数据中提取各种地学信息、地球资源信息以及农业信息的能力。遥感地学分析主要内容可分为定性、半定性、定量三个方面。定性方面主要讲解遥感影像的理解与解译、遥感综合分析方法；半定性方面主要包括土地利用和土地覆盖变化遥感监测、土地资源评价及土地荒漠化遥感评价、精确农业等前沿问题探索；定量方面主讲遥感定量反演、混合像元分解、尺度效应与尺度转化、地表能量平衡及干旱和洪涝监测、激光雷达遥感（LI—DAR）三维空间数据处理等。

3 系列课程间的关系和教学方法

3.1 系列课程间的关系

在第 2 部分我们明确了 3 门课程的主讲内容，且 3 门课程间有少量的重复与衔接之处。为讲好这些主讲内容，首先就必须明确这 3 门课程间的关系和选课学生的专业背景以及以应用为目的的这些学科专业的潜在需求。遥感原理为地图学与地理信息系统专业的学位课，遥感数字影像处理和遥感地学分析为该专业的选修课，而这 3 门课程均可作为我校其他专业的选修课，如土壤学、土地利用与信息技术、生态学、气象学、水文学及水资源、植物病理学、植物营养、农业工程和计算机应用技术等学科专业。因此我们在讲解时以地图学与地理信息系统专业的培养为主线，并兼顾其他专业的应用需求，从理论和应用两个方面确定 3 门系列课程间的关系（图 1）。将遥感原理确定为以讲解基本理论和技术为主，遥感技术的农业简单应用为辅（图 1 上方的粗实竖线），讲解应用的目的是为后续不选遥感数字影像处理和遥感地学分析的研究生展望一下遥感技术在农业中的应用前景。将遥感地学分析确定为以遥感技术的农业应用为主，遥感影像数据的获取和预处理为辅（图 1 中间的粗实竖

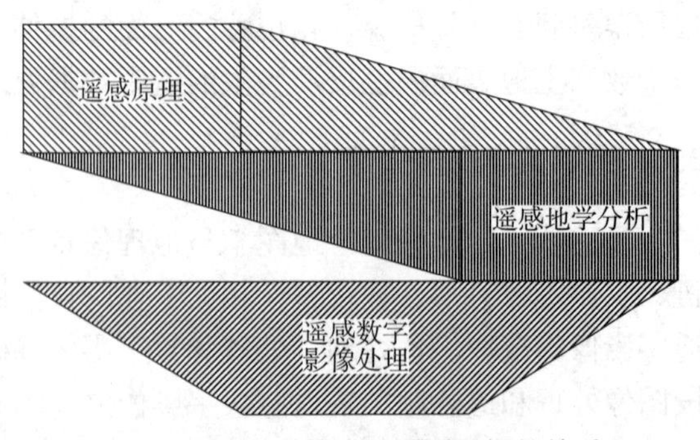

图 1　遥感科学技术系列课程间的关系

线），这样可使未选修《遥感原理》和《遥感数字影像处理》的同学对相关内容有一定的了解，促使他们自学有关内容。而将遥感数字影像处理确定为基本的数字影像处理技术和为满足某些应用为目的影像数据处理技术，即遥感数字影像处理对遥感原理和遥感地学分析课程起着桥梁和中间纽带的作用（图1下方）。

3.2 教材和参考资料的选择

考虑到农学学科的特点和遥感在农业中的应用现状及学科前沿，为遥感科学与技术系列课程中的任何一门课程选择一本或几本较为专用的教材是比较困难。如中国科学院研究生教学丛书《遥感应用分析原理与方法》[1]教材内容系统，理论构架完整，有较深入的理论分析，有较高的学术价值，但是对于农业、林业应用涉及较少，所讲应用案例也比较陈旧。又如《农情遥感监测》[2]是一本系统阐述遥感应用于农业的专著，可以用于农林院校有关专业研究生教学的参考书，但作为教材尚不适合，原因是理论体系不够完整、内容涵盖面较窄，且侧重于农情遥感监测。事实上，遥感农业应用不仅仅是农情监测，还有诸如精确农业、农业资源调查、水旱虫灾情监测等等。为此我们选择以《遥感应用分析原理与方法》和《Digital Image Processing》[3]、《数字图像处理》[4]为主要参考教材，《Introductory Digital Image Processing：A Remote Sensing Perspective》[5]和《遥感与图像解译》[6]为次要参考教材，根据我们在本文第2部分中所列的主讲内容，从这些教材中选择主讲内容和确定以某一教材的内容为主。同时为了选择较新遥感农业应用案例，我们从国内外专业学术期刊（如参考文献[7]）及相关专著（如参考文献[2，8]）中选择部分应用案例，一来为了适应学科发展的需要，二来培养研究生阅读科技文献的能力。此外，我们正在按照以上思想，编著《遥感原理与农业应用》研究生教材，年底将交付出版社出版，届时也可以作为主要参考教材。

3.3 教学方法的尝试

遥感科学与技术是20世纪60年代以来发展起来的一门新兴边缘学科，它涉及物理学、空间科学、计算机科学与技术、影像处理和地球科学等众多领域，是一种非常重要的对地观测手段和技术。在遥感科学与技术系列课程主讲内容确定以后，如何根据农业院校相关学科的需求以及研究生的专业背景等选用合适的教学方法是完成教学任务和保证教学质量的关键。根据近4年来的教学实践，我们在讲授系列课程时进行了一些尝试，且初步取得了较好的效果。

3.3.1 中英文教学

国内外现有教材虽各有一定的偏重，但对某一具体章节来说内容较为固定，加之国内目前有中译版与原版并存的教材[3,5]，因此对有关概念、名词或技术的解释宜采用中英文对照的方法。如“radiance”在国内早期的教材和期刊中有时使用辐射率这一术语，而在近期多使用辐亮度或辐射亮度；对热红外遥感来说，“emissivity”可译为比辐射率或发射率，甚至在某一中文专著中出现两者并用。又如有的中文文献在讲假彩色合成时，对英文术语“pseudo _ color composite”或“false color composite”不分，甚至两者混用，如果用英文解释，则会起到事半功倍的效果。“pseudo color composite”是指将一幅单波段遥感影像（黑白影像）变为彩色影像的过程，而“false color composite”是指将多波段（一般采用3波段）遥感影像变为彩色影像的过程。这样的教学方法既可以使学生掌握专业词汇，又可以提高学生对英文文献的阅读能力。

3.3.2 联想式教学

联想式教学是根据某一学科已有的对某一现象或术语的定义，采用启发式教学方法讲授系列课程中的某一特定内容。如在讲解遥感影像目视解译的基本要素和解译策略时，我们从中级的解译要素/图案式（Pattern）开始，联系到国际格局（Pattern）的定义（是指在一段时期内，国际社会中的主要主权国家或国家集团相互联系、相互作用，形成的一种相对稳定的力量结构和态势）及景观生态学中对格局（Pattern）的定义（是由大大小小的斑块组成的斑块的空间分布），先讲解图案/模式的定义（the regular repetition of a tonal arrangement across an image，个体目标重复排列的空间形式），在此基础上讲解较为低级的解译要素：色调（Tone）、大小（Size）、形状（Shape）和纹理（Texture）；最后讲解较高级别的解译要素：阴影（Shade）；位置（Site）和组合/关系M局（Association）。遥感科学中将Pattern译为图案或模式的原因可能是因为遥感影像中的Pattern是一抽象的概念，而格局是一实际的概念。这样的教学方式相对于从低级要素到高级要素的讲解而言，能够有效地促进学生对知识的理解，提高学生思考问题的能力和学习的主动性。

3.3.3 引导式教学

遥感影像的处理涉及几何校正、辐射定标和辐射校正、增强处理、某一地表参数反演算法的实现等内容。这些内容除几何校正需要应用商业软件完成外，其他数据处理过程可通过C/C++等编程工具实现。为了提高学生，尤其是计算机基础比较薄弱的学生的动手能力，我们编写了一个C/C++程序，用于读取TM若干波段的影像数据，然后按波段逐像素（像元）进行辐射定标，并进行反射率的计算，最后通过计算生成植被指数（*NDVI*）和亮度温度（*BT*）数据产品并加以存储。学生在使用该程序时，可以以程序的读取模块和存储模块为基础通过修改中间模块的数据处理算法完成某些特定的数据处理功能，如叶面积指数（LAI）的反演、直方图频率的计算等。这种教学方式可以增强学生对抽象的影像处理的理性认识和动手能力，也可为以后从事相关的科学研究打下基础。

3.3.4 典型案例分析式教学

遥感科学与技术是一门交叉学科，且在进行应用时与其他学科的关系密切，因此在遂感科学与技术应用过程中难免会出现一些技术性和专业性错误。我们从校内外历届研究生的学位论文中选择有关专业性错误进行讲解，以提高学生对某一知识的掌握能力。如一硕士生采用7×7的权重均为1的模板对遥感影像进行滤波后再进行边缘提取，该数据处理过程存在的问题是所用7×7模板为低通滤波模板，而采用此模板滤波后的遥感影像不利于边缘提取，应该先采用高通滤波模板进行滤波，之后再进行边缘提取，说明学生对影像处理中滤波的知识掌握不深。又如在冬小麦的*LAI*反演研究时，部分小麦田块的*LAI*值出现了大于7的现象，这不符合作物的物候特征（冬小麦整个生育期很少或几乎不出现这一情况），说明学生对作物物候和作物栽培知识掌握甚少。选择部分典型案例加入到教学内容中，可以收到加深遥感概念与专业知识、理论结合实际的效果。

4 结语

通过几年来的研究生教学实践，我们从实施科学发展观角度展开了遥感科学与技术相关课程的建设，理论起点较高，应用案例较新，内容充实、涵盖全面，有一定系统性。主讲内容覆盖了遥感科学与技术的基本内容，并针对遥感技术农业应用的特点，覆盖了农情监测、国土资源监测、精确农业等主要应用领域。

从课程建设目标来说，目标明确、重点突出，紧密围绕遥感在农业领域应用的理论与技术问题设置内容，适应现代农业对于获取宏观农业资源、农业生态环境以及农情等多方面信息的需求。建设内容具有较强的系统性、前瞻性和应用驱动性等特点，适宜于农业院校研究生专业教育的特定需求。

在讲授方式和策略上，我们本着基础理论与应用驱动相结合及学以致用的原则，力求深入浅出，强调概念交代清楚、形象生动，注重有关农业应用中的数理推导和遥感影像综合分析的方法，尽可能采用投影仪演示影像处理过程，达到了简明扼要、直观明了、易于理解的目的。

从近 4 年来的教学效果看，通过对建设目标的认真实施和完善，初步达到了既丰富了学生的遥感和专业知识，又提高了他们独立分析问题和解决问题的能力以及动手能力的效果。

参考文献

[1] 赵英时．遥感应用分析原理与方法［M］．北京：科学出版社，2003.

[2] 杨邦杰．农情遥感监测［M］．北京：中国农业出版社，2005.

[3] Gozalez R C，Woods RE. Digital Image Processing［M］．2nd ed. Prentice Hall，2002.

[4] ［美］Gozalez R C，Woods R E. 数字图像处理［M］．阮秋琦，等译．北京：电子工业出版社，2003.

[5] Jensen J R. Introductory Digital Image Processing：A Remote Sensing Perspective［M］．3rd ed，Prentice Hall，2005.

[6] ［美］Lillesand T M，Kiefer R W. 遥感与图像解译［M］．彭望琭，余先川，周涛，等译．北京：电子工业出版社，2003.

[7] Chander G，Markham B. Revised landsat-5 TM radiometric calibration procedures and postcalibration dynamic ranges［J］．IEEE Transaction on Geoscience and Remote Sensing，2003，41：2674-2677.

[8] 周成虎，骆剑承，刘庆生，等．遥感影像地学理解与分析［M］．北京：科学出版社，1999.

基于辛普森面积的多边形凹凸性识别算法

陈亚婷　严泰来　朱德海

（中国农业大学信息与电气工程学院　北京　100083）

摘要：多边形顶点的凹凸性是其重要的形状特征，常被应用于制图综合、模式识别等方面。该文利用多边形特有的面积属性，将辛普森面积计算公式引入多边形顶点的凹凸性识别算法中，通过计算多边形中待判断顶点与其相邻两顶点所构成三角形的辛普森面积与整个多边形的辛普森面积的符号异同来判断顶点凹凸性。经推算证明，该算法对于复杂多边形的顶点凹凸性识别同样有效。

关键词：辛普森面积计算公式；顶点凹凸性；复杂多边形；多边形方向

为了详细了解各种地物的信息，常采用大比例尺进行调查成图；但在不同领域使用地图时，对地图详细度的要求不一致。例如，在分析一个地区的总体地域特征时，需要大范围浏览地物，以把握整体特性；通常的做法是以大比例尺数据作为数据源，过滤掉冗余信息，保留地物特征，形成概要的小比例尺地图。在该过程中，对多边形进行特征提取是最关键的步骤。凹凸性是多边形的重要形状特征，如能预先确定多边形的凹凸性，可使问题简化。

现有的多边形顶点凹凸性识别法有角度法、叉积法、拓扑映射法以及基于边向量斜率比较的方法等[1,6]。其中最基本的算法是角度法，但其计算效率低，且易出现奇异值。另一典型算法是叉积法，即在判别多边形方向的前提下，利用多边形相邻3点的坐标组成的行列式值与零的关系来确定有向线段之间的位置关系，从而得到顶点的凹凸性。该算法正确率高，但计算量较大，且不适用于复杂多边形。本文利用多边形特有的面积属性，提出了基于辛普森面积的多边形顶点凹凸性识别算法，利用多边形3个连续顶点构成三角形的辛普森面积与整个多边形的辛普森面积符号的异同来识别简单多边形的凹凸性。

1　相关定义

（1）简单多边形

若多边形由平面上 n 个不同点 $P_1, P_2, \cdots, P_n$ 首尾相连构成，且满足任意两条不相邻边都不相交，任意相邻的三点都不共线，称该多边形为简单多边形，其中 $P_1, P_2, \cdots, P_n$ 为其顶点。

本文发表于《地理与地理信息科学》2010年第11卷第6期。

(2) 复杂多边形

若一多边形由多个简单多边形组成，且满足任意两个简单多边形边界不相交，则称该多边形为复杂多边形，所有组成该复杂多边形的简单多边形的顶点称为该复杂多边形顶点。

(3) 多边形的方向

使用辛普森公式计算多边形面积，若所得辛普森面积为正，则称该多边形方向为正方向；否则，称其方向为负方向。

(4) 顶点的凹凸性

对于多边形某个顶点，若交于该顶点的相邻两边所形成的内角（即该多边形所围成有界区域内所形成的角）小于180°，称该顶点为凸点；若大于180°，称其为凹点；若等于180°，则称该顶点不具有凹凸性。

(5) 结点

GIS中线的终点、起点和交点称为结点。

(6) 弧段

GIS中两个结点之间的线段称为弧段。

2 凹凸性识别算法原理

凹凸性识别算法建立在GIS的图形存储数据结构基础上。基于该数据结构，将辛普森面积计算公式应用于多边形和待判断顶点所在三角形，即可判定顶点的凹凸性。

2.1 存储数据结构[7]

GIS中多边形的存储使用多边形—弧线拓扑结构定义，即数据结构中不直接存储多边形顶点坐标信息，而是存储组成该多边形的弧段。一个简单多边形由一系列组成其边界的弧线规定，复杂多边形则由多组弧线构成，其中每组弧线定义一个构成该复杂多边形的简单多边形。

为了定义多边形间的拓扑邻接性，每个弧段从起始结点到终止结点方向的左侧多边形称为左多边形，右侧的多边形称为右多边形。对于复杂多边形，在遍历弧段时要求该多边形区域是所有组成其弧段的同侧多边形，这就要求构成“洞”的弧段方向与外边界的弧段方向相反。如图1所示，多边形区域同是构成其两个弧段的右多边形，“洞”弧段的方向与外边界弧段的方向相反。

图1 多边形弧段方向示意

2.2 辛普森（Simpson）面积公式[7,8]

辛普森面积计算公式的基本思想是：按照多边形的顶点顺序依次求出多边形所有边与X轴或者Y轴组成的梯形面积，然后求其代数和（图2）。一个由n个顶点组成的多边形的辛普森面积为：

$$S = 1/2 \times \sum_{i=1}^{n} x_i (y_{i+1} - y_{i-1}) \Bigg|_{\substack{y_0 = y_n \\ y_{n+1} = y_1}} \quad (1)$$

由文献［8］可知，当多边形顶点呈顺时针方向排列时所得辛普森面积为正值，逆时针方向排列时辛普森面积为负值，而多边形几何面积为其辛普森面积的绝对值。

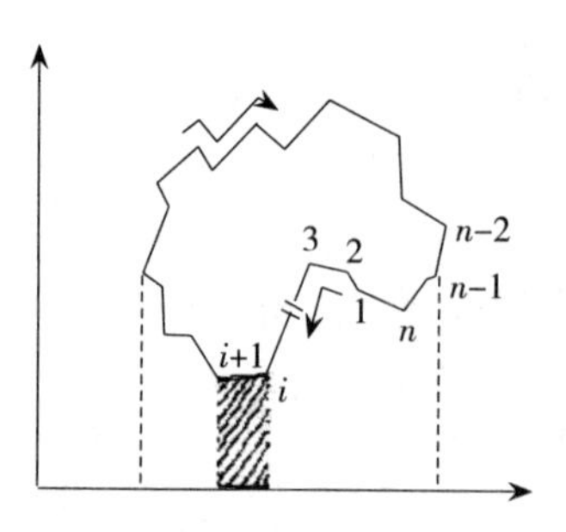

图 2　辛普森面积计算原理示意

2.3　基于简单多边形的凹凸性识别算法

通过论证可得到如下推理：无论多边形方向的正负性如何，其顶点与前后两顶点构成三角形的辛普森面积与多边形的辛普森面积符号相同时，该顶点必为凸点；反之，则该顶点必为凹点。

推理的证明过程如下：

多边形 $P_1 P_2 \cdots P_n$ 的辛普森面积为：

$$S(p_1 p_2 \cdots p_n) = \sum_{i=1}^{n=i} S_1 + (x_n + x_1) \cdot (y_1 - y_n)/2$$

当 $2 \leqslant i \leqslant n-1$ 时，三角形 $p_{i-1} p_i p_{i+1}$ 的辛普森面积为：

$$S(p_{i-1} p_i p_{i+1}) = s_{i-1} + s_i + (x_{i+1} + x_{i-1}) \cdot (y_{i-1} - y_{i+1})/2$$

去除目标顶点 p_i 后的多边形 $p_1 p_2 \cdots p_{i-1} p_{i+1} \cdots p_n$ 的辛普森面积为：

$$S(p_1 p_2 \cdots p_{i-1} p_{i+1} \cdots p_n) = \sum_{k=1}^{i-2} S_k + (x_{i+1} + x_{i-1}) \cdot (y_{i+1} - y_{i-1})/2$$
$$+ \sum_{k=i+1}^{n-1} s_k + (x_n + x_1) \cdot (y_1 - y_n)/2$$

因此有：

$$S(p_1 p_2 \cdots p_{i-1} p_{i+1} \cdots p_n) + S(p_{i-1} p_i p_{i+1})$$
$$= \sum_{k=1}^{i-2} S_k + (x_{i+1} + x_{i-1}) \cdot (y_{i+1} - y_{i-1})/2 + \sum_{k=i+1}^{n-1} s_k + (x_n + x_1) \cdot (y_1 - y_n)/2$$
$$+ s_{i-1} + s_i + (x_{i+1} + x_{i-1}) \cdot (y_{i-1} - y_{i+1})/2$$
$$= \sum_{k=1}^{i-2} S_k + s_{i-1} + s_i + \sum_{k=i+1}^{n-1} s_k + (x_n + x_1) \cdot (y_1 - y_n)/2$$
$$= \sum_{i=1}^{n-1} S_1 + (x_n + x_1) \cdot (y_1 - y_n)/2$$
$$= S(p_1 p_2 \cdots p_n)$$

当 $i=1$ 或 $i=n$ 时，令 $p_0=p_n, p_{n+1}=p_1$，易证上述结论仍成立，即有：

$$S(p_1 p_2 \cdots p_n)=S(p_1 p_2 \cdots p_{i-1} p_{i+1} \cdots p_n)+S(p_{i-1} p_i p_{i+1})\Bigg|_{\substack{p_0=p_n \\ p_{n+1}=p_1}} i=1,2,\cdots,n$$

于是，当 $S(p_1 p_2 \cdots p_n)$ 与 $S(p_{i-1} p_i p_{i+1})$ 符号一致时，有：

$$\begin{aligned}|S(p_1 p_2 \cdots p_n)| &= |S(p_1 p_2 \cdots p_{i-1} p_{i+1} \cdots p_n)+S(p_{i-1} p_i p_{i+1})| \\ &= |S(p_1 p_2 \cdots p_{i-1} p_{i+1} \cdots p_n)| + |S(p_{i-1} p_i p_{i+1})|\end{aligned}$$

即多边形 $P_1 P_2 \cdots P_n$ 的几何面积为多边形 $p_1 p_2 \cdots p_{i-1} p_{i+1} \cdots p_n$ 与三角形 $p_{i-1} p_i p_{i+1}$ 的几何面积之和，如图 3a 所示，则目标顶点 p_i 为凸点。

而当 $S(p_1 p_2 \cdots p_n)$ 与 $S(p_{i-1} p_i p_{i+1})$ 符号不一致时，有：

$$\begin{aligned}|S(p_1 p_2 \cdots p_n)| &= |S(p_1 p_2 \cdots p_{i-1} p_{i+1} \cdots p_n)+S(p_{i-1} p_i p_{i+1})| \\ &= |S(p_1 p_2 \cdots p_{i-1} p_{i+1} \cdots p_n)| - |S(p_{i-1} p_i p_{i+1})|, \\ &\quad (|S(p_1 p_2 \cdots p_{i-1} p_{i+1} \cdots p_n)| > |S(p_{i-1} p_i p_{i+1})|)\end{aligned}$$

即多边形 $p_1 p_2 \cdots p_n$ 的几何面积为多边形 $p_1 p_2 \cdots p_{i-1} p_{i+1} \cdots p_n$ 与三角形 $p_{i-1} p_i p_{i+1}$ 的几何面积之差，如图 3b 所示，则目标顶点 p_i 为凹点。

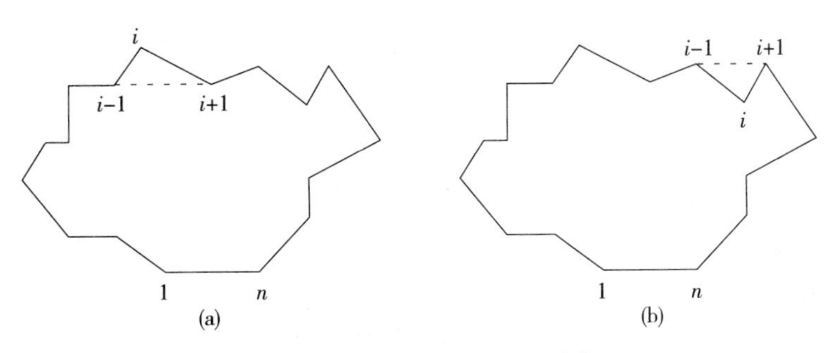

图 3　顶点凹凸性面积原理示意

根据该推理，多边形顶点的凹凸性可通过判断多边形与顶点三角形的辛普森面积符号是否一致得出。以简单多边形 $p_1 p_2 \cdots p_n$ 的为例，令 $p_0=p_n, p_{n+1}=p_1$。基于辛普森面积的顶点凹凸性识别算法的实现步骤为：1）按照多边形顶点存储顺序遍历该多边形所有顶点，根据辛普森面积公式求出多边形辛普森面积的两倍（2S）。2）从起始顶点开始遍历，获取目标顶点 p_i 的坐标值，并获取其前一顶点 p_{i-1} 和后一顶点 p_{i+1} 的坐标；利用辛普森面积公式计算三角形 $p_{i-1} p_i p_{i+1}$ 辛普森面积的两倍（$2S_i$）。3）判断 2S 与 $2S_i$ 的符号：若 2S 与 $2S_i$ 同号，即 $2S*2S_i>0$，则目标顶点 p_i 为凸点，若 2S 与 $2S_i$ 异号，即 $2S*2S_i<0$，则目标顶点 p_i 为凹点。4）获取下一个目标顶点，转至步骤 2。当所有顶点已遍历结束，退出程序。

在上述过程中，通过判断多边形辛普森面积 S 的符号得到多边形的方向。考虑到多边形的方向对顶点的凹凸性并无影响，因此算法中省略多边形方向的判断，直接使用 2S 与 $2S_i$ 的乘积符号得到顶点的凹凸性。这就避免了由于坐标系不一致（如 X 坐标轴与 Y 坐标轴换位）或初始多边形的方向不同带来的预处理过程，增强了算法的适应性。

2.4　复杂多边形中算法有效性验证

区别于现有的典型识别算法，基于辛普森面积的顶点凹凸性识别算法对复杂多边形同样有效，其理论验证过程如下。

首先，将辛普森面积计算公式推广到复杂多边形的面积计算中。按照辛普森面积公式的定义，复杂多边形的辛普森面积应表示为组成多边形的所有边界弧段上顶点与 X 轴或 Y 轴组成的梯形面积的代数和。则图 4 中复杂多边形的辛普森面积为：

$$S = S(p_1 p_2 \cdots p_n) + S(p_a p_b p_c) \quad (2)$$

由 2.1 节可知，复杂多边形中“洞”弧段的存储方向与外部多边形的弧段方向相反。因此，“洞”弧段构成的简单多边形的辛普森面积与外部简单多边形的辛普森面积符号不一致，即有 $S(p_1 p_2 \cdots p_n) \times S(p_a p_b p_c) < 0$，则：

$$|S| = |S(p_1 p_2 \cdots p_n) + S(p_a p_b p_c)|$$
$$= |S(p_1 p_2 \cdots p_n)| - |S(p_a p_b p_c)|, (|S(p_1\ p_2\ p_n)| > |S(p_a p_b p_c)|)$$

即该复杂多边形的面积为外部多边形的几何面积扣除“洞”的几何面积。因此，辛普森公式对复杂多边形成立。设一复杂多边形的辛普森面积为 S，其内部“洞”弧段对应的简单多边形的辛普森面积为 $S^{洞}$。由于复杂多边形内部的“洞”弧段与外边界弧段的方向相反，而外边界弧段的方向决定了该复杂多边形的辛普森面积正负性，则 $S * S^{洞} < 0$。若 S_k 为“洞”弧段对应的简单多边形上的凸顶点，则 $S_k * S^{洞} > 0$。由上面两式得 $S_k * S < 0$，即“洞”弧段对应的简单多边形的凸顶点为该复杂多边形的凹顶点。同理可得，“洞”弧段对应的简单多边形的凹顶点为该复杂多边形的凸顶点。

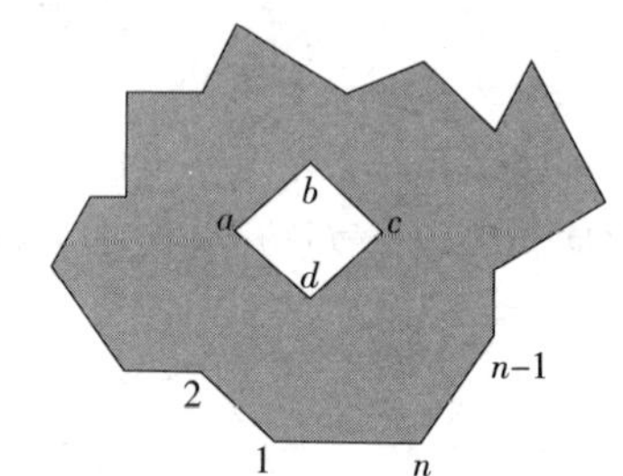

图 4　复杂多边形辛普森面积示意图

综上可知，该算法对复杂多边形的顶点凹凸性识别同样有效。

3　结语

本文提出了基于辛普森面积的多边形顶点凹凸性识别算法，利用多边形中待判断顶点与其相邻两顶点所构成三角形的辛普森面积与整个多边形的辛普森面积的符号异同来判断顶点凹凸性，避免了对多边形自身方向的判断，从而避免了由于坐标系统不一致（如 X 轴、Y 轴位置交换）和多边形方向变化带来的预处理过程，增强了算法的适应性。该算法时间复杂度为 $O(n)$，计算效率相对较高，可为图斑化简、点线空间位置判断等方面[9,10]的应用提供参考。该算法对复杂多边形的凹凸性识别同样有效。

参考文献

[1] 刘晓平，吴磊．简单多边形方向及顶点凹凸性的快速判定［J］．工程图学学报，2005，26（4）：124-129.

[2] 赵军，张桂梅，曲仕茹．利用极点顺序的多边形顶点凹凸性判别算法［J］．工程图学学报，2007，28（1）：55-59.

[3] FEITO F R. TORRES J C. URENA A Orientation，simplicity，and inclusion test for planar polygons

[J]．Computers Graphics，1995，19（4）：595-600.
[4] 汪学明．多边形顶点凸凹性识别算法的研究与实现［J］．计算机应用，2005，25（8）：1787-1788.
[5] 庞明勇，卢章平．基于边向量斜率比较的简单多边形顶点凸凹性快速判别算法［J］．工程图学学报，2004（3）：73-77.
[6] 刘润涛．任意多边形顶点凸、凹性判别的简捷算法［J］．软件学报，2002，13（7）：1309-1312.
[7] 朱德海，严泰来，杨永侠．土地管理信息系统［M］．北京：中国农业大学出版社，2000.
[8] 李建林．面积平衡约束下的土地利用数据综合方法研究［D］．中国农业大学，2008.
[9] 宋晓眉，张晓东，李健林．一种高准确度的约束 Delaunay 三角网生成算法研究．地理与地理信息科学，2009，25（1）：99-102.
[10] 李健林，朱德海，宋晓眉，等．一种基于面积平衡的图斑化简算法［J］．地理与地理信息科学，2009，25（1）：103-106.

GIS图斑面积量算方法及其拓扑判断

严泰来　陈亚婷　刘哲

（中国农业大学　北京　100083）

摘要： 介绍GIS如何测算图斑面积、测算图斑面积误差估计和GIS的拓扑判断并阐述其应用。

关键词： 图斑；面积；GIS

1　GIS图斑面积量算方法

在地图上，一个用曲线勾划的封闭区域就称为图斑（parcel），即一个地块。每一个县、乡或村都有边界，用边界围成一个区域就是图斑。对于图斑，人们首先关心其面积，这是任何一个图斑最为基本的地理信息之一。

GIS表现地图的地理信息有两种基本资料数据格式（dataformat），即网格格式（grid）和矢量格式（vector），如图1所示。

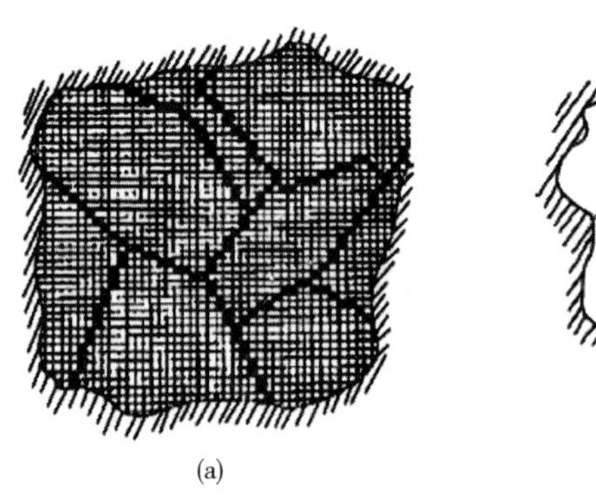

(a)

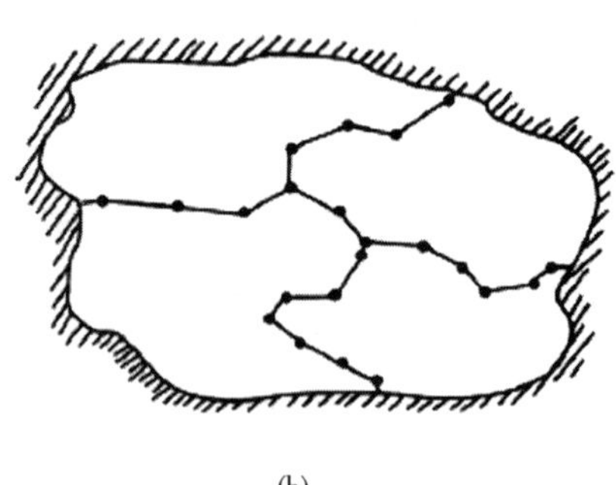

(b)

图1　数字化地图数据的网格格式和矢量格式

图1（a）为数字化地图数据的网格格式，所谓网格格式是指用透明、细密、均匀的方格网“覆盖”在地图上，网格有具体的尺寸，网上的每一方格在地图上覆盖的部位具有某一属性，如网格格式表达行政区划图，则各个网格就被赋予对应地图部位的行政编码。当然，有一些网格可能处于两个或三个地块的交界处，此种网格的属性就以分割出最大地块的属性为准。显然，此时图斑的面积A即为属于该图斑的网格数目n乘以一个网格的面积a，即：

本文发表于《测绘通报》2012年增刊。

$$A = n \times a \quad (1)$$

这种方法简单，但是在GIS中并不常用，原因有两点：①GIS空间数据库基本用矢量格式，网格格式的空间数据库并不多见；②网格格式的精度受制于空间数据库存储量的限制，不能将网格设置过小，所以用这种方法量测图斑面积的精度不高，难以满足实际需要。

图1（b）即为数字化地图数据的矢量格式，所谓矢量格式是指用首尾相接的多条线段链接起来的折线，每一个线段都有方向，用折线逼近曲线的数据表达格式。如果这种折线围成一个封闭区域，就构成一个图斑，于是图斑就变为用有限个线段链接起来的多边形，n 个线段链接起来就成为 n 边形，有 n 个顶点，每个顶点都有其坐标值（x_i, y_i），这里 $i = 1, 2, \cdots, n$ 。对于这样的多边形，其面积可以用辛普森求积公式计算，见式（2）。

$$A = \frac{1}{2} \times |s| = \frac{1}{2} \times \left| \sum_{i=1}^{n} x_i (y_{i+1} - y_{i-1}) \right|_{y_{n+1} = y_1}^{y_0 = y_n} \quad (2)$$

式（2）是用高等数学环积分的思想推导得到，见图2，图2（a）中的阴影部分就是积分的积分单元，是一条线段向 y 轴投影的面积。这个单元是一个梯形，在已知点（x_i，y_i）和点（x_{i+1}, y_{i+1}）坐标情况下，该梯形面积可计算，然后将各线段对应的面积单元累加得到积分单元面积的代数和、并经过整理可得到如式（2）所示的辛普森公式，式中用到绝对值符号，这是因为面积没有负值。请注意公式最右端对于 y_0 与 y_{n+1} 的注解，因为已知点并没有（x_0, y_0）与（x_{n+1}, y_{n+1}）这两点。

任何图斑都是边界封闭的图形，任何线段向 y 坐标轴的投影总会与另一条或多条线段向 y 坐标轴的投影重叠，而且单元面积的代数和就留下图斑这一线段条带在图斑内的面积。以图2（b）为例，在 d^- d^+ 条带中，就有6个线段阴影条带重叠，其代数和就留下多边形内部的区域。这样，所有线段向 y 坐标轴的投影的阴影面积代数和就构成了待测多边形的面积。

在GIS矢量格式空间数据库中，对于每个图斑边界的每个顶点都按照一定顺序存储坐标数据。因此，GIS软件在此基础上能够快速、准确地按照式（2）计算每个图斑的面积。

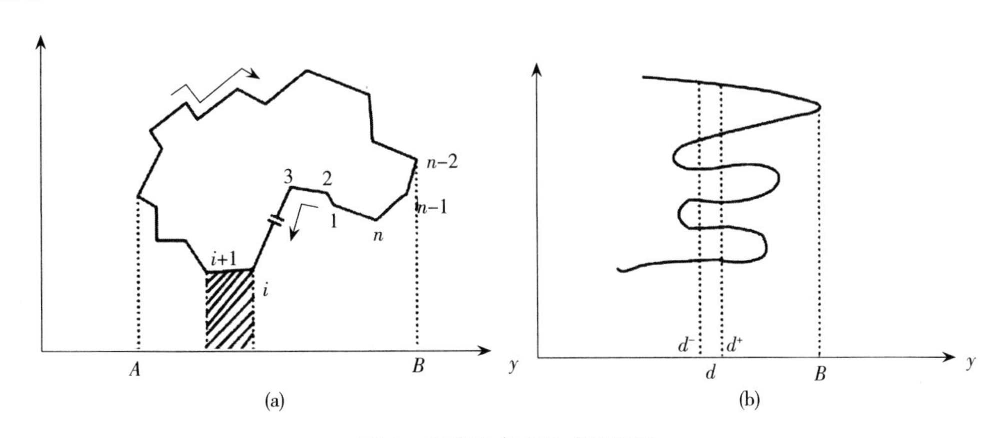

图2　辛普森求积公式原理图

2 GIS 基于矢量格式数据测算图斑面积误差的估计

如果一个闭合区域确实是一个真正的多边形，即区域边界是由直线段组成，而且该多边形顶点的坐标资料完全准确，用式（2）计算其面积是没有误差的，因为式（2）是经过严格数学证明的。但是基于矢量格式数据用式（2）测算图斑面积存在误差，问题在于采集用光滑曲线围成的闭合区域坐标存在误差，这里有两种采集误差。

2.1 布点误差

如图 3 所示般闭合区域边界是一条平滑、自然随机弯曲的曲线，而在这种曲线上采集有限个点，用折线逼近曲线，一定会有误差。比如，在 A 点处，因布点原因，形成的多边形在这里面积减少了；而在 B 点处，因布点原因，形成的多边形在这里面积增加了。对于整个区域，因布点带来的正负误差不能完全抵消，就使面积测算最终结果有误差。

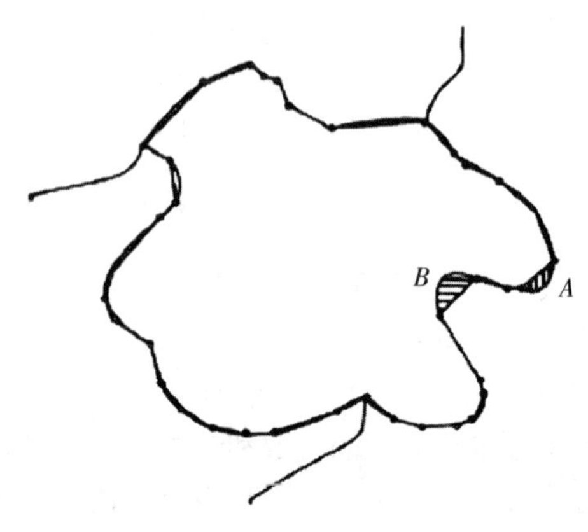

图 3 图斑边界采集布点误差示意图

2.2 采点坐标误差

区域边界严格意义上是没有宽度的，但是实际地图上区域边界总是有宽度的，夸大一点说是一个条带。对地图上区域边界采点，理想位置应当在边界条带的中轴线上，但是人工采点是难以做到的，总会偏离理想位置，这就产生误差。

以上布点误差与采点误差，不可避免地致使测算图斑面积存在误差，相对误差可由式（3）估计

$$r = \pm m \frac{L}{A\sqrt{2n}} \tag{3}$$

式中，r 为面积计算的相对误差；m 为多边形边界坐标采点的方差；L 为多边形周长；A 为多边形面积；n 为多边形边界坐标采点的数目。

由式（3）可以看出，面积测算的相对误差与多边形边界坐标采点的方差成正比；与多边形的周长面积比成正比；与采点数目的平方根成反比。这里“周长面积比”这一新概念值得注意，事实上如果一个图形的周长很长、而面积相对很小，自然地表物件，如大坝在河流拦截形成的水库，常常具有这样的特点。由此说明物件图形形状越复杂，面积测算误差就越大。此外，多边形边界坐标采点的数目对面积测算也有重要影响，采点数目越多，面积测算相对误差越小，这是因为随着采点数目的增加，面积测算正负误差相互补偿的概率也在增加，致使相对误差减少。

式（3）适用于估算一个多边形面积的测算误差，也适用于估算一幅数字化地图测算

各图斑面积的总体相对误差。此时，L 取地图中各多边形周长的平均值；A 取各多边形面积的平均值；m 经试验得到，通常有一个经验值；n 取各多边形边界坐标采点数目的平均值，在 GIS 软件支持下获取以上数据是不困难的。由此可以看出，地图的图形越复杂，测算各图斑面积的总体误差也就越大。

3 辛普森求积公式法判断点与矢量线的拓扑关系

式（2）所示的辛普森公式有绝对值符号，如果将绝对值符号去掉，由图 2 可知，在左手坐标系（Y 坐标轴横向，向右为正；X 坐标轴纵向，向上为正）条件下，多边形顶点坐标按顺时针（如图 2 所示）排列，则公式计算值为正值；反之，多边形顶点坐标按逆时针排列，则公式计算值为负值。这个性质可以在 GIS 拓扑判断中使用，如图 4 所示。

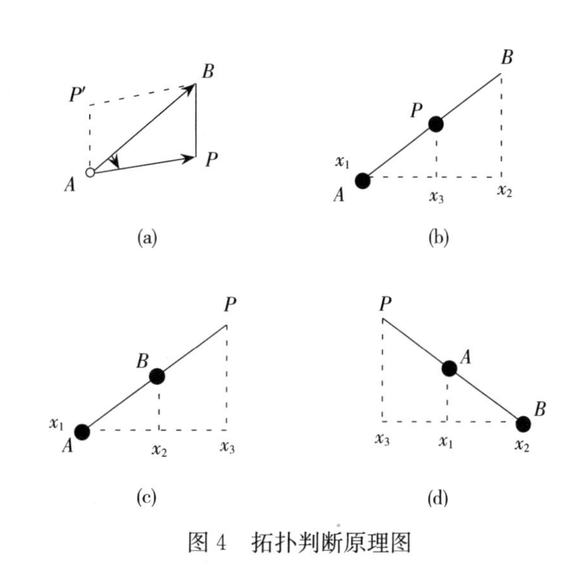

图 4　拓扑判断原理图

辛普森公式适用于计算三角形面积，如图 4 中的 $\triangle ABP$ ，计算其面积将顶点坐标代入式（2）则有

$$2A = Y_b \times (X_a - X_p) + Y_p \times (X_b - X_a) + Y_a \times (X_p - X_b) \qquad (4)$$

对于 A 值有 3 种可能：即 $A>0$，则 $\triangle ABP$ 按顺时针方向排列，即点 P 在矢量 AB 的右面，如图 4（a）实线所示；$A<0$，则点 P 在矢量 AB 的左面，如图 4（a）虚线所示；$A=0$，则点 P 在矢量 AB 的线上。又分以下三种情况：即点 P 在矢量 AB 的线段上，如图 4（b）；点 P 在矢量的延长线上，如图 4（c）；点 P 在矢量的反向延长线上，如图 4（d）。3 种情况归于哪一种，由 3 点坐标数值关系决定。这里提到的拓扑（Topology）关系是指空间几何体，包括点与点、线与线、点与线、面与面、点与面、面与线等相互之间的方位关系，在 GIS 软件运行工作中，有大批量的空间资料需要判断其空间拓扑关系。

4 拓扑判断用于图形特征的提取

多边形在形状上有多种特征，计算机软件可以自动提取这些特征，为识别多边形对应的物件提供线索。这里给出多边形形状特征的一种判断表达方法（图 5）。图 5 所示的多边形是一个凹多边形，其顶点按逆时针方向排列，这可以用以上介绍的辛普森公式计算面积是负值的结果判断出来。进一步观察可以发现，连续取多边形 3 个顶点组成三角形，其中 $\triangle ABC$ 、$\triangle BCD$ 、$\triangle CDE$ 、$\triangle HIJ$ 、$\triangle KLA$ 、$\triangle LAB$ 是逆时针方向排列；而 $\triangle EFG$ 、

$\triangle IJK$、$\triangle JKL$ 3个三角形是顺时针排列，与整个多边形顶点排列方向逆向。整个多边形的面积可以计算，逆向排列的三角形面积累加和也可计算，两者之比可以作为一个多边形的特征加以定量计算，这个比称之为图形边界的凹凸比。图形边界的凹凸比作为图形特征的一个参数具有实际意义，因为一个物件的影像中难以避免因投影、物件呈现的姿态等多种原因产生种种变形，而物件对应图形边界的凹凸比却变化很小，利用这一特征参数就可能为识别这一物件提供依据。图6显示图形凹凸比特征在昆虫识别中的一个应用。

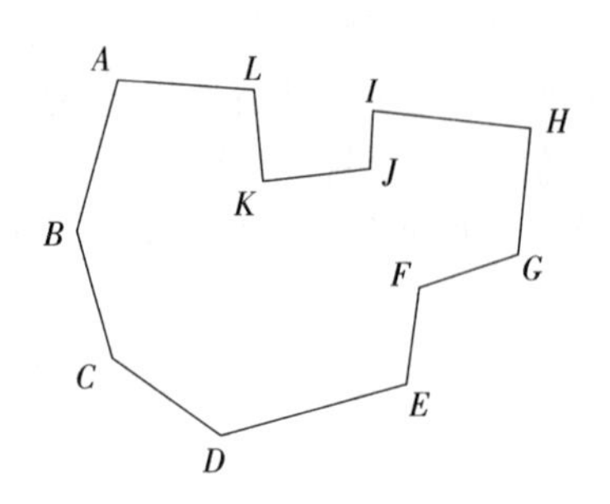

图5　多边形的一种空间特征提取方法

仔细观察图6可以发现，图6左边蝴蝶包括翅膀在内的身体轮廓凹陷点较少，凹陷较浅，但是左右副翼下面各有一个黑色凸出条带，致使总体上边界的凹凸比指数较大；而右边蝴蝶包括主翼瘦窄，上、下，主、副翼之间裂隙较深，但是左右副翼边界平滑，没有凸出条带，致使总体上边界的凹凸比指数较小。此外，两个蝴蝶的颜色差异较大，用色度学(Chromatics)原理进行分析，又会发现更多的不同。除了物种形体边界的凹凸比特征指数外，周长面积比也是一个特征指数，经研究还有更多的特征指数，用计算机软件都可以计算提取。

如果在计算机信息系统中带有储存各种昆虫物种的特征指数数据库，对于实际工作采集来的昆虫影像样品计算其形体特征及色调特征，并且与特征指数数据库的资料数据逐一加以比对，就可以判断待判断昆虫物种的归属。对于国家边境口岸的海关人员，识别境外有害昆虫物种十分重要，因为放过带有有害昆虫物种的蔬菜、水果入境，将会造成不可挽回的巨大损失。计算机信息系统辅助判别有害昆虫物种对于保障国家的生态安全、农产品安全具有重大意义。事实上，采用与以上类似算法发展的计算机软件已经应用在各个边防口岸、卫生检疫部门，应用面正在不断扩大。

图6　两种蝴蝶影像图

第二部分

严泰来诗词摘选

说　明

这里精选我本人从动乱年代——“文化大革命”中大学毕业、参加工作以来的诗作，也包括我的同学、朋友们的少数相关的诗作。在整理这些诗作的时候，每每看到在那尘封岁月中自己以及朋友们出自内心、滚烫激情的诗句时，总是情不自禁、不能自已。“文化大革命”那场浩劫将我们——当时的年轻人推向了社会的底层，使我们经历了种种精神的痛苦和艰苦生活的历练，但是我们没有自弃、没有颓废，仍然积极向上、心向国家，相互鼓励、心心相印。“诗以言志”，这些诗篇是一个记录、也是一个证明。这种饱满、积极的精神状态使我们克服了现在年轻人难以想象的各种精神与物质的困难，这也是我们在“文化大革命”以后能够在各自岗位上做出一番事业的原因。

从文学艺术角度，以下这些诗作或许没有太大价值，显得十分稚嫩。但是它们真实、质朴地反映了一个时代的变迁，反映了“文革”那个时代到今天一群普通知识分子一路走来的心路历程，反映了在当时受到种种不公正的压抑、仍然与自己命运进行不屈抗争的一代青年的精神风貌。这是一笔难以估量的精神财富，至少对于已经迈向老年的自己，这样评价是不过分的。看到时隔四十几年、幼稚甚至近乎疯狂的诗作，我们没有惭愧、更没有悔恨，我们做到了在当时可能的条件下一个爱国、爱人民的青年能够也应该做的一切。当时我们的情感、交往、友谊没有半点俗气，更没有半点铜臭气，这在今天是难以想象的，更是极其宝贵的。当时我们虽然是身无分文的一介书生，但仍深忧天下、心向国家，正是这种精神至今仍然在鼓励着我继续走我未走完的路。

以下收集的诗作中，有相当大的部分是我的挚友、与我一起在东北水电工地工作的、来自北京工业学院（今北京理工大学）的冀晓华、王晓媛夫妇保存下来的。四十几年前，当时的诗作原稿，就是一些粗糙纸片而已，写完随手放在他们在工地的家中，或散见于我与他们后来的书信中，两位挚友一一精心保存下来，晓华还抄录在笔记本中。遗憾的是晓华已经去世十几年了，晓媛在整理晓华的遗物中发现，又经整理，形成两本诗集寄送给我。这里再一次向晓华——我的挚友，表示我深深的悼念与缅怀，并由衷感谢晓媛对我的付出。

悼陈毅元帅（调寄水调歌头）

（泰来　1972年1月18日）

千古精魂美
一身忠骨香
年迈胄甲未解
从未锦还乡
身经何止百战
功追赤壁周郎
业绩千载长
胆气冲牛斗
豪情逆长江

老臣心
赤子情
忠肝肠
磊落平生
横眉怒目向暗藏
直言誉满天下
竟遭奸雄诽谤
不曾掩光芒
临终领袖至
慰灵增荣光

和陈毅遗诗二首

一

直言仗义断是非，忠心岂惧己安危。
怒目横眉所指处，三叉戟座[①]一旦吹。

陈公悒郁意如何，想必纷繁矛盾多。
旧部应聚三百万，重战淮海[②]斩阎罗。

①林彪摔死在蒙古的机座系为三叉戟飞机。
②陈毅当时是解放战争淮海战役总指挥。

二

磊落平生数十年，千秋功业史册悬。
泉台自有迎君处，何须凡间烧纸钱。

我辈继业国为家，扶维举帜战天涯。
学君豪胆卫马列，血汗浇灌解放花。

陈毅同志在我们的心里，有着不同的感受，记得我在北京四中读书时，陈毅同志就到四中给我们做报告，勉励我们努力学习。我们入大学的那年，陈毅同志在人民大会堂，给所有1962年入学的在北京的大学生做了“又红又专”的报告，我们牢记他的教导，努力做到又红又专，终生难忘，一辈子都在朝着他指引的方向前进。我们这届大学生中不少人做出了卓越的成绩，除了个人的因素，很大程度上和那个时代老一辈的教育分不开的。

悼贺龙元帅（学中央75-25号文件）

古风一首

暴风骤雨时，黯然逝将军。
万象更新后，长歌悼英灵。
赤县漫长夜，将军出绿林。
鄂北震乡关，南昌留威名。
转战两万里，刀丛竟横行。
抗日战敌后，长缨挽陆沉。
红心磐石坚，铁面斩“苏秦”[①]。
逐鹿夺胜券，红旗落五星。
白头刀未老，体坛率群英[②]。
直言遭诬陷，饮恨赴酆京。
灵台去五载，人世焕然新。
林贼遭覆灭，天仇今雪平。
主席发英断，平反复姓名。
号令颁天下，温暖万人心。
功罪已昭然，松柏万年青。

①“苏秦”指说客，据资料载：长征中，有国民党说客对贺龙策反，贺龙怒将此说客枪杀。“文革”中竟将此事颠倒黑白，诬蔑贺龙有叛变之嫌疑。

②贺龙元帅“文革”前曾兼任国家体委主任。

《廻龙集》与《南山集》

1968年12月底，因“文化大革命”的原因，我与同学何丰来从中国科学技术大学原子物理系毕业，一起被分配到水利电力部第一工程局（辽宁省桓仁县）工作。从各地被分配来工作的大学生共有800人左右，不少是国防科工委所属院校或专业的毕业生，其中包括当时被打倒的部级或中国人民解放军将军以上（所谓“黑帮”）的高干子弟80多人。实际工作就是在浑江（鸭绿江支流）、后来在吉林省桦甸县松花江上筑大坝，建水电站。我们从事体力劳动，与工人（农民合同工）住一起，劳动与生活极为艰苦。与当时的下乡“知青”相似，所不同的是我们有国家工资，“知青”拿生产队工分生活。生活虽然艰苦，但是苦中有乐，我与何丰来同各地来工地的大学生们结下很深的友谊，趣闻很多。

冀晓华、王晓媛夫妇（当时他们已经结婚）来自原北京工业学院，两人都是高干子弟，他们在工地上被分到一间“干打垒（泥坯房）”的宿舍，这一间外面有一个灶间，可以做饭，宿舍后还有一小片菜园。因不会农事，菜园荒芜、百草丛生，戏称“百草园”，见下面回忆图。于是，他们这一间宿舍就成了我们一同分配来的大学生周末聚会的场所。每次聚会，或有人从老乡那里买只鸡、买点肉，或从工地食堂买些吃的，拿来就是一次“盛宴”。“宴席”之中，仿照红楼梦中场景，一般都有诗作唱和。

我以前就喜欢文学，爱好一点古文，当时诗作不少。晓华、晓媛夫妇提议收集整理成一部诗集，于是在当时我就以古文形式为此诗集作序，见后面所示。1975年以后，随着国家形势的好转，工地上的多数大学生、特别是高干子弟陆续调离工地，诗稿就留存在晓华、晓媛夫妇家中。1972年，晓华、晓媛夫妇调转回北京工作。此后长期失去联络。2004年，冀晓华不幸因病去世，晓媛在整理晓华遗物中发现这些诗稿。2011年，何丰来用计算机网络查询，终于大家联络成功。北京重逢聚会中，晓媛将这些诗稿展示给我们，大家嘘唏不已，极为珍视。因当时晓华、晓媛夫妇的工地宿舍在桦甸县一个名叫“廻龙山”的地方，于是诗集取名为《廻龙集》。此外，晓华、晓媛夫妇还将在他们调离东北后我们通信来往的诗作又收集为另一本诗作，取名为《南山集》。这两本诗集大家的诗作不少，这里仅摘取我写的以及与我有关的少量诗作，个别错字这里进行了订正。下面的画作是冀晓华的回忆画作，说明文字是王晓媛的书写叙述。

注：这是“廻龙集”产生的地方，廻龙是东北辽宁省桓仁县的一个地图上找不到的地方，地名“廻龙山”。画是晓华凭记忆画的，画中是从我们住的6平方米的住处的窗户，向外看的风景，是我和晓华结婚后甜蜜而苦涩生活的地方，是我想起来就不寒而栗的地方。也是我们一帮大学生毕业后分配水电部第一工程局劳动锻炼时，经常聚会的地方。那里有我们的苦与乐，更是我们抒发豪气、意气风发、挥斥方遒的地方。它留给我太多的回忆、绝望、沮丧、痛苦、快乐、幸福、遗憾。爱情、恋情、友情、亲情、志同道合之情、同甘共苦之情、相见恨晚之情、依依惜别之情、集人间感情之大成。

这是王晓媛整理诗作的说明文字。

序

严泰来

六月既望[①]，诸公聚于冀宅，遥贺曹君，腾达之高迁，慨然而就职。即席者，无不盛情拳拳，有赋诗者，有填词者，有行文者，奋笔疾书。虽语不达意，词不受格，然豪气凌腾云霄之上，情谊深过桃潭之水[②]。

东地君升迁圣地，赴就本业，可堪一喜。犹如雄鹰展翅于苍穹之间，巨龙遨游于碧波之中，君又在有为之年，承豪父之业，为国效力，更待何时?故诸公词多壮语，盖叙此意耳!

东地君神京驻马，香囊[③]未结，实为一忧。念君慈母老迈，期意悠悠，闻讯此事，实属可惋。然君为鸿鹄，岂受欺于燕雀之嘈嘈乎！汉名将霍去病有语云：“匈奴未灭，何以家为”，此语可励吾辈之壮志耳!

村语寥寥，供君一笑，枉作诸公诗赋之序耳!

注：上面提到的东地是曹东地，原北京工业学院毕业，是原中国人民解放军空军总参谋长曹里怀上将的孩子。这篇《序》是当时所作。

①既望——即农历每月的五日

②桃潭之水——出于李白之诗“桃花潭水深千尺，不及汪伦送我情”。为汪伦送李白走而作。

③香囊——男女之间的信物，以表深情。

画墨竹一幅，诗一首

玉露凋零万重花，唯有青君愈挺拔。
学此骨气立豪志，七尺之躯献国家。

泰来戏作　1970 年 6 月 20 日夜

赠东地同志

（严泰来　1970 年 6 月）

男儿发奋贵乘时，莫待衰霜染鬓丝。
胸躍红日读四卷[①]，志在全球学用之。
豪父擎起撑天柱，壮子奋进扶之直。
立马陈词无多语，片言聊作励志诗。

①是指毛泽东选集四卷本。

另：此诗我当时用毛笔写在一张纸上，2012 年在北京相聚时，曹东地还拿出展示。

送　袁　晋

（严泰来）

惜别依依手足情，饮笔四海书不成。
以身许国同壮愿，学用雄文心相映。
几曾信步浑江畔，音容共留廻龙岭。
此去驻马何处是，遥盼雁书望神京。

别罢东地别袁晋，苍天为我送君行。
白云作帽消炎热，东风化雨挹轻尘。

自信此地暂作别，应有神京喜重逢。
激情泉涌不应手，眼前青山一万重。

鸡　宴

（袁晋）

早有几番买鸡心，舍前恰有卖鸡翁。
闻讯急把鸡留下，那吝几文买鸡金。
冀宅小舍摆鸡宴，笑谈渴饮群畅许。
肥鸡狍肉味有限，引来诸君诗无穷。

请　诗　诗

（袁晋）

邀来豪客共噆鸡，谈今论古个个行。
陶情欢笑充席间，酒后勿忘留诗行。

谢　袁　君

（严泰来　1970 年 7 月 9 日）

七月九日袁君买鸡，宴请诸位，席上袁君命群朋赋诗，特奉命作七绝二首，以记嬉笑之盛况。

一

袁君买鸡承美意，严某掌刀有劳蹟。
最笑晓媛佛心重，不忍觳觫[1]畏鸡啼。

二

袁君盛情谱情谊，豪朋笑语飞云际。
休学燕雀戚戚[2]语，安知鸿鹄志万里。

①觳觫（husu），古代形容动物被屠宰时全身颤抖的样子。

②现有流言云，龙头为“二来”（指何丰来、严泰来）找对象，更有“夜不归宿”之怪词，吾视此等流言如戚戚之语耳。

“独鸡宴”[1]赋诗一首

（何丰来）

入夜，喜读袁公新作，盛情难却，卧床不眠，作诗一首。

座山小舍宴无酒，百鸡尚缺九十九[1]。
莫道诸君书生气，买宰烹炖概无求。
畅饮细嚐碗有六，佳餐似曾梦中丢。
笑话冀公口福浅，狍肉鸡骨全不留。

①样板戏中有一出戏名叫《智取威虎山》（原著《林海雪原》），戏中有所谓春节威虎山“百鸡宴”之说，借用此名词，这里仅一只鸡，故戏称“百鸡尚缺九十九”。

“老九”[1]聚会

（严泰来　1971年中秋节）

中秋佳节，“老九”聚会，即席赋诗一首。

豪朋共聚渡佳节，笑语托出窗边月。
草草杯盘叙壮志，朗朗诗文味更绝。
志同自有欢乐处，冀宅陋室胜宫阙。
莫道无亲乡关远，阶级情义关山越。

①“老九”是“文革”中对知识分子的一种称呼。

为冀君采办菜籽有感

［泰来　1972年4月17日（信）］

喜闻冀君欲种菜，即刻菜籽采办来。
百草园中添春色，龙头宅里增光彩。
雅意闲情堪可许，志趣谐和足慰怀。
料得银河无足谓，牛郎织女天上来。

1972年4月辽宁桓仁县的工程基本结束，大批人员迁移到吉林省白山，有的人先去，最后全部离开辽宁桓仁赴吉林桦甸了。晓华、晓媛夫妇在桓仁设宴为严泰来送行，以下是席间诗作唱和。

迎老严（打油诗）

（晓华　1972年4月）

总问泰来来不来，“二连”“二连”[1]总机烦。
小陈起早眼望穿，晓媛难得备早餐。
晓华等候未上班，小孟上班心不安。

“天骄”行期特推迟，老蔡丰来谋盛餐。
加来减去十人整，担心屋小炕会瘫。
不料忘了告老天，“哭”了一夜险些完。

①因严泰来被编入工地单位“二连”，故请电话总机接通“二连”找严泰来。

谢诸公为我送行

（泰来　1972年4月20日）

远跋群山谢诸公，三举电邀[①]赴廻龙
承领盛情天有意，扫尽乌云鼓东风。
草舍小宅排盛宴，高朋满座语飞空。
壮别豪饮千杯尽，万言叮咛多珍重。

①“三举电邀”是指多次电话邀请，古代“三”有多的意思。

送泰来赴白山感怀

（孟继祖[①]　1972年4月20日）

廻龙幽居已三春，又赴长白新山村。
喜遇春雨润情苗，笑送高朋躯阴云。
鲲鹏揽月襟怀广，蛟龙困湖郁感深。
华盖何时洒脱去，凌云酬志诸儒生。

①孟继祖，系清华大学毕业生，与我们一起被分配来工地。

泰来、丰来北行送行

（晓华　1972年4月20日）

寒窗共燕城，比邻无往来。
风卷落山野，相逢在长白。
相识又告别，流年轻舟快。
往事忆绵绵，情与日月在。

诚待结挚友，志同语脉脉。
正直立天地，厌俗力为才。
疏才何施展，正直将人碍。
一生几压抑，压抑何我奈。

火红锤更重，来年更成材。
三人同路行，二友皆表率。
泰来殊文才，对歌要太白。
活动五岳蠕，热情沸大海。
文理乐画武，丰来济济才。
心细羞织女，志恒愚公慨。

三载多相助，语慰劳米柴。
风雨曾同舟，今却东西寨。
梦升付相府，传得百令来。
浑水要理清，首擒白毛怪[①]。
搅月能同行，共事一百载。

明日欲宣旨，依我小土宅。
梦空留良愿，送别站高台。
祝友此北行，时来运交改。
逆风息山谷，阴云消天外。
用武赐神骑，生辉万里开。
挥鞭九百旋，一跃屹天涯。
昆仑立作笔，东海调五彩。
狂笔落天地，倾力大同来。
五洲绘百花，霞光染四海。
壮过蘑菇云，终了此心怀。

晓枝喜鹊叫，喜迎捷音来。
关山挡不住，欢聚定重来。
金樽齐明月，殷酒映天海。
笑语浮云际，豪言鬼域衰。
父欢儿女随，嬉戏更可爱。
幼灵如春美，那知寒夜怀。
但愿永不知，一世春长在。

①“白毛怪”是指当时工地的人事处处长，姓丛，他人并不老，而一头白发。此人极“左”，对知识分子，特别是对外来的大学生极为苛刻，不允许放人调离，因而大学生对他特别憎恨，给他一个外号——“丛白毛”。

送　老　严

（晓媛　1972年4月20日）

雨凄凄兮春夜寒，志同好友皆四散。
愿君北去莫心烦，含苞蓄芳待来年。

祝贺晓华、晓媛夫妇调离工地

［严泰来　1972年8月31日（摘自书信）］

闻冀、王二君调离迴龙，感怀口占一首。

欣闻二君出瑶池[①]，拱手遥贺欲语迟。
毕竟王母难称意，总有龙腾大海时。

①瑶池乃传说中王母娘娘居所，王母娘娘是恶势力的代表，专门拆散夫妻幸福生活，手划银河将牛郎织女分割两岸。这里以此暗喻社会恶势力，使大量夫妻两地生活。

七　律

悼何香凝[①]太夫人

［泰来寄晓华（1972年10月6日书信）］

世稀难得百岁人，凭吊仙逝倾京城。
叱咤曾经风雷动，风流足以天下闻。
少抛闺装换吴钩，晚守大节堪忠贞。
寿终归去应无悔，锦绣神州慰英魂。

①何香凝，“中华民国”元老，廖仲恺夫人、孙中山的战友。新中国成立后历任全国政协副主席、全国妇联主席。

祝贺泰来父亲“解放”[①]

（王晓媛　1972年10月11日）

老严来信，说其父“解放”，即作诗祝贺。

七　　绝

渺漫崎岖春来迟，冰融雪消尊父慰。
风卷晦气扫残云，鲲鹏展翅任君飞。

①注：所谓“解放”，“文化大革命”用语，指某人被诬陷，因冤假错案被打倒，后被证实是冤假错案，给予“平反”，此事即称作“解放”。当时我父亲也被打倒，我被株连。一旦“解放”我将喜讯写信告诉晓华、晓媛夫妇。

七　　绝

（晓华　1972年10月12日）

风雨雷电击未倒，怒涛巨浪作逍遥。
亦喜倾间天地静，琴击一曲廻九霄。

注：严泰来父亲“文革”因冤假错案受迫害，株连子女，因而严泰来被“发配”东北，不能从事专业工作。此时“解放”，喜讯告诉晓华夫妇，以上两首系晓华夫妇祝贺诗作。

贺林贼归天

［严泰来　1972年11月6日（信）］

（和赵朴初散曲）
“一对十，一对八，
一个老虎三尾巴”。①
投机革命几十年，
野心垂成，终归虚话。

谁知是命苦还是脑瓜儿太差，
谁知是怪自己还是怪部下，
“接班”大权才捞到手，
“抢班”天机算得一厘不差。
偏偏机运太不济，
身死异邦、名亡业垮。

要说喊“万岁”只差将嗓儿喊哑，
要说挥语录哪天也没落下。
呼天号地做赌咒，

天灵盖憋破寻绝话，
什么“天才”“顶峰”“一万句”，
现说现编还有一打打。
谁要言语声反对，
赌咒让他做王八。
说来真像个君子相，
偏偏总露个狐尾巴。
怪闻轶事成旧迹，
汇成现世传奇一笑话。

哈哈哈哈……
一天工作一小时，
这还得算是革命化。
寻姘夫来抽大烟，
至多也才是小节吗。
安插黄毛儿子做部长，
这也是为了国家?!
反正这么着说吧，
说别的都是假，
一切都得归他老林家!
直到他秃子头上顶黄伞，
身上披着龙袍褂。
至于对待别人吗，
都得认他“干爸爸”，
一年写一次“宣誓词”，
这也并不算多嘛。
不听他的一律赶下台。
“三条”统统不合格，
一个个全都将官罢。
只见他腰挂扁担逛天下，
横行独称霸。

纸糊的高帽怕风刮，
雪堆的罗汉难置阳光下，
强装媚脸心难捱，
机关算尽搞谋杀。
谋杀未遂“画皮儿”落，
南逃北叛恨无家。

三叉戟坠毁沦异地，
孤零零的枯骨弃黄沙。

好！
这个现世宝就这样让他去吧！
这才是“损失最小最小最小”，
“成绩最大最大最大”[2]，
是吗?!

①此乃当时民谣，系“林彪”二字。
②此为林彪对“文化大革命”的“论述”结论原话。

观《卖花姑娘》感怀

（1973年1月30日寄晓华信，赋诗三首）

说明：电影《卖花姑娘》是朝鲜电影，是“文革”期间难得公开放映的一部故事片电影。因“文革”中群众文化生活极度缺乏，这部电影放映在当时北京引起极大轰动。我在回北京探亲时看了此电影，备受感动，特写下此诗。

一

一幕血泪惊京城，观众如云赞绝伦。
幕里幕外泪交流，台上台下泣相闻。
悲歌哀调播怨种，警言细语洒血痕。
谁若不解亡国苦，应识当年卖花人。

二

形容枯槁一妇人，贫彻到骨守空门。
一生出尽牛马力，几度沉沦欲断魂。
不教儿女再为奴，宁将膏血任火焚。
可怜天下父母心，寸草安得报三春[1]。

①孟郊“游子吟”中有“谁言寸草心，报得三春晖”
注：75年3月9日信，后两句改为：
死去遗恨仇未报，
黄泉定做革命人。

三

未曾梳妆出贫家，西施无用粉饰华。
心美更比颜面美，不作奴人卖野花。

“咏雪”词半首

［严泰来　1973年2月3日（信）］

梅花似雪，
雪似梅花。
扬扬洒洒，
飘零落天涯。
默默无语，
独有玉砌天下。
不作妖姿媚态，
无争娇艳繁花，
只守洁白无瑕。

外　一　首

（严泰来1973年2月12日信，赴小北沟修公路感怀，学鲁迅诗，借以自嘲）

华盖未解敢何求，未动便有灾临头。
过街遮颜少破帽，临流涉水无漏舟。
继续横眉千夫指，一世俯首孺子牛。
管他前程风波恶，披荆斩棘小北沟。

喜闻我国第一颗人造卫星上天有感，口占一首

（严泰来　1970年5月）

轻抛赤球游太空，寰宇播放东方红①。
且笑鬼魅惊恐状，试看人民凯歌同。
冷眼西方小技术，志在寰中缚苍龙。
神州跃进缘何在，全仗领袖毛泽东。

①我国第一颗人造卫星，在太空播放《东方红》乐章。

丁巳年自作小木柜画马题诗

说明：1977年6月（农历丁巳年）我用工地木材边角废料，自作一个小木柜，盛放书籍与杂物。木柜两扇门上我各画了一匹马，一匹马为奔马，一匹马为驻马，下面的诗前两句是写奔马，写在左一扇门的画马上方；后两句写驻马，写在右一扇门的画马上方。1977年已是“文革”结束的初期，社会已开始注重人才，有“千里马易得，伯乐难寻”的说法。这里我有自比“千里马”、谁做我的伯乐之叹息，终于下一年年底调转到原北京农业大学工作，从此我人生旅途一帆风顺。此小木柜仍放在我的书房中，是我人生经历极好的物证。

电挚鬃毛耸，风驰四蹄轻。
回首烟云处，千里一日行。

结婚与周其仁唱和

1976年12月我与周慰全结婚，周其仁赠诗一首，我步其韵，和诗一首。

情深似海众有知，亿万工农尽吾师。
新途策马跃进时，不负其仁赠我诗。

附　周其仁原诗

潜江相识有谁知①，京华去春皆我师。
跃进年代喜相结，拱手遥贺寄一诗。

①我与周慰全是在湖北省潜江县石油部“五七”干校经慰全、其仁的阿姨介绍相识的，此句暗指阿姨做媒使我们成婚。

调离水电工地感怀

说明：1978年12月28日，经过种种努力，我终于调离吉林省桦甸县水电工地，到北京农业大学工作，当时北京农业大学在河北涿县（即现在的涿州市）。为此，赋诗一首，与前面“祝贺晓华、晓媛夫妇调离工地”那首诗是姊妹篇。

龙腾大海在此时，奋臂扬波惊天池。
他年①若赴瑶池会，定责王母休恶之。

①黄巢有一首咏菊花诗，写到“他年我若为青帝，报与桃花一处开”，这里使用此意思，表示对当时社会恶势力的憎恨与愤怒。

师生唱和

说明：我在北京农业大学（今中国农业大学）任教三十几年以及应邀到多所国内外大

学，包括德国霍恩海姆大学、台湾逢甲大学等任教，很少与学生赋诗唱和，但也有偶尔，以下几首是和学生赋诗的唱和，借以励志，选录于下。

贺北农大土资系88级学生即将毕业[1]

（1991年12月13日）

乳燕雏凤将翔空，四年寒窗终成龙。
满负重望荷笈[2]去，学海争帆舞东风。

①我当时任北京农业大学土地资源系“土地信息系统”课程教师。
②“笈”为古代学子书箱一类的用具。

答郭剑化等同学

（1992年1月）

说明：1991年12月，我应邀到西北农业大学讲授“土地信息系统”课程，为期1个半月，与该校师生建立起友谊，我先将赠北农大土资系学生的诗作加赠给他们，郭剑化、李宇两位同学和我这首诗，我又分别再和他们的诗。

知空原本不为空[1]，敢笑雏蛇难成龙[2]。
面壁图强从未晚，试看来日竞雄风。

①郭剑化同学在和我诗中有“立雪深惭腹内空”一句（下面附上），这里是针对他这一句写的。
②古诗中，有“莫笑蛇无足，成龙未可知”一语，借用来励志。

吾辈当戒客里空[1]
千劫万难始成龙
喜看学海千帆疾
众英高歌唱“大风”[2]

①郭剑化同学原诗中有“少年足戒客里空”一语，这里的“客里空”是指徒有外表、实则腹内空空的一类人。
②这里的“大风”是指刘邦的《大风歌》，见《史记》。刘邦这首诗极有气魄。

鲲鹏展翅击长空，穿云破雾现真龙。
播雨耕耘齐尽力，岂敢坐待负东风。

附 郭剑化、李宇同学和诗

立雪[①]深惭腹内空，勉从严师学钓龙。
折节阿蒙[②]谁云晚，破浪还欲乘长风。

①“立雪”是指“程门立雪”的典故，这里的程门是宋代大学者程颐的家门，他的学生去他家请教问题，见他睡觉，便在门外等候，正下大雪，雪后盈尺，方才进门。这里是作者自谦之词。

②“阿蒙”是三国时期吴国的名人，年龄很大才开始发奋学习，终于学成。

振翮应喜遇晴空，奋飞终不愧宗龙①。
学子明朝天涯去，难忘此日坐春风。

①作者自注，“宗龙”意指做龙的传人，借以自勉。

遇君方知腹中空，天公幸我降真龙。
闻师传道步趋疾，莫让青丝负春风。

丰功伟业志凌空，万卷读破现真龙。
但使周郎晓此道，何须诸葛借东风。

二十有三年后相聚大连感怀

2001 年 8 月，赴大连参加学术会议，寻踪找到在大连的当年东北水电工地领导及战友。分别 23 年后相聚，喜极口占古风一首，以记感怀并兼答谢诸公款待。

文革寒风劲，邂逅在长白。
铁岭拓荒迹，雪原扎营寨。
坚冰作枕席，白云当被盖。
激情充牛斗，热汗洒江崴。
高峡平湖起，水电放异彩。
砥砺见真情，蹉跎竟十载。
分手廿年后，相聚何乐哉。
对视审良久，青丝多已白。
历经沧桑后，豪情未曾改。
事业各有成，子女忽成才。
叙旧千杯少，笑语飞天外。
叮咛多珍重，友谊永常在。

悼念冀晓华战友

（严泰来　2011 年 7 月 10 日）

2011 年 7 月，中国科技大学同学何丰来[①] 从上海到北京，王垂林请客的同学聚会，席间，何丰来向我问及冀晓华、王晓媛有何消息，我答曰无。之后，丰来从网上联系到王晓媛，并电话告我，喜出望外。我立即给晓媛打电话，叙旧许久，晓媛告之，晓华已于 10 年前因肾癌病逝。闻知不胜悲哀，旋即口占两首诗，以志哀痛、悼念之情。

噩耗迟至竟十载，闻后犹觉如雷鸣。
难忘发配落山野，痛痒相关见交情。
陋室恶食仍许国，雪地冰天[②] 尚红心。
大任期许君担当，劫后竟然君独行。

十年生死两茫茫，患难之交岂能忘。
草舍小宅避风雨，清茶淡水热衷肠。
曾经相约大劫后，佳话当年迴龙岗。
孰料盛年君已逝，痛哉纵横泪双行。

①1978 年 2 月何丰来和我一起被分配到辽宁省桓仁县水电工程局，冀晓华、王晓媛也从北京工业学院（北京理工大学前身）被分配至那里，不久便成为挚友。

②苏武牧羊歌谣云，“雪地又冰天，苏武十五年”，这里借喻当年环境之艰苦，但意志如同苏武一般。

第三部分

严泰来春联摘选

壬辰、癸巳年为逢甲大学同仁所作春联

说明：

几年来，到逢甲受到诸位同仁关照甚多，无以为报。欣逢新年及春节，我还略有一点文字与书法爱好，今年试作几联，祝福与励志，呈送诸位，汇集一起，竟有成篇。

古人有藏头诗一类文体，即：将朋友的名字或祝福话语嵌藏在诗的句头，横向读来，又生一个意思。《红楼梦》就有不少这样的诗作。这里应朋友的要求，将名字嵌藏在对联的句头、句尾，甚至将朋友夫妇以及孩子的名字嵌藏其中，这增加了春联创作的难度，同时也平添了春联的趣味。春联是供人张贴一年的，以谨慎作文为好，我费了一点心力，几度修改，形成如下文字，文中括弧内是横批。

严泰来　于台湾逢甲大学

致逢甲大学杨龙士副校长

龙携祥云播春雨　士率群英攀高峰　（老骥伏枥志千里）

致逢甲大学李秉乾副校长

秉持科技惠万民　乾坤立命育英才　（逢甲有为）

致逢甲大学 GIS 研究中心主任周天颖教授（兼向周伯伯拜年）

颖智寰宇添新泰　天赐吉祥福东来　（福寿喜乾坤）

致邱景升教授

景愿遂成蒸蒸上　升腾宏业日日新　（勇攀高峰）

致洪本善教授

本固根深业益精　善缘结友人气旺　（携手同心攀高峰）

致逢甲大学 GIS 研究中心

资讯统领兴百业　同仁齐心泰山移①　（奋力攀高峰）

①：古语云，“人心齐，泰山移”。

致逢甲大学 GIS 研究中心监管部

管理科技兴百业　监测灾害惠万民　（治理河山）

致逢甲大学 GIS 研究中心研发部

发展同心夺高标　研究协力终梦偿　（高歌猛进）

致荞骏

荞草芳菲迎春至　骏马飞驰载福来　（喜庆新春）

致文珊

文具智慧创新业　珊为宝物造英才　（奋进向上）

致逢甲大学 GIS 研究中心研究生（7 位硕士研究生名字嵌藏于内）

芸台[1]辅君航学海　嘉德统领硕士才　（兴德修才）

①芸台为古时图书馆的称谓，这里指图书。

致雅仁（其丈夫名为玠孝）

玠圭[1]至精始为雅　孝顺尽诚方作仁　（修身齐家）

①玠圭为上古时的一种祭祀礼器。

致恭志、琼祯夫妇

琼玉美伦人谦恭　祯[1]泰盈门酬壮志　（喜庆满堂）

①“祯”，《说文解字》有解释，“祯者，祥也”。

致碧慧（其丈夫名为文赐）

慧至万物天所赐　　碧到精纯妙[1]为文　（业精于勤）

①李大钊有一名联，“铁肩担道义，妙手著文章”。

致美心（其新近获得博士学位）

美愿终越百尺竿　心向高标更一层　（奋发有为）

致祥芝

芝草灵异呈吉象　祥云华盖福运来　（喜庆满堂）

致友华、芸诲

芸台结交四方友　诲悟学成卫中华　（勤奋读书）

致怡祯

怡愉同庆新年至　祯泰盈门喜吉祥　（喜迎新春）

致泰源、纯娟夫妇

娟秀携香开新泰　纯晶华美福为源　（龙年吉祥）

致彦邑、秀宜夫妇

彦[①]士福临多俊秀　邑乡和谐总相宜[②]　（东风浩荡）

①据《辞海》解释，“彦”：有才、有学问的意思；

②苏东坡有歌咏杭州西湖的诗句：“欲把西湖比西子，浓妆淡抹总相宜”。

致方耀民

耀日喷薄出东海　民英奋发自有为　（朝气蓬勃）

致志明、佩璇夫妇兼宝宝以安

佩玉藉以舒壮志　璇[①]报平安愿景[②]明　（一路高歌）

①“璇”，《说文解字》有解释，“璇，美玉也”。

②台湾习惯称“愿景”，大陆习惯称“前景”。

致勇庆

勇冠三军无不胜　庆欢自有福运来　（高歌猛进）

致岚焜、英晖夫妇

焜[①]耀征程现余晖　岚拂幽谷沐精英　（风雨兼程攀险峰）

①“焜”，《左传》解释，“明也”。

致雅欣、昌余姐弟

雅兴格物运隆昌　欣喜新春庆有余　（吉祥满堂）

致志详、美莲夫妇

美愿皆成酬壮志　莲台善缘宏图详　（心想事成）

致文元

文韬武略兼以勤　元气丰盛永年青　（天道酬勤）

致青云

青天飞腾九霄上　云端展翅八万里　（天高任鸟飞）

致振宇

振兴中华凌云志　宇宙高天任鹏飞　（天天向上）

致方芸

方物隆盛呈吉象　芸草芳菲现春晖　（大地回春）

致哲民

哲理通达百事顺　民勤敬业自有为　（诚信为公）

致铭源

铭记廉耻勤敬业　源自礼义为中华　（发奋图强）

致明璋、若瑜夫妇

瑜[①]经修磨方为璋[②]　若水上善[③]泽物明　（德才兼备）

①“瑜”，《说文解字》解释，“瑜，美玉也”。

②“璋”，上古玉制的一种高贵的祭祀礼器。

③“上善若水”语出《老子》：“上善若水，水善利万物而不争。”意思是说，最高境界的善行就像水的品性一样，泽被万物而不争名利。大陆清华大学校训为“厚德载物，上善若水”。

致嘉韦兼贺乔迁之喜

韦编三绝[①]师孔圣　嘉屋攻读[②]业竟成　（乔迁用功）

①韦，古时兽皮制的皮绳称“韦”，该成语出自《史记·孔子世家》，据称孔子晚年喜读《周易》，常常翻阅，爱不释手，以致穿连《周易》竹简的皮绳磨断数次。形容好学不倦，勤奋用功。

②嘉韦正在攻读博士学位。

致凌儒

凌云壮志德才俱　儒士奋发自有为　（勤奋攻关）

致威延

威震八方惊四座　延惠众人技超群　（力拔头筹）

致馥兹

滋润万物多给力　馥郁芳菲竞高飞　（奋发向上）

致贞文

贞玉[①]宝物呈吉象　文通中西福运来　（学研中西）

①贞玉，即坚而美的玉石。

致静怡

静含澎湃精管理　怡愉自如巧安排　（运筹帷幄）

致雪惠

雪似资讯泽万物　惠及民众勇攀登　（资讯惠民）

致家振

家藏万卷掌中握　振翅云端资讯来　（开发云端技术）

2012年12月续

致逢甲大学GIS研究中心

资讯技术无止境　云端[1]再向更高层　（同仁齐努力）

①云端，这里指云端技术（cloud computing），大陆译作云计算，为网络通信技术的一个高端技术

注：此联贴于GIS研究中心门口。

致逢甲大学GIS研究中心研发部

多年技术攀高端　八方专案进部门　（突飞猛进）

致逢甲大学GIS研究中心推广部

去岁载具[1]千里目　今朝云端更高层　（争创一流）

①载具，这里指无人载具，载荷遥感探测器，实施高空探测摄影，有千里目之称。推广部的一项重要科研任务使用无人载具进行遥感探测。

致逢甲大学GIS研究中心监管部

治山治水治土石[1]保福保财保平安　（监管气象新）

①治土石，意指治理土石流灾害，土石流灾害是威胁山区民众生命及财产安全的一个重大自然灾害，监管部的一项重要研究工作是监测、治理土石流，旨在保障民众生命及财产的安全，因而有下联保平安之称谓。

致逢甲大学GIS研究中心科管部

山青水秀保育好　气顺人和事业兴　（科技兴隆）

致逢甲大学 GIS 研究中心管理部

管财四面福运通　理统八方专案涌　（和谐发展）

致逢甲大学李秉乾副校长

占天时地利人和　育九州四海英才　（欣欣向荣）

致逢甲大学杨龙士副校长

丹凤呈祥龙携瑞　桃李贺岁士迎春　（福满人间）

致桂煜、盛祥夫妇

桂轮[1]美奂百世盛　煜明愿景万事祥　（龙凤呈祥）

①桂轮，古时指月亮。

致桂煜、盛祥夫妇的两位儿子家珩、家轩

珩[1]置贵室行端庄　轩昂吉相志高远　（光宗耀祖）

①珩是指一种美玉，古时以玉象征君子品行的端正、高尚。

致秀宜

秀出秋闱[1]事事顺　宜取胜卷业业成　（心想事成）

①闱，古时指考场，秋闱指秋季考试，泛指考试。此联祝愿秀宜研究所考试成功。

致文赐、碧慧夫妇

文韬世界四海碧　赐赋寰宇百代慧　（祥云普照）

注：去年已有一幅至文赐、碧慧夫妇的春联，当时将碧慧名字置前，文赐名字置后，这次应要求将置文赐、碧慧两名字前后次序颠倒过来，故又创作此联。

致雅慧

一家瑞气百顺祥和

致威延、雅婷夫妇

威加四海[1]兼风雅　延福八方立玉婷　（吉祥满乾坤）

①“威加四海”，一语出自汉刘邦的《大风歌》，大风起兮云飞扬，威加海内兮归故乡，安得猛士兮守四方。

致贞文、嘉韦

贞操高尚具上嘉　文章精深绝三韦[1]　（德才兼备）

①韦，古时兽皮制的皮绳称“韦”，该成语出自《史记·孔子世家》，据称孔子晚年喜

读《周易》，常常翻阅，爱不释手，以致穿连《周易》竹简的皮绳磨断数次。此处形容好文章被人爱不释手，已将书翻烂。

恭贺重宏、庭瑜新婚

庭满嘉卉喜双重　瑜配绮罗祥瑞宏　（福喜临门）

致彦宏、秀卿夫妇

彦士德才自优秀　宏图成就有良卿　（奋发有为）

致振宇、佳薇未婚夫妇

佳音频传人心振　薇草碧绿连广宇　（大地回春）

致云思

思敏聪颖用电脑　云端直上最高层　（科技攻关）

致柯答馨及家人（吴美英、柯清添、柯志玮）

馨秀沃野春色添　玮丽世界竟群英

致秀宜

秀出秋闱事事顺　宜取胜卷业业成　（心想事成）

致仕晨（盈秀之弟）

仕途通达勤为路　晨光[1]宝贵苦作门　（奋发有为）

①“晨光”在上海地方话中意思为时间，这里既有早晨时间的意思，又泛指一般的时间。此联暗用“书山有路勤为径，学海无涯苦作舟”的成语。

致丽娜

莲台安康[1]

①丽娜家设佛堂开光，特书写一幅条幅志庆。

致莉雯（周天颖老师之女儿，创“莉雯工作室”开业，专门制作西式糕点，只制作出售，内部不设顾客茶座，故称“工作室”。）

南屯[1]创业金百斗　西点精制香万家　（莉雯工作室）

①南屯系台中市的一个区，莉雯工作室设于此。

2005年7月创作的一幅书赠周天颖教授的对联

地　　理
系　　统
经　　天
纬　　地

此联是有回文性质的对联，竖读与横读都可以，竖读是“理统天地，地系经纬”，对于地理信息系统的理论与技术做了概括；横读也可以，是：“地理系统，经天纬地”，也是地理信息系统理论与技术的概括。

第四部分

严泰来其他创作

致周天颖老师的一封信

周老师：

春节好！今天是正月十五元宵节，这里再次给您及您全家拜年！这是我这次上海之行（1月31日至2月18日）的最后一天，明天就要与我太太一起回北京了。在逢甲见您总是很忙，不敢与您闲谈。现在手头要做的事情已做完，正好有空，和您笔谈，“玩”一把文学写作，后面还要谈一点中心的事，麻烦您将此信看完。

我有好几年不到上海了，这次到上海住我岳母家，她们新近搬的家。如果说她们旧家代表老上海中上层人士的住房，那么现在的新家代表了现代新上海中上阶层的住房。她们住家位于上海市中心，东面可看到外滩的“东方明珠”，北面离上海市政府大楼不远，东、北、西三面十几层到二十几层的高楼林立，色彩靓丽，西面有一幢大楼，颇有台北101大楼的气势，傲视群楼，气吞云雨；南面则是一片低矮、密集的民房，灰黑色屋顶几乎趴在地上，有的屋顶上还有“亭子间”，像是残枝败叶中的小蘑菇，有的屋顶看上去还有青苔、衰草。再远处、这一片矮房的背后又是高楼林立，这种高程上的大幅落差显示了上海乃至中国大陆贫富极度不均的现象。

我曾与您说过，我这位内弟与他太太，都是大陆的“新贵”，在上海如此地段能够买下这套大约60坪（近200平方米）的高级住房，说明他们的经济实力不同凡响。住房所在的楼有34层。这里与台湾一样，忌讳“4”（与“死”同音），凡带“4”的楼层没有，统统隔过去，因此他们的住房标明第26层，实际是第23层。这栋楼里住有著名篮球运动员姚明，还有外国人，楼下与大门口，都有不止一人的门卫，统一黑色大衣着装，十分神气，使我想起晋朝王、谢的乌衣巷，由此可见这栋楼及其小区的奢华。在房内居高望远，十分开阔，特别是晚上，市中心高层楼房一律有彩灯装饰，层层叠叠、错落有致、形状各异的楼房轮廓与灯饰一收眼底；近处街心公园的喷泉加上灯光照耀，晶莹剔透；又不时在楼房间还可看到春节的焰火礼花，如此美景宛如童话世界一般五彩斑斓、习习生辉。

我岳母虽是87岁的高龄，素有洁癖，仍然坚持亲自清扫房间：每天地板要细细扫一遍、用类似拖把的用具再擦拭一遍，所有家具一律拂拭一遍，她说这是她每天的“功课”，权当锻炼。在她带动下，我也只得自己照此打扫我们的卧室及我的书房。说来也怪，尽管每天如此打扫，还都总能清扫出碎末与头发。经这样打扫，房内的确是窗明几净，一尘不染；加上房内各种古董与家具，古色古香，幽雅别致。在这种环境下写作与工作，倒也是文思泉涌，下笔生花。

上海的春节比不上北京的“年味”重，至少我住的小区是如此。大年三十的爆竹、焰火就说明问题。我在楼上只听得远处的爆竹、间或看见几处焰火，近处大概是高级小区禁放爆竹的原因，基本没有爆竹声。相比北京，真有天壤之别。吃过年夜饭，我小姨子带她的儿子回她住所后，只剩下老太太、我太太和我三人，远没有我家的热闹，特别是十几年前我父母健在的时候。初一，我内弟带全家四口从北京来上海，给母亲拜年，这所房内才多了一点“人气”，大年初一中午的午饭，碗碟多了一些，但是饭菜的丰盛程度不及北京一般人家，大概这就是“现代化”的趋势。走到街上，人们的穿着与平时区别也不大，不像北京，人们穿红戴花，透着一个喜气。初一下午，内弟一家又乘飞机回北京了，一家人来回飞机票将近一万元人民币只为吃一顿饭，唯一这点是北京一般人家所不及。

我在家人的鼓动下，参观了上海博物馆、图书馆、城市规划展览馆、科技馆、美术馆以及多处公园。上海不同于北京：上海市颇具中国南方的文化气息，公园或展览馆面积都不是很大，但精巧玲珑、优雅别致，公园小路没有直的，曲曲弯弯，树木遮阳，难得有点阳光从树叶缝隙中洒下来，给人一种曲径通幽的感觉，但也有点小家子气；北京可大不相同，一派皇家气势，公园或展览馆乃至马路，宽宽大大，正南正北、中规中矩，红墙、黄瓦、斗拱飞檐，给人一种古朴、沧桑的感觉，难怪北方人直率、豪爽。

毕竟上海是中国的大都市，博物馆、图书馆春节期间还举办多种文化活动，比如：请名人写春联、画像、做文化讲座等，有一位老者，当场用手撕纸，将在场的人勾勒得惟妙惟肖，这是北京，特别是我们农业大学地区所不及。

上海显然是一个现代商业都市，街道不宽，但布局合理，公园分布科学，绿地比例很大。任何住宅，路走不多远，就有一个公园或展览馆。记得老师带我参加逢甲大学都市系二年级大学生 GIS 应用实习课辅导，用 GIS 设计邻里公园，按照台湾的标准，上海居民人均公园面积绝对符合要求。上海人习惯坐车，我则喜欢走路。家人总告诉我到哪里如何坐车，我却总是走去，心想走到那里的距离，或许还没出我们农业大学呢。前面所提到的博物馆、图书馆等，我都是徒步，正好也可观光一下街景。

正月初五，我太太带我去杭州给她的亲人上坟。她的祖母、外祖母、父亲、弟弟的墓地都在杭州，分在两处：一处在杭州的远郊区，为新墓地；一处在西湖畔不远，属于老墓地。上海凡有一点财力的人家，都在杭州购买墓地，至今仍有这一习俗。太太的祖母、外祖母都是跨越清末至民国的名人，从墓碑铭文上看，与秋瑾还有关系，曾经是杭州女子中学的校长，那个年代一介小女子开设女子学校并能做到校长，必定是出类拔萃、非同等闲的人物，看见墓碑上的相片，果然是飒爽英姿、英气逼人，不同于一般“大门不出、二门不迈”的良家女子。我随同太太深深向她们鞠躬致敬，表示无上的敬意。

上坟过后，与太太游览了西湖。西湖沿岸，游人那叫一个多，熙熙攘攘，擦肩磨踵，如同逢甲夜市一般，以“游人如织”形容绝不过分。夕阳西下，著名的西湖雾霭重重，确有山色空蒙、水光潋滟的景色，长时间以来案牍劳心、纷繁杂乱带来的困倦劳累竟被这湖光山色一扫全无。当晚，我们乘坐快车回到上海，一天之间，上海、杭州竟从容往返，现代的交通真给人以极大的便利。

在上海毕竟是住岳母家，不能那么放松，加上在逢甲开足马力工作、还有一点后劲的原因，时间还是抓的较紧：完成了《专书》1 万字的书稿、建甫的第七章（3.6 万字）修改。事情完成，闭上眼睛，回顾半个多月上海之行，还算五彩缤纷，林林总总，有所收获。

在此，我先想到了佩璇，如果正常，她的产期到了，不知生产顺利与否，我曾托付志明在第一时间将喜讯告诉我，看来他或许忘了；还有政庭修改的关于教学论文的文稿，不见寄来；写到此时，收到碧慧寄来的致远关于SALUS的材料，不知碧慧母亲现在身体如何了；还有建甫与林博在写EASY-MAP程式，我也很期盼。

这里将我为《专书》第七章作的修改稿寄上，这是第二修改稿了，做了不少补充与订正，其中引用了逢甲洪本善老师的工作，请老师将此稿由碧慧转交洪老师，请他再审阅一遍；并转交建甫，征询建甫作者本人意见，这一修改稿附有修改说明，在审阅修改稿前请先参阅修改说明。

还寄上我为《专书》“第十七章　灾害”作的“第三节　旱灾”文稿，请由碧慧转交方博，将此文稿编入他们负责的第十七章文中。在我写的旱灾文稿中，附带涉及了遥感监测城市的热岛效应，因此请碧慧转交研究生佳薇参阅一下，可能对她论文有参考价值。

请老师催促政庭将都市系GIS实习课教学论文尽快寄过来，如果撰写有困难，请他将我与他合写的讨论稿及有关材料寄来，我来写也可以。

此信上半部分是随笔散文，后半部分又是公事，拉拉杂杂，随想随写，凑成一信，供老师一阅、权当是休息，了解一下大陆人过春节，我也是“玩”了一把文字。

祝老师

全家新春愉快！

问GIS研究中心同仁好，想念他们！

泰来

2011年2月19日起笔上海、完成于北京

农大记者采访纪实

2014 年 5 月 21 日

说明：中国农业大学有关部门为对研究生、大学生进行励志教育，拟出版一本书。该书是由学生小记者对于校内有一定条件的教师进行采访，出版的这本书是采访纪实的汇编。2014 年 5 月，一再与我联系，到我家来采访。以下是采访纪实，按第一人称书写，小记者采访后写出初稿，后由我修改订正。这也是我人生一段历程的概述，摘编如下。

在奋斗的大道上，书写不悔的青春

1962 年，考大学是最困难的一年。当时是困难时期，国家提出“充实、整顿、提高”的国民经济调整方针，在高等教育上削减招生人数至原来的一半。考大学在我们那个时代原本就比较困难了，政策一出，更是难上加难。很多年老一点科学家，包括中国科大的教授钱学森，钱三强，华罗庚都说“人才出在 62 级”，而我就是在这一年走进了大学的校门——中国科学技术大学（当时校址在北京）。

开学典礼上，中国科学院院长郭沫若作为校长和其他的科学家接见了我们，我感到十分自豪。我真真切切感受到我们是为了国家而读书。我常常给我的研究生讲，我们学习比你们用功得多，我们的吃苦精神与你们不是一个数量级的。我们当时念书用功的程度达到一个寝室的人一个礼拜都互相见不着面。有的人开夜车，晚上三点钟回宿舍，也有的人开早车，两点钟就起床了。后来我出国，很多人都很惊讶，中国来的人数学怎么就这么好，微积分方面的问题，他们还在查公式，我顺手就写下来了。大一时我们做高等数学的习题，一般做3 000多道，而不仅是老师布置的课后作业。因为我的数学还算不错，从小学到初中再到高中觉得好像数、理、化就这么一点东西，到了大学，眼界大开。当时讲课用的是科大自己编撰的书本，写得很深。学了之后觉得一切的东西都可以进行计算，这才认识到科学就是用数学的语言，表达物质运动的道理。可以说在当时我们受到了比较好的教育。

我清晰地记得大学一年级开学不久，学校带领我们新生去参观中国第一座核反应堆，当时核反应堆还是十分保密的，我们所乘坐的大轿车，在离反应堆很远的地方便换了司机，由反应堆内部人员开车载我们前往。到了核反应堆外，我们都穿上白大褂，佩戴上辐射计量笔。在核反应堆外，核反应堆和普通楼房是没有区别的。来到了里面，发现反应堆的墙就足足有两米厚。我心中产生了疑问，两米厚的墙，门怎么开啊？我发现它采用了像宾馆一样的圆柱门，转一下门就打开，再转一下，门就关上了。参观了核反应堆，我感到十分自豪。那个年代正是中苏关系破裂的时候，苏联专家全都撤走，那个时候中国是十分困难的，应该说当时共产党、毛主席的决策非常英明，假如当时没有下决心搞原子弹，中国没有今天。没有原子弹，中国在世界上就没有地位，没有大国的地位。陈毅元帅作为当时的外交部长来我们学校做报告，一拍桌子，用浓厚的四川口音说："外国污蔑我们中国人，两个人穿一条裤子。我们中国人不穿裤子也要搞原子弹。"没有原子弹，陈毅在外面说话根本不响。当时我便有明确的目标，为国家在核物理方面做一点事。

大学毕业后，往往对自己看得过高，觉得自己什么都可以干，好像无所不能。现在有的大学生也是这样，我算是过来人了，我认为大学生其实很多东西都不懂，到了社会上，实际问题要比自己所学、所掌握的理论知识要复杂得多。所以自己只能仅仅做一点点工作。往往很多大学生，包括我自己，刚一大学毕业，往往是大事做不了，小事又不去做。好高骛远，总觉得自己怎么、怎么行，实际还是不行的。我总觉得理论是简单的，理论是对实际的简化。要把自己与社会的位置摆放正确，不要拒绝做小事，踏踏实实从小事做起。成功在于细节，不重细节，不从小事做起，就不会成功。现在的社会，理想谈得太少了，人都变得很"现实"，凡事都谈钱，这是不好的。对于做科学来说这是一个大忌。所有的科学家最初从事研究并不是为了钱。如果仅仅是为了名为了利，什么来钱做什么，你绝对不会有多大出息。我讲课时理论往往讲得深一点，有的学生就问，严老师，你讲得这么难，以后有用吗？换一句更直白的话说，这个能赚钱吗？这个公式能赚钱吗？要我说，这个公式，可能换不了一文钱。发明这个公式的人从未想过用公式来赚钱，假如想着用公式赚钱，他是绝对发明不了它的。

人要有一点献身精神，没有精神，没有巨大的努力，是做不成事的。就拿发明计算机来说，当初计算机发明人绝对没有想到计算机到现在会有如此大的作用，也没想过自己申请专利，用计算机赚钱。还有著名科学家牛顿，为了证明万有引力，他发明了高等数学，为了处理试验数据，他用了 3 吨的草稿纸，见于英国的牛顿博物馆。他为研究万有引力，设计了一个可以称量 500 千克的天平，一般人可能觉得这很容易，可是要让这架天平的敏感度达到 0.1 克，这就十分困难了。牛顿做了大量实验，处理了大量数据，完全用人工计算，总结出经典力学三大定律，现在的人却浮躁地认为，万有引力的发现是苹果砸到牛顿脑袋而发现的。事实哪儿有这样简单。科学没有偶然。所以我时常在想，我们要有一定的理想，要有吃苦精神。没有吃苦精神，没有一种精神理想支撑，不会有所成就的。

我们还要有一点责任心，我常常跟研究生讲，老师有责任带领你们学习，你们也要有责任将老师教给你的东西传承下去。要懂得发奋图强。国家要发奋图强，学生也要发奋图强。

1978 年，"文革"结束以后，一个偶然的机会，我经人介绍，从东北调到咱们农业大学。当时受到社会的影响，我看不起农业大学，觉得农业大学能干什么啊？拿个锄头，种种地，脸对黄土背朝天。看不起到什么地步呢？当时考大学时我们要填报 30 个志愿，我最后一个志愿也没填报农业大学。到了农业大学以后，我才发现农业不是那么简单。来到农业大学，因为我是学核物理的，所以农业大学相关专业我不是十分精通。但是有信心，"学好数理化，走遍天下都不怕"。最初学校安排我搞电子学，一边自学、一边讲课，"现学现卖"，硬是讲下来了。农大很对得起我，给了我一个名额公派出国深造，地点自己联系。只要我英语过关就可以出国。我原来是学俄语的，三十几岁英语从 ABC 开始，实在是难。我费了很大的力气，在两年多时间里考过了托福。先后去了加拿大和美国。

现在社会上还是有人看不起农业大学。回国之后学校为了需要，让我搞遥感。遥感需要计算机技术，完全是计算机科学与技术的延伸，对我又是新的东西，当时年龄也比较大了，又要重新起步。有的人看我说外行话，笑话我。我说："我现在确实不懂，但是给我时间我一定会懂。"当时我是在农大最高级的实验室——遥感图像室工作。一夜一夜地，我抱着一本计算机书，坐在一台计算机旁，常常工作到深夜。一抬头天已经亮了，困了就睡在地毯上。当时我还因为过劳，得了一种称为"植物神经紊乱、排尿性晕厥"的怪病，常常半夜起来上厕所小便，因晕厥一头栽倒在地。一次到保定出差，半夜栽倒在厕所里，失血多达 500 毫升（医院大夫估计），回来后很长一段时间脸上发青。多次晚上在实验室里被同事和研究生们推出来、"赶"我回家。所以我敢说，我自学研究的一点遥感、地理信息系统的知识里，还真的带着我的鲜血与汗水。我现在还不愿意离开这一学科。

我从地理信息系统和图像处理的底层程序弄起，一些程序自己编写，最后终于弄懂了。农业信息这一学科，从我与研究生几个人，办成一个组、一个系，后来创办全国第一个农业大学的信息学院，我成为院长。西区信息学院与东校区的电气工程学院，合并为中国农业大学信息与电气工程学院时，学校任命我为信电学院常务副院长。

有时外面的人看不起我，我的同事也看不起我，但我一直告诉自己要发奋图强。有一次到当时的北京邮电学院（大学）评阅高考试卷，与别的老师发生了分歧，我认为可以得两到三分，北京邮电大学一个年纪轻轻的老师则认为一分不给，知道我是农业大学的，就很看不起的问："你们农业大学物理学过吗?"，这句话触动了我要强的心理，我说"我是正牌学物理的，我数学是华罗庚给我讲的，物理是严济慈教授的，你以为农业大学的就没人懂物理吗？难道你们邮电大学的就是卖邮票的?"当时我们两个人都脸红了。所以我们自己要发奋图强。现在 70 多岁了，我一直没有离开过教学，没有离开科学研究。人总要做点事，为社会做点事，我常对我的学生讲，我虽然已经退休了，只要严老师对你们还有一点用，这是对我最大的安慰，人要是没有一点用了，就好比白吃白喝白拿，问心有愧啊！

我想告诉同学们，要发奋图强，我也是一直这么要求我自己的。我是个笨人，但我有这种不服输的精神。我很小就告诉自己，"人能为者，我必能为；人不能为者，我奋而为之"，"你一个小时能弄出来的事，我笨一点，用两个小时、三个小时总可以把它弄出来"。有的同学毕业许多年后，差距很大，说自己怎么没有机遇。我想告诉同学们，机遇往往属于那些有知识并有准备的人。有成就的人一定是付出了巨大努力的结果。台湾有一个大企业家叫郭台铭，我在台湾讲课，曾听过他的报告。他说："如果你能够将你的每一天当作生命的最后一天来过，你一定可以做出大事来。"

现在社会上流行一句话："学好数理化，不如有个好爸爸"。你有一个好爸爸，就算给你个博士，又怎么样？没这个能力，捧得越高摔得越重。任何一件事要把它做好都是不容易的，农业也是如此，要靠真才实学。我要告诉同学们，你们现在正处在学习的大好年纪，学会吃苦，深入学习一些东西，十分必要，绝对不要想着找什么捷径，不可能有捷径的。现在社会上许多人往往对于学术的东西不太感兴趣，对于娱乐、明星却十分上心。这样的浮躁是绝对不行的。

“树老根多，人老话多。”我确实是老了，但我希望同学们能从我的故事、经验中领悟到一点东西，乘大好时光真真正正学到一点东西，发奋图强，有点本事，不要虚度时光，将自己培养成为一个于社会有用的人。

“洛阳亲友若相问，一片冰心在玉壶”

——答谢诸位朋友的关心与慰问

诸位朋友：

9月初，我在昆明突然发觉眼睛出现重影，过马路时一眼望去都是汽车，头晕目眩，只得一只眼去看，所幸单眼还能看清楚。起初，我并没有在意，以为是眼镜出现一点问题。几天以后，问题逐渐加重，看近处，如电脑、电视也发生问题，重影晃动，视觉模糊。此时，我从昆明回京计划、甚至机票都已定，原本14日先去桂林，参加海峡两岸遥感与地理信息系统学术讨论会，然后去合肥参加中国科技大学50周年校庆，21日回京，22日农大上课……9月9日我打电话与我同事张晓东老师商议是否按计划执行，她将我情况咨询了她的一位朋友，一位眼科医生，知道问题严重。张老师打电话给我妻子，由我妻子转告我问题的严重性。我这才决定取消一切活动，改定11日机票，立即由昆明直接回京。

回京后去了有名的大医院，做了核磁共振CT大脑扫描，请了专家诊断，发现眼肌神经麻痹，其原因有可能是微血管血栓引起，也可能是视觉疲劳所致，还有一顶顶可怕的病“帽子”，诸如“脑梗”、“脑血栓”、“中风”等，不时飞来，不过心里也还稳当，自感“帽子”大了一点，暂还戴不上。几天来，又是输液点滴溶血，又是打针吃药，“黑云压城城欲摧”。大概是阎王爷对我还不感兴趣，十几天我也真正休息了一下，少看电视、电脑，闭目“打坐”，现已峰回路转，逐渐光复“旧观”，以前眼睛的感觉又逐渐唤起，“光明”在前。

好一阵急风暴雨，现在总算喘口大气，希望是虚惊一场。风急雨骤之时、病“帽子”重压之下，当然对于突如其来的人生变化有所感悟：人生好比长江水，激流险滩弯又多；险也罢，弯也罢，千曲万折还向东。这就是本文题目所引王昌龄的两句诗：“洛阳亲友若相问，一片冰心在玉壶”的意思，还要继续“干”下去。事实上，我还按计划已在农大上了课，又去了新疆开会，这就是“本性难移”吧。我曾想，若就此不干，是不是以后不得病，不会的，该得病还要得。当然，上帝已经给我提了个醒，诸位朋友给我告诫，叫我更要注意“可持续发展”，经济、合理地使用时间与精力。

罹患这场眼疾小恙以来，得到诸多朋友、同学，包括台湾、海外朋友的关心与慰问，这里一并致以诚挚的感谢。在这个世上，我们还算有缘，深也好、浅也好，长也好、短也好，总还是邂逅、朋友了一场，今后还要朋友下去。“但愿人长久，千里共婵娟”。

祝愿诸位“可持续发展”，健康长寿。

谢谢大家！

严泰来

2008年9月29日于北京

第五部分

严泰来同事及弟子感怀

宽以待人，无私奉献

——严泰来教授七十岁感怀

朱德海

整日忙碌，从未认真地回顾一下过去的日子，时逢严泰来老师七十华诞，想着总该在严泰来老师的文集中留下个文字纪念。蓦然回首，与严老师的相识已经有 30 多年了，这是缘分也是我的幸运！可以说我工作上的每次进步都是和严老师的指导和帮助分不开的。

我 1989 年进入农大读博士，石元春老师是我的导师，应该是 1990 年严老师作为我的副导师，带着我和卿笃学师弟在科研楼 12 层的实验室开始进行国土资源和农业管理的信息化探索，当时在石老师提供的 1 台 386 微机（当时是最好的微机了）上来实现最基本的 GIS 的图形功能。严老师不仅钻研算法，而且用 basic 语言亲自编程，大家都知道严老师数理功底好，算法很厉害，岂不知严老师当时也是编程的高手。严老师应该是在微机上进行地理信息系统研究和应用的第一批践行者，我也在严老师带领下正式进入到这个领域。

1992 年博士毕业后留校任教，与严老师成为一个教研室的同事，同时也是我的领导。当时石元春老师已经敏锐地意识到生物技术和信息技术必将成为现代农业的两大支撑技术，他积极支持我们从事这一新兴学科，但当时农业领域的各方面条件都不成熟，而国土资源管理的信息化需求已经出现苗头。严老师带领我们积极出击，在全国第一次开设土地信息系统课程，出版了全国第一本《土地信息系统》教材，严老师也应邀到多个大学进行讲座，目前该课程已成为全国各高校土地资源管理专业的骨干课程；当时研发的地籍管理信息系统和城镇土地定级估价系统获得国家土地管理局科技进步二等奖和三等奖，严老师也受聘担任了国家土地管理局（国土资源部前身）科技委员会委员、第一届土地信息系统专家组的组长。如今我校的国土资源信息技术团队就是在这样的基础上发展壮大的，这其中严老师对年轻人的传、帮、带和无私的奉献精神发挥了重要作用，同时也成为这个团队的优良传统和传家宝。

两件事我记忆深刻，一件是当时在仅有 3 万元科研经费的条件下，拿出一半支持年轻教师读在职研究生。新兴学科的发展都是从极其艰苦的条件下开始的，记得当时打印纸都买不起，我经常到李保国师兄的实验室去“借”（从来没还过！哈），可以想象这些经费是多么珍贵，但是为了年轻人的进步，严老师不曾有过半点的犹豫。另一件是在开发保定地籍信息系统时，为了使我们尽快介入实际情况，严老师亲自带领我们几个年轻老师到河北保定进行调研座谈，由于体力透支，晚上晕倒在卫生间。这种对待工作的拼搏精神一直都是我们的榜样。

在 2000 年后，农业信息化的重要性逐步被大家重视，严老师又把精力投入到农业信息化的应用领域中，在全国农业院校中第一个组织成立了信息管理系（当时还没有地理信息系统学科），组织召开第一届全国农业院校地理信息系统研讨会，为我校的农业信息技术学科的确立、农业信息化方面国家重大项目的申请打下重要基础。即使在退休后，我们也未感觉严老师进入退休状态，他依然是我们团队中重要一员，讲课、做讲座、参加研讨会、修改研究生论文、写书、扩大对外合作等。我衷心希望严老师身体康健，作为师长、同事、战友一直陪伴我们去迎接新的挑战和美好的未来。

潜心做学问，超然度人生

——严泰来教授七十岁感怀

张晓东

认识严泰来教授已有 15 年。

我进入农大开始，我们便成为同事，但在我内心，一直以来却把严老师看作我的老师，一位非常令人尊敬的学者。

初见严老师，是 1999 年我博士即将毕业找工作。通过网上搜到的电话联系到了当时任系主任的严老师，没通过任何认识的人，更谈不上渊源，在两次面试后，严老师明确表达了系里愿意接收我的决定。但随后因为进入的指标问题，严老师不断找学院负责人与学校相关领导，其中的周折与过程，我虽没亲眼见到，但从日后我对严老师做事风格以及以学校人事政策的了解，深知严老师为学科发展与团队建设做出的努力，无私坦荡执着，是我对严老师的初步印象。

身为教师，讲课是首要任务，但在如今的高校，特别是研究型大学，重科研轻教学现象普遍。特别是年轻人，一入校，大部分精力投入了科研，教学倒成了应付。但从我入校的第一天开始，严老师就强调了他的观点，讲课是一个教师的立身之本。我完整地听了他讲的两门课，他对知识的理解之深，讲解之透，让我非常吃惊。而且讲课时常常旁征博引，数据引用精准无误，举的例子妙趣横生，听他的课，不仅学到知识，更是享受。

严老师不仅对教学认真负责，在科学研究中，更是严谨踏实，时刻关注学术动态，不断探究与创新。且不说他自己撰写与编写的论文著作中，很多新的方法是他亲自研究所取得，并在实际工作中取得了非常好的应用效果。同时，对书稿的成稿把关也极为严格，参与人所编写的内容逐字逐句审核，甚至他会全部修改。我们系很多届的研究生毕业论文都经过他初审，他不仅指出其中的原理、方法是否存在错误，缺乏严密的推理，甚至对错别字与标点符号也都一一指出，乃至很多研究生去找他看论文，既希望又担心。

严老师中学就读北京四中，20 世纪 60 年代毕业于中国科大，所学专业为核物理，20 世纪 80 年代又在加拿大美国访学，作为土地信息技术领域的专家，多年来将理论与实践结合，不断深入探索新技术的应用，深厚的数理功底与文化底蕴形成了他严谨却不呆板、深刻却不晦涩的学术风格。

严老师虽然做学问严谨认真，为人却宽厚无私。我第一次上课，他把他多年积累的课件与教学资料全部给了我。他关心系里每一位老师，在得知哪个老师生病或遇到困难时，他不仅会前去探望，甚至还会拿出自己积攒的工资。每逢节假日，他会邀请很多学生去他家包饺子，虽然大部分学生并不是他指导的研究生。

今年严老师将度过七十岁生日，但他依然笔耕不辍，编写专著与教材；研究空间信息科学的基础方法与算法，解决行业的应用问题；作为农业大学土地信息科学的奠基人之一，对这个学科的发展时时关注，出谋划策。

如今，我与严老师亦师亦友，每每他又有新的画作或新诗出炉，我常常成为第一个欣赏者，他读到了好文章，发现好论文以及对学科的发展有了新的了解，也会与我分享。我赞叹他思想的活跃，乐观的生活态度，以及洞察人生的睿智。

值严老师七十岁之际，尽绵薄之力，将严老师多年的研究成果与诗画出版，以此表达我们一位学者和长者的敬意。

我的导师严泰来先生

姚艳敏

时光荏苒，日月如梭，导师严泰来教授已经到了七十古稀之年。回眸人生，导师如同我人生海洋上的灯塔，始终指引着我奋斗的航向。虽已毕业多年，但导师对农业遥感和农业信息技术孜孜不倦的追求，对学生如沐春风般的关爱与教诲，依然记忆犹新。

（一）

第一次见到严泰来先生是 1991 年 10 月，那时我已于河北农业大学农学系土壤农化专业毕业，到河北省农林科学院土壤肥料研究所工作 5 年。因研究所与加拿大有一项“中加旱地农业”国际合作项目，其中包括“地理信息系统在土地利用规划的应用”研究，我陪同加拿大科学家考察中国农业大学关于地理信息系统在农业上的应用研究情况。严泰来先生接待了我们，严先生给我的第一印象是一位近 50 岁的专家学者，个头较高，穿着朴素，待人诚恳。严先生用英语非常流利地向加拿大专家介绍了我国地理信息系统和遥感技术在农业上的应用研究进展，让中外专家受益匪浅，同时，我被严先生的学识水平所震撼。因那时，我国刚刚引入地理信息系统（GIS）的概念，研究尚处于起步阶段，并且我国刚刚对外改革开放，能会用英语与外国人交流已经被认为是了不起的事情，而能用英语自如地进行学术交流，则更令人望其项背。我在加拿大培训 GIS 软件一年回国后，希望能在 GIS 与农业应用方面有一个系统的理论学习，就选定了要报考中国农业大学严泰来先生的研究生。1995 年 9 月，我如愿以偿地成为了严先生的硕士研究生，1998 年又成为了严先生的第一位博士研究生。

（二）

严泰来教授 1968 年毕业于中国科技大学原子核物理系，土地/地理信息系统、遥感应用基础则是工作之后不断学习和刻苦钻研的结果。1983—1994 年，严先生先后赴加拿大、美国、德国进修，合作研究与讲学，尽管不是遥感和 GIS 出身，但严先生通过刻苦钻研，在遥感和 GIS 的模型算法研究方面造诣颇深。严先生凭借自己数学和物理学的深厚功底，深入研究模型和算法，并应用到土地地价评估、土地信息系统、农业信息管理之中，将我国农业研究中的定性描述用模型定量表述，提高了农业科研院校的研究水平。例如，他将分形理论与数字滤波（数字信号处理）方法有机地结合起来，给出了从有限样本网格点数据推算研究区域所有的网格点数据的一种新型曲面拟合计算方法，该算法可以适应研究区域中存在有隔离断裂曲面的复杂情况。他将该方法应用到上海城市土地地价评估中，基于有限的地面样点，科学合理地推算出上海市土地地价空间分布情况。上海城市地价中心的一位高级工程师对我们说，严先生是一位储油机，头脑中总是会有解决问题的新方法。严先生根据自己的研究积累和对知识的理解，于 1993 年主编出版了《土地信息系统》教科书，2008 年主编出版了《遥感技术与农业应用》书籍。

退休后，严先生从没有停止对科学研究的探究和新知识的学习，并且，退休后的科研工作依然繁忙。他每年去云南 3 个月，帮助相关单位解决农业信息技术方面的科研问题。每年还要继续给本科生、研究生上农业遥感的课程，指导研究生的科研论文。我所带硕士研究生的论文开题、中期考核、硕士论文答辩，都请严先生作为评审委员，他总是谦虚地说，我也是来学习的。记得有一次看见他正在评审国家自然科学基金项目，他对我说“遥感和信息技术在不断地发展，我也要不断地学习，否则怎么才能评审好国家自然科学基金项目”。正是由于严先生对科研孜孜不倦地钻研，他已成为我国农业遥感和信息技术领域的开拓者和权威科学家。在 2013 年近 70 岁高龄之际，与台湾逢甲大学的周天颖教授、中国科学院的赵忠明教授合作主编出版了《空间信息技术原理及其应用》(上下册)，书中的原理介绍详细清楚，是一部为同行专家公认的参考价值很高的科研教学著作。严先生在学术研究上不懈追求的精神始终激励着我们努力前行。

(三)

严先生治学态度严谨认真。他主讲研究生的农业遥感和地理信息系统课程，总是认真备课和制作课件。20 世纪 90 年代，讲课的辅助工具是胶片和投影仪，他总是详细地将讲课的主要内容写到胶片上，并用图形表达一些难懂的理论。记得他去国外教学时，亲自手写制作了 80 多页的英文版农业遥感原理和技术的课件，外国学生非常钦佩他这种认真的态度。农业遥感课程涉及较多的数学、物理、地理、测绘等方面的知识，学生们对于模型算法方面的知识理解起来比较费劲，严先生并非照本宣科，他能将抽象复杂的理论同日常生活、科研实践相结合，形象地表达出来。严先生讲课不仅语言通俗易懂而且风趣幽默，不仅能增强对理论的理解，而且能进一步了解该理论的适用性和局限性，听他讲课，如沐春风，令人神清气爽、心领神会，着实是一种美的享受。课后大家私下讨论为何严先生讲课会如此与众不同，最后得出的结论是：严先生能讲出如此高质量的专业课，不仅源于他的讲课风格，更源于他的见多识广和学识渊博。正是严先生很高的授课水平，为许多农业科研院校的农业遥感和地理信息系统研究生课程带来了一股清新的风。

(四)

严先生总是以他严谨求实的治学态度，孜孜不倦的科学追求潜移默化地感染着我们。他针对我们不同的学历和阅历，制订了不同的研究方向和阶段目标。对于研究的课题，严先生的要求很严格，圈定的书目是要认真去读的，并要求以讲座的形式进行汇报。在他繁忙的工作之余，坚持亲自指导研究生，定期召集我们汇报实验进展，探讨实验结果。他总是很耐心地认真听取我们的汇报，然后和颜悦色地提出他的思考和建议。对待我们提交的稚嫩的学术论文，严先生总是一丝不苟，认真批阅。记得严先生修改我的博士论文时，用不同颜色的笔进行标注，表示不同的含义，如钢笔标注表示直接修改句子，铅笔标注表示有疑问需要讨论的内容，红色笔标注表示需要进一步查阅文献的内容，非常仔细和用心。小到文章的标点符号，字母大小写等都一一标注出来，这不仅丰富了我们的业务知识，同时端正了我们的工作学习态度，并让我们为自己的粗心大意感到惭愧和不安。因为在我们看来这么不起眼的小事，却花费了先生许多宝贵的时间和精力，足见先生的严谨与认真。我们的研究论文需要修改很多遍，导师才满意地点点头，严先生是在用他的一言一行来感染教育着他的学生们。在同时处理教学、科研和生活时，他样样尽心出色。对于学生，像儿女一样爱护，教导我们如何做人、如何对待生活、如何去争取幸福、如何实现自己有价值的人生。硕士三年、博士三年的六年中，任何时候找他谈心，他没有因为事务繁忙拒绝过一次。我们是在温馨、和谐、宽松的气氛中完成的学业，而我和我的师弟、师妹们也没有辜负他对我们的教诲与关爱，大家都非常自觉地用勤奋努力的工作回报先生。

（五）

严先生谦逊儒雅，朴素大方，平易近人。虽然他是研究自然科学的学者，但没有一点儿科学家的大架子，衣服穿戴很朴素。记得有一次邀请严先生在国际学术会议上做重要发言，别人都穿得西装革履，他就穿一个简单的夹克衫就上台发言了，他认为这些外在的包装根本不需要。20 世纪 90 年代时，流行用打印机打印文档，我们用的打印纸很浪费，他就要求我们节约用纸，能双面打印就不要单面打印；不是重要的内容，就用单面用过的打印纸，用另一面打印；用过的单面打印纸，另一面用做草稿纸。他很少用签字笔，总是怀揣一支钢笔，为我们修改论文。严先生不仅拥有渊博的科学知识，在文学艺术方面也有很深的造诣。他擅长书法，笔力遒劲，气势磅礴；可以在葫芦上绘画，天然真趣，惟妙惟肖；还喜好填词赋诗写对联，妙笔生花，出口成章，例如他可以将一个人的名字隐含在对联的开头、中间或结尾，让人感到妙趣横生。

这就是我的导师——严泰来先生，一个为学严谨的自然科学学者，一个为人平实的性情中人，一个心胸阔达、和蔼可亲的长辈！人海茫茫，难得相遇，能遇上严先生，是我的幸运。严先生以其令人敬佩的人品、学养和事业心，成为我前进道路上的引领者；严先生对我的教导、关心和支持，犹如春风化雨、润物无声，使我从本科生成长为博士、博士后、研究员、研究生导师。浩荡师恩难以详尽言表，唯有以加倍的努力光耀师门，才是对严先生最好的报答。

在严先生七十寿辰之际，我执弟子之礼，敬祝恩师寿比南山，福如东海！

致严先生七十华诞

自幼伏于书香几，青年勤于报国志。
偶逢雪霜甘寂寞，阳春之际育桃李。

初见先生雅如兰，再识先生慈如父，
传道授业堪严谨，解惑谈吐甚风趣。

心系大业推贤才，遇事笃定而泰然。
专心授业更树人，师表才情堪敬仰。

转眼为师三十载，育得栋梁满天下。
桃李谨记恩师言，恩师风尚永流传。

虽已步入六十甲，两岸信步好逍遥。
和风细雨著巨作，凝神墨劲领风骚。

今逢先生古来稀，徒子徒孙沓踵贺。
众见恩师朝朝舞，当信人生二百年。

程昌秀　2014 年 5 月 6 日

附录

人生感怀——七十年历程回顾

严泰来学术成果

专著

1.（2013）空间信息技术原理及其应用（上册）．赵忠明、周天颖、严泰来，等编著．科学出版社．

2.（2015）空间信息技术原理及其应用（下册）．赵忠明、周天颖、严泰来，等编著．科学出版社（台湾版由儒林图书公司出版）．

3.（2011）数字湖泊的技术与实现．赵俊三、朱兰艳、严泰来，等著．测绘出版社．

4.（2008）遥感技术与农业应用．严泰来，王鹏新主编．中国农业大学出版社．

5.（2004）资源环境信息技术概论．严泰来主编．中国林业出版社．

6.（2000）土地管理信息系统．朱德海主编；严泰来，杨永侠副主编．中国农业大学出版社．

7.（1993）土地信息系统．严泰来编著．科学技术文献出版社．

学术论文

1. 陈彦清，杨建宇，严泰来，张超，朱德海．基于正负权重的农用地自然质量分计算方法研究．沈阳农业大学学报．2013-06-15.

2. 张天蛟，严泰来，王海蛟，杨永侠．基于 Morton 码的土地空间网格数据组织与检索．农业工程学报．2013-04-30.

3. 田苗，王鹏新，严泰来，刘春红．Kappa 系数的修正及在干旱预测精度及一致性评价中的应用．农业工程学报．2012-12-15.

4. 严泰来，陈亚婷，刘哲．GIS 图斑面积量算方法及其拓扑判断．测绘通报．2012-10-10.

5. 许文宁，王鹏新，韩萍，严泰来，张树誉．Kappa 系数在干旱预测模型精度评价中的应用——以关中平原的干旱预测为例．自然灾害学报．2011-12-15.

6. 陈彦清，杨建宇，苏伟，张晓东，黄健熙，苏晓慧，严泰来．县级尺度下雪灾风险评价方法．农业工程学报．2010-12-31.

7. 陈亚婷，严泰来，朱德海．基于辛普森面积的多边形凹凸性识别算法．地理与地理信息科学．2010-11-15.

8. 王鹏新，严泰来，张超，苏伟．农业院校研究生遥感科学与技术系列课程建设初探．高等农业教育．2008-06-15.

9. 赵俊三，龚纯伟，严泰来，许文胜，赵胜恩．数字湖泊空间分析模型与多尺度数据组织．昆明理工大学学报（理工版）．2007-06-15.

10. 李建，严泰来．农业循环经济发展的热点领域与技术．地球信息科学．2007-03-30.

11. 吉海彦，王鹏新，严泰来．冬小麦活体叶片叶绿素和水分含量与反射光谱的模型建立．光谱学与光谱分析．2007-03-30.

12. 张峰，张晓东，赵冬玲，严泰来．利用图像处理技术进行苹果外观质量检测．中国农业大学学报．2006-12-30.

13. 刘哲，严泰来，张晓东．3DGIS技术研究进展．中国农学通报．2006-11-05.

14. 严泰来，朱德海，张晓东．应用“3S”技术在农业科学研究中贯彻科学发展观．中国农业大学学报．2005-12-30.

15. 劳彩莲，李保国，郭焱，严泰来．一种用于叶片散射光分布测定的新型装置及性能评价．农业工程学报．2005-09-30.

16. 潘家文，朱德海，严泰来，孙丽．遥感影像空间分辨率与成图比例尺的关系应用研究．农业工程学报．2005-09-30.

17. 王海芹，杨永侠，严泰来．MapGIS到ArcSDE的数据转换方法与实践．国土资源遥感．2005-09-15.

18. 严泰来，朱德海，张晓东．大力发展“3S”技术，加速实现农业现代化．中国农业大学学报. 2005-08-30.

19. 严泰来，崔小刚．土地信息系统学科前沿的若干问题．国土资源信息化．2004-10-30.

20. 严泰来．全国高校地理信息系统教学与科研学术研讨会在我校召开．中国农业大学学报．2004-10-30.

21. 于丽娜，严泰来，张玮．SAR与TM图像监测耕地被毁情况对比研究．国土资源遥感．2003-12-20.

22. 吴海平，严泰来，张玮，李柳霞．模板法自动提取遥感图像耕地变化信息的研究. 农业工程学报．2003-11-30.

23. 严泰来，张晓冬，王晓娜．关于土地信息系统数据库信息挖掘问题的思考．国土资源信息化. 2003-06-15.

24. 薛天民，张玮，严泰来，吴连喜．基于小波变换的IRS与TM遥感卫星影像融合. 中国农业大学学报．2003-02-28.

25. 严泰来，吴平．带时间维土地信息系统的时空数据管理．中国土地科学．2002-12-30.

26. 严泰来，吴平．基于关系型数据库带时间维GIS的一种数据模型．中国农业大学学报．2002-06-30.

27. 金仲辉，毛炎麒，严衍绿，严泰来．物理学在促进农业发展中的作用．物理. 2002-06-24.

28. 金思，Georg. Bareth，严泰来，Reiner. Doluschitz. “3S”技术在农业环境信息系统中的应用．计算机与农业．2002-05-26.

29. 吴连喜，严泰来，张玮．基于多层感知器神经网络对遥感融合图像和TM影像进行土地覆盖分类的研究．土壤通报．2001-12-30.

30. 吴连喜，严泰来，张玮，薛天民，程昌秀．土地利用现状图与遥感图像叠加进行土地利用变更监测．农业工程学报．2001-11-30.

31. 姚艳敏，姜作勤，严泰来．国土资源信息核心元数据的研究．测绘学报．2001-11-25.

32. 吴连喜，严泰来，张玮．基于TM与IRS融合图像对土地覆盖进行分类．中国农业大学学报. 2001-10-30.

33. 程昌秀，严泰来．关于优化 n 条线段求交算法的研究．测绘工程．2001-09-30.

34. 王英豪，严泰来．VB控件随窗体变化自动调整的实现．微计算机应用．2001-08-15.

35. 程昌秀，严泰来，朱德海，张玮．土地利用动态监测中GIS与RS一体化的变更地块判别方法．自然资源学报．2001-07-15.

36. 程昌秀，严泰来，朱德海，张玮．GIS与RS集成的高分辨率遥感影像分类技术在地类识别中的应用．中国农业大学学报．2001-06-30.

37. 程昌秀，严泰来，朱德海．GIS辅助下的图斑地类识别方法研究——以土地利用动态监测为例．

中国农业大学学报 . 2001-06-30.

38. 程昌秀，严泰来，潘宏标 . 扫视法的引进及应用 . 微计算机应用 . 2001-06-15.

39. 严泰来，朱德海 . 农业信息技术与信息化农业 . 中国农业信息快讯 . 2000-08-30.

40. 程昌秀，李绍明，严泰来 . N 层结构在饲料配方软件中的应用 . 计算机与农业. 2000-07-26.

41. 张荣群，严泰来，武晋 . 数字高程模型 DEM 的建立与应用 . 计算机与农业. 2000-06-26.

42. 杨永侠，朱德海，严泰来 . 土地信息系统属性数据库设计方法研究——以地籍管理系统为例 . 北京测绘 . 2000-03-25.

43. 张荣群，严泰来 . 资源环境信息技术的内容、特点及其发展研究 . 国土资源遥感. 2000-03-20.

44. 尤淑撑，张玮，严泰来 . 模糊分类技术在作物类型识别中的应用 . 国土资源遥感. 2000-03-20.

45. 尤淑撑，严泰来 . 基于人工神经网络面插值的方法研究 . 测绘学报 . 2000-02-25.

46. 严泰来，朱德海，杨永侠 . 精确农业的由来与发展及其在我国的应用策略 . 计算机与农业. 2000-01-26.

47. 杨永侠，朱德海，严泰来 . 信息技术的发展及在农业领域的应用前景 . 计算机与农业 . 1999-12-30.

48. 段建南，李保国，石元春，严泰来，朱德海 . 干旱地区土壤碳酸钙淀积过程模拟. 土壤学报. 1999-08-30.

49. 严泰来，姚艳敏，文波 . 加快土地信息标准化建设 . 中国土地 . 1999-04-10.

50. 严泰来，韩铁涛，朱德海，涂真 . 基于分形理论与数字滤波的曲面拟合 . 土壤学报 . 1999-02-28.

51. 段建南，李保国，石元春，严泰来，朱德海 . 应用于土壤变化的坡面侵蚀过程模拟 . 土壤侵蚀与水土保持学报 . 1998-03-28.

52. 严泰来，涂真，朱德海 . 关于输出问题 . 中国土地科学 . 1997-05-30.

53. 严泰来，朱德海，杨永侠 . 土地信息系统模型（二）. 中国土地科学 . 1997-03-30.

54. 严泰来，朱德海，杨永侠 . 土地信息系统的模型（一）. 中国土地科学 . 1996-07-30.

55. 王化东，严泰来，王凡 . 土地信息系统中属性数据的管理 . 中国土地科学 . 1996-05-30.

56. 严泰来，朱德海，杨永侠 . 土地信息系统的空间分析问题（二）. 中国土地科学. 1996-03-30.

57. 严泰来，朱德海 . 土地信息系统的空间分析问题（一）. 中国土地科学 . 1996-01-30.

58. 严泰来，朱德海 . GIS 数据输入问题浅议 . 中国土地科学 . 1995-11-30.

59. 蒋文彪，严泰来，戴建旺 . 土地信息系统的系统分析和系统设计 . 中国土地科学. 1995-09-30.

60. 严泰来，朱德海 . 土地信息系统建设国内外动态与发展趋势 . 中国土地科学. 1995-05-30.

61. 严泰来，朱德海 . 土地信息系统（LIS）的概念与系统设置 . 中国土地科学. 1995-03-30.

62. 朱德海，严泰来，卿笃学 . 黄淮海平原种植业生产波动分析 . 自然资源. 1994-05-20.

严泰来指导研究生统计表

序号	姓名	在读年份	类别	专业	方向	毕业论文题目
1	卿笃学	1988—1991	硕士	土壤学		黄淮海平原农业资源信息系统（HPARIS）的研究和初步应用—HPARIS数据库管理系统的建立与初步应用研究
2	朱德海	1989—1992	博士	土壤学	土地信息系统	
3	卢丽华	1990—1993	硕士	土壤学	农业系统工程	生物引种咨询信息系统图形处理子系统
4	季朗超	1991—1994	硕士	土壤学	土地信息系统	土地信息系统输入子系统及细碎图斑处理算法研究
5	殷克善	1992—1995	硕士	土壤学	遥感农业应用	机载侧视雷达遥感应用于土地利用监测的初步研究
6	段建南	1994—1997	博士	土壤学		干旱地区土壤变化过程定量化建模
7	辛景峰	1994—1997	硕士	土壤学	农业遥感	水稻的农学—微波散射模型方法研究
8	涂真	1995—1998	博士	土壤学	土地信息系统	基于WWW的土地信息系统研究
9	姚艳敏	1995—1998	硕士	土壤学	土地信息系统	县级土地利用状况数据库的建立和数据的质量控制—以北京市大兴县为例
		1998—2001	博士	土壤学	土地信息系统	土地资源信息元数据内容和元数据网络管理系统的构建
10	韩铁涛	1995—1998	硕士	土壤学	土地信息系统	计算机支持下交易实例样点法测算城市基准地价
11	吴丽芬	1996—1999	硕士	土壤学	土地信息系统	宗地估价信息系统的研究与实现
12	邱皓	1996—1999	硕士	土壤学	土地信息系统	基于Internet/Intranet的土地详查信息系统的研究
13	缪建明	1996—1999	硕士	土壤学	土地信息系统	土地利用变更调查信息管理与数据处理问题研究
14	余国宏	1997—2000	硕士	土壤学	土地信息系统	基于WEB的农田信息服务系统的研究
15	张荣群	1997—2000	博士	土壤学	土地资源	村级持续土地利用规划的理论与方法研究
16	程昌秀	1998—2001	博士	土壤学	土地信息系统	3S技术在县级土地利用变更调查中的应用研究

（续）

序号	姓名	在读年份	类别	专业	方向	毕业论文题目
17	王英豪	1998—2001	硕士	土壤学	土地信息系统	关系型GIS结合分形滤波插值解决有隔离带插值问题
18	吴连喜	1999—2002	博士	土壤学	土地信息系统	多源遥感数据融合的理论与实践
19	贾文珏	1999—2002	硕士	土壤学	计算机应用	基于J2EE构架的农技推广发展监测系统的设计与实现
20	金思	1999—2002	硕士	土壤学	土地信息系统	大比例尺GIS支持下农业生态环境模型的应用
21	吴海平	2000—2003	硕士	土壤学	农业遥感应用	用高分辨率IKONOS影像测定城市建筑容积率的研究
22	林龙涛	2000—2003	硕士	土壤学	土地信息系统	图形图像一体化中几个关键问题的研究
23	刘康	2000—2003	硕士	土壤学	地理信息系统	基于GPS/GIS的农业灾害管理系统的研究
24	劳彩莲	2000—2005	博士	土地利用与信息技术	植物—土壤系统模拟	基于蒙特卡罗光线跟踪方法的植物三维冠层辐射传输模型
25	吉海彦	2002—2006	博士	土壤学	定量遥感及其应用	冬小麦叶片生化组分遥感定量反演方法研究
26	钟建元	2003—2006	硕士	园林规划设计	GIS在城市园林绿地中的应用	银川市城市园林绿地信息化管理方法研究
27	邓淑娟	2004—2006	硕士	地图学与地理信息系统	遥感技术与图像处理	基于高分辨率遥感影像的城镇变化地物检测

图书在版编目（CIP）数据

人生感怀：七十年历程回顾/严泰来著．—北京：
中国农业出版社，2015.9
ISBN 978-7-109-20958-9

Ⅰ.①人… Ⅱ.①严… Ⅲ.①信息技术—应用—农业
—文集 Ⅳ.①S126-53

中国版本图书馆 CIP 数据核字（2015）第 226533 号

中国农业出版社出版
（北京市朝阳区麦子店街 18 号楼）
（邮政编码 100125）
责任编辑 廖 宁

中国农业出版社印刷厂印刷　　新华书店北京发行所发行
2015 年 8 月第 1 版　　2015 年 8 月北京第 1 次印刷

开本：787mm×1092mm 1/16　　印张：13.125　　插页：8
字数：350 千字
定价：98.00 元